教育部高等学校材料类专业教学指导委员会规划教材

国家级一流本科专业建设成果教材

金属腐蚀学

刘光明 主编

师　超　田礼熙　张帮彦　副主编

CORROSION OF METALS

U0258440

化学工业出版社

·北京·

内容简介

《金属腐蚀学》是教育部高等学校材料类专业教学指导委员会规划教材。书中介绍了金属腐蚀的基本理论及基本防腐原理，为体现教材知识体系的系统性和科学性，在内容上按腐蚀热力学到腐蚀动力学再到具体腐蚀形态的逻辑顺序进行编写，注重基本理论和基础知识的讲解。全书共分11章，主要包括腐蚀热力学、电化学腐蚀动力学、析氢腐蚀与耗氧腐蚀、金属的钝化、局部腐蚀、应力作用下的腐蚀、金属在自然环境中的腐蚀、高温腐蚀和金属材料的耐蚀性。为方便高等学校实验教学，第11章为部分腐蚀实验。

本书是高等学校本科和高职高专材料类、化学化工类等专业的教学用书，也可供本领域工程技术人员参考。

图书在版编目（CIP）数据

金属腐蚀学 / 刘光明主编；师超，田礼熙，张帮彦
副主编. —北京：化学工业出版社，2024.2（2025.2重印）
ISBN 978-7-122-45041-8

Ⅰ.①金… Ⅱ.①刘… ②师… ③田… ④张… Ⅲ.
①腐蚀-高等学校-教材 Ⅳ.①TG171

中国国家版本馆 CIP 数据核字（2024）第 026881 号

责任编辑：陶艳玲　　　　　　　文字编辑：胡艺艺
责任校对：田睿涵　　　　　　　装帧设计：史利平

出版发行：化学工业出版社
　　　　（北京市东城区青年湖南街 13 号　邮政编码 100011）
印　　装：北京科印技术咨询服务有限公司数码印刷分部
787mm×1092mm　1/16　印张 17　字数 395 千字
2025 年 2 月北京第 1 版第 2 次印刷

购书咨询：010-64518888　　　　售后服务：010-64518899
网　　址：http://www.cip.com.cn
凡购买本书，如有缺损质量问题，本社销售中心负责调换。

定　　价：58.00 元　　　　　　版权所有　违者必究

本书编写人员名单

主　编：刘光明

副主编：师　超　田礼熙　张帮彦

参　编：杨　军　王　岩　田文明　余　健

　　　　张慧慧　李希超　刘　刚

前言

金属的腐蚀现象在日常生活和生产中随处可见，腐蚀是一种悄悄进行的破坏，但其造成的危害非常大。通常，金属工程构件在设计、使用和维护过程中都会涉及腐蚀问题，有的甚至成为工程的关键问题。本书介绍了金属腐蚀的基本理论及基本防腐原理。教材编写过程中注重基本理论和基础知识，为体现教材知识体系的系统性和科学性，在内容上按腐蚀热力学到腐蚀动力学再到具体腐蚀形态的逻辑顺序进行编写。教材共分 11 章，主要包括绪论、腐蚀热力学、电化学腐蚀动力学、析氢腐蚀与耗氧腐蚀、金属的钝化、局部腐蚀、应力作用下的腐蚀、金属在自然环境中的腐蚀、高温腐蚀、金属材料的耐蚀性和金属腐蚀学实验。

本书第 1 章、第 2 章、第 3 章、第 4 章、第 7 章和第 11 章分别由南昌航空大学刘光明、杨军、田礼熙、张帮彦、师超和刘刚编写，第 5 章由西安建筑科技大学王岩编写，第 6 章由北华航天工业学院田文明编写，第 8 章由九江学院余健编写，第 9 章由西安科技大学张慧慧编写，第 10 章由青岛大学李希超编写。本书由刘光明、师超、田礼熙和张帮彦统稿，全书由刘光明定稿。

本教材已遴选为教育部高等学校材料类专业教学指导委员会规划教材 2023 年度建设项目，感谢各位评审专家提出的宝贵意见！本教材也是南昌航空大学金属材料工程国家级一流本科专业建设成果教材，出版过程中得到了南昌航空大学金属材料工程专业的建设资金资助，得到了其他参编单位的大力支持，书中引用了国内外优秀文献，在此一并致谢！

本书可作为高等院校材料类、化学化工类专业师生教学用书，也可作为高等学校石油、机械、冶金等有关专业开设腐蚀课程的教学参考书。本书配套的多媒体课件请登录 www. cipedu. com. cn 下载，视频课程请到"学堂在线"平台学习。

由于编写人员学识、水平有限，书中难免有不妥和疏漏之处，恳请读者批评指正！

编者

2024 年 1 月于南昌航空大学

目 录

第1章　绪　论

第2章　腐蚀热力学

第 **3** 章 电化学腐蚀动力学

第 **4** 章 析氢腐蚀与耗氧腐蚀

第 7 章　应力作用下的腐蚀

第8章　金属在自然环境中的腐蚀

第9章　高温腐蚀

第10章　金属材料的耐蚀性

第11章 金属腐蚀学实验

参考文献

绪 论

 本章导读

理解腐蚀的定义，了解腐蚀的危害性；熟悉腐蚀控制的基础理论与基本知识、腐蚀的分类方法；掌握均匀腐蚀速度的计算方法，掌握全面腐蚀程度的评定方法及其适用范围，熟悉重量法、深度法和电流密度表征法的转换关系。

1.1 金属腐蚀的基本概念

金属材料在人类社会各个转型期起到了举足轻重的作用，人类文明的发展和社会的进步同金属材料关系十分密切。继石器时代之后出现的铜器时代、铁器时代均以金属材料的应用为其时代的显著标志。现在种类繁多的金属材料已经成为人类社会发展的重要物质基础。金属材料具有优异的物理、化学、力学、工艺等性能，在冶金、能源、交通、基础设施等领域发挥着不可替代的作用，但金属材料的腐蚀问题始终是制约设备设施服役安全和使用寿命的重要因素。当今社会的生产、生活中材料的腐蚀现象随处可见。中国工程院咨询项目"我国腐蚀状况及控制战略研究"调查结果显示：2014 年，我国腐蚀总成本约占当年国内生产总值的 3.34%，高达 2.1 万亿元人民币。材料腐蚀不仅造成巨大的经济损失，严重的腐蚀还会造成设备设施损坏报废、有毒介质泄漏、火灾、爆炸等灾难性事故，给人类生命安全、环境及社会造成不可挽回的损失。图 1-1 是常见的腐蚀情况举例。

(a) 金属管道的腐蚀   (b) 海水中潜艇腐蚀

图 1-1 金属材料在不同环境中的腐蚀

金属腐蚀学是研究金属材料在其周围环境作用下发生破坏以及如何减缓或防止这种破坏的一门科学。金属材料作为应用广泛的工程材料，在使用过程中，它们将受到不同形式的直接的或间接的破坏。其中最重要、最常见的破坏形式是断裂、磨损和腐蚀。这三种主要的破坏形式已分别发展成为三个独立的学科。金属腐蚀在日常生活中也随处可见，如钢铁生锈后表面生成了腐蚀产物 $FeO(OH)$ 或 $Fe_2O_3 \cdot H_2O$，铜腐蚀后则在表面产生"铜绿"〔$CuCO_3 \cdot Cu(OH)_2$〕。腐蚀的英文名称起源于拉丁文"corrodere"，其含义是"损坏"或"腐烂"。随着人们对腐蚀认识的深入和研究范围的扩大，腐蚀的定义也在不断变化。如英国的艾文思（U. R. Evans）给出如下的定义：

"金属腐蚀是金属从元素态转变为化合态的化学变化及电化学变化。"

美国的方坦纳（M. G. Fantana）则认为腐蚀可以从几个方面下定义：①由于材料与环境及应力作用而引起的材料的破坏和变质；②除了机械破坏以外材料的一切破坏；③冶金的逆过程等。前两种定义既包含了金属材料，也包含了非金属材料，而后一种定义则是针对金属材料的，同时说明腐蚀过程在热力学上是自发的。由于金属和非金属材料在腐蚀原理上差别很大，本教材只涉及金属腐蚀问题。考虑到金属腐蚀的本质，通常把金属腐蚀定义为：

"金属腐蚀是金属材料受环境介质的化学和电化学作用而变质和破坏的现象。"

根据上面的定义，金属腐蚀是金属和环境介质相互作用的结果，且这种作用限定在化学和电化学作用。不能离开环境谈腐蚀也不能离开材料谈腐蚀。由于金属材料和环境发生化学或电化学作用，因此腐蚀发生在金属与介质间的界面上，结果是金属转变为氧化（离子）状态。可见，金属及其环境所构成的腐蚀体系以及该体系中发生的化学和电化学反应就是金属腐蚀学的主要研究对象。金属腐蚀学是在金属学、金属物理、物理化学、电化学、力学等学科基础上发展起来的一门综合性边缘学科。学习和研究金属腐蚀学的主要内容和目的在于：

① 研究和了解金属材料与环境介质作用的普遍规律。要从热力学方面研究金属腐蚀进行的可能性，从动力学方面研究腐蚀进行的速度和机理。

② 研究和了解金属在各种条件下发生腐蚀的原因以及控制或防止金属腐蚀的各种措施。

③ 研究和掌握金属腐蚀速度的测试方法和技术，制定腐蚀评定方法和防护措施的各种标准，发展腐蚀现场监控技术，推动腐蚀管理体系化等。

1.2 研究金属腐蚀的意义及腐蚀的危害

1.2.1 研究金属腐蚀与防护的意义

金属腐蚀现象在我们日常生产、生活中随处可见，它悄无声息却又无处不在，它无法避免且可能造成巨大的破坏和损失，因此研究金属腐蚀的发生发展规律、腐蚀的机理及开发防护技术具有重要的社会效益、经济效益和生态效益。

① 腐蚀与防护事关安全　腐蚀造成的危险物质泄漏、爆炸以及结构建筑断裂垮塌，会给人们带来猝不及防的意外事故，危及群众财产和人身安全。2013 年 11 月 22 日，山东青岛经济开发区排水暗渠发生爆炸，造成 62 人死亡，直接经济损失超过 7.5 亿元人民币。国务院特别重大事故调查组调查报告指出，该事故直接原因是"输油管道与排水暗渠交汇处管道腐蚀

减薄，管道破裂，原油泄漏"。腐蚀防护事关经济。每个行业都涉及腐蚀问题，腐蚀问题得到有效控制和解决，对企业提高生产效率、控制整体成本具有重要作用。

② 腐蚀与防护事关民生 腐蚀造成的液体"跑、冒、滴、漏"现象和产生的有毒有害物质，会严重影响百姓的日常生活和身体健康。供水管道腐蚀可使饮用水浊度、色度、细菌数量等指标恶化，引发管网"红水""黑水"或"有色水"现象，危及饮用水安全。

③ 腐蚀防护事关生态 据报道，国外管道腐蚀破裂造成的大量石油泄漏事故，一度使河流、湖泊和上百公顷土地受到严重污染，大批植物枯死、动物绝迹。核电设施腐蚀可能引发放射性物质泄漏，这不仅会损害周围生物的生理机能，甚至能损伤遗传物质，诱发基因突变。

④ 腐蚀与防护事关节约 腐蚀会加速已建成的设施和装备老化退役，缩短其寿命周期，而建造设施装备过程中使用了大量原材料和能源，因此腐蚀会造成间接浪费。腐蚀会造成水污染、大气污染、土壤污染等一系列污染问题，使这些珍贵资源更加稀缺。

1.2.2 腐蚀造成的经济损失

由于腐蚀问题几乎遍及所有行业，为了预防与减轻腐蚀的危害，不得不付出相当沉重的代价，这种代价在国际上称为 cost of corrosion，在我国通称为腐蚀损失。腐蚀造成的经济损失可分为直接损失和间接损失。腐蚀的直接经济损失是指由于腐蚀而导致总费用的增量。间接损失包括停产、事故赔偿、腐蚀泄漏引起产品的流失、腐蚀产物积累或腐蚀破损引起的效能降低以及腐蚀产物导致成品质量下降等所造成的损失。间接损失远较直接损失大，且难以估计。

1.2.2.1 直接经济损失

腐蚀造成的直接经济损失可以统计出具体数字。关于腐蚀造成的直接经济损失有不同的估算方法，如 Uhlig 估算法、Hoar 估算法和 NBS/BCL 估算法［原美国商业部所属的国家标准局（NBS）与 Battelle Columbus 实验室（BCL）联合提出］等。按照 NBS/BCL 模型，腐蚀造成的直接经济损失包括以下几个方面：①资本费用，具体包括更换设备及建筑费、富余容量费、多余的备用设备费；②控制费用，包括维修费、腐蚀控制费；③设计费用，包括建筑材料、腐蚀容差、特殊工艺；④相关费用，包括产品损失、技术支持、保险、零件及设备存货。下面就国际通用的腐蚀成本调查方法 Uhlig 法、Hoar 法和 NBS/BCL 法进行简单介绍。

（1）Uhlig 法

该法将生产、制造、养护、维修方面的防腐蚀措施所需费用直接累加。这些防腐蚀措施包括涂料与涂装、表面处理、耐蚀材料、防锈油、缓蚀剂、电化学保护、腐蚀研究和腐蚀检测等。Uhlig 法通过总结防腐蚀材料、技术和相关服务所需成本得出整体腐蚀成本。防腐蚀材料成本可从政府部门、贸易组织、行业协会和企业单位等多种渠道获得。通过公开资料查阅、专家学者咨询、组织机构调研等方式获取防腐蚀技术和服务成本数据。全国性的腐蚀调查中，防腐蚀产品年产量和防腐蚀技术销售额由政府部门统计数据核算得出，涂料等产品单位成本通过咨询行业专家或者数据分析获取，某一防腐蚀技术的整体市场规模由部分厂家产业规模及其相应市场份额推算获得。Uhlig 法调研结果表明，2014 年中国直接腐蚀成本总计约10639.1 亿元人民币。直接腐蚀成本中，防腐涂料和涂层占比最大，其次为防腐蚀材料和表面处理费用。

（2）Hoar 法

该法考察统计各行业的腐蚀成本和防腐蚀费用，继而进行累加综合。采用函调、专家咨询、实地调研等多种方式获得可靠数据，利用数学统计方法推算行业腐蚀成本，然后根据所得数据推算国家整体腐蚀成本。由于行业属性和生产环境不同，不同单位、不同行业收集到的腐蚀成本数据会有差异，并且不同行业获取数据的难易程度也有所不同。通常情况下，基础设施和公共事业部分腐蚀成本相关信息是公开的，可从政府相关报告或其他公开文件中获得。除此之外，有些企业没有记录腐蚀成本数据，或不方便透露腐蚀成本相关数据，这时，可邀请专家协助，采用科学严谨的方式，推算特定行业腐蚀成本。全国性的腐蚀调查中，在典型国民经济领域和行业分发调查问卷，基于收回的调查问卷统计腐蚀成本。与此同时，调查特定行业部分代表性企业，衡量代表性企业所占市场份额，推算该行业腐蚀成本。代表性企业的腐蚀成本和营收数据是基础，而不同类型企业的腐蚀成本构成及腐蚀成本占生产总值的相对数额是有差异的，因此代表性企业的选择是关键。

（3）NBS/BCL 法

此法是用投入/产出模型（企业生产关联表）统计得出国民经济各部门相关腐蚀费用，然后计算腐蚀成本。该方法提出了 3 种"世界"：世界 I——存在腐蚀的真实世界；世界 II——没有腐蚀的假想世界；世界 III——假想的能够通过充分实践有效防腐的世界。投入/产出模型被用于描述这 3 种"世界"。然后，这项研究将整体腐蚀成本确定为世界 I 与世界 II 间的差异，并进一步将整体腐蚀成本划分为可避免和不可避免两部分。可避免腐蚀成本体现在世界 I 与世界 III 之间的差异，即通过现有最经济有效的腐蚀控制技术可以降低的成本；不可避免腐蚀成本体现在世界 II 与世界 III 之间的差异，即通过现有的技术尚不能降低的成本。

2015 年启动的中国工程院环境与重大咨询项目"我国腐蚀状况及控制战略研究"是我国最近的一次腐蚀成本调查。本次调查通过主要防腐技术所需费用估算了 2014 年我国的直接腐蚀损失，具体包括：涂料和涂层、表面处理、防腐蚀材料、缓蚀剂、防锈剂、防锈膏和电化学保护。调研结果如表 1-1 所示，直接腐蚀成本总计约 10639.1 亿元。其中，防腐涂料和涂层占比最大，为 66.15%，其次为防腐蚀材料和表面处理费用，分别占 19.34% 和 13.23%。参考以往国内外腐蚀调查，间接腐蚀成本包含腐蚀诱发的产量下降、产品质量下降、环境污染、人员伤亡等因素导致的成本，间接腐蚀成本一般是直接腐蚀成本的一至数倍。所以保守估算，腐蚀总成本至少为 21278.2 亿元，占 2014 年中国国内生产总值（GDP）的 3.34%。

表 1-1　我国 2014 年主要防腐技术所需费用统计

防腐技术	直接损失成本/亿元	占总费用比例/%
涂料和涂层	7037.8	66.15
表面处理	1408.2	13.23
防腐蚀材料	2058.1	19.34
缓蚀剂	50	0.47
防锈剂和防锈膏	22	0.21
电化学保护	63	0.60

1.2.2.2　间接经济损失

间接损失难以估计，一般包括如下几个方面：①停工，例如美国的炼油厂更换一根腐蚀了的钢管可以只需数百美元，但由此造成的停工一小时，产值可损失 10000 美元。再如电站锅炉管腐蚀而爆炸，造成电厂停电，由此导致其供电范围内的工厂全部停电，其损失是十分惊人的。②降低产品效率，如腐蚀产物影响管路畅通，降低设备和管道的换热效率及输送容量等。③产品的污染，如罐头或饮料因容器器壁腐蚀造成污染而报废。

（1）人身伤亡和环境污染

腐蚀造成生产中的"跑、冒、滴、漏"，使有毒气体、液体、核放射物质等外溢，不仅污染周围的环境，而且会危及人类的生命安全和健康。例如，2011 年 11 月 6 日，吉林省松原石油化工股份有限公司发生爆炸火灾事故，造成 4 人死亡，7 人受伤。经查实，此次事故是气体分馏装置脱乙烷塔塔顶回流罐，由于硫化氢应力腐蚀造成筒体封头产生微裂纹，微裂纹不断扩展进而整体断裂，导致罐内介质（乙烷与丙烷的液态混合物）大量泄漏，与空气中的氧气混合达到爆炸极限后，遇明火发生闪爆，并引发火灾。

（2）阻碍科学技术和国防事业的发展

腐蚀问题不能及时解决则会阻碍科学技术的发展，从而影响生产力的进步。如美国阿波罗登月飞船贮存 N_2O_4（氧化剂）的钛合金高压容器产生应力腐蚀开裂，使登月计划受阻，若不是后来研究出添加 0.6％NO 控制应力腐蚀开裂的办法，登月计划可能会推迟多年。

（3）造成资源和能源的浪费

统计表明，每年全球因设备和工程结构腐蚀而报废的金属约占金属年产量的 30％，其中三分之一完全无法回收，这样全世界每年就有上亿吨的金属因腐蚀而损耗掉了，仅我国每年因腐蚀报废的钢铁就相当于上海宝钢全年的产量。据推测，在英国平均每 90 秒就有 1 吨钢因腐蚀而报废，速度十分惊人。地球上的资源是有限的，因此，采取适当的防护措施对防止金属的腐蚀意义重大。

1.3　腐蚀科学技术的发展历程

人类有效地利用金属的历史，就是与金属腐蚀作斗争的历史。我国商代就用锡改善铜的耐蚀性，冶炼出了青铜，且冶炼技术相当成熟，现在发现的商代最大的青铜器后母戊大方鼎重达八百多公斤。闻名世界的中国真漆（大漆）也在 3000 多年前的商代得到了广泛的应用。秦始皇墓二号坑出土的青铜剑经过两千多年岁月的考验，仍光亮如新。经分析，青铜剑表面有一含铬氧化薄层，而基体中并不含铬。我国两千年前就创造了与现代铬酸盐钝化相似的防护技术，可以很好地防止或延缓青铜的腐蚀，这不能不说是中国文明史上的一个奇迹。

金属腐蚀防护的历史虽然悠久，但长期处于经验性阶段。到了 18 世纪中叶以后，才陆续出现对腐蚀现象的研究和解释，列举如下。

罗蒙诺索夫于 1748 年解释了金属的氧化现象。

1790 年凯依尔（Keir）描述了铁在硝酸中的钝化现象。

1830 年德·拉·里夫（De La Rive）提出了金属腐蚀的微电池概念。

1833—1834 年间法拉第（Faraday）提出了电解定律。

以上这些对腐蚀科学的进一步发展具有重要意义。

1840 年 Elkington 正式获得了电镀银的专利。

1847 年 Aide 发现了氧浓差电池腐蚀现象。

Baldwin 于 1860 年申请了世界上的第一个关于缓蚀剂的专利。

Hughes 于 1880 年明确了金属酸洗中析氢导致氢脆的后果，同一时期发现了金属材料的应力腐蚀开裂现象。

1887 年 Arrbeius 提出了离子化理论。

1890 年 Edison 研究了通过外加电流对船实施阴极保护的可行性。

1906 年美国材料与试验学会（ASTM）开始建立材料大气腐蚀试验网。

美国国家标准局随后于 1912 年启动了历时 45 年的土壤腐蚀试验。

这些为腐蚀学科的发展奠定了基础。

腐蚀与防护科学作为一门独立的学科则是从 20 世纪 20～30 年代发展起来的。

Eden 等于 1911 年首次观察到微动腐蚀现象。

1927 年 Tomlinson 通过研究首次提出了微动腐蚀的机理模型。

1920—1923 年，Tammann、Pilling 与 Bedworth 通过研究金属 Ag、Fe、Pb、Ni 等的氧化规律，提出了氧化动力学的抛物线定律和氧化膜完整性的判据。

McAdam 于 1926 年开始研究腐蚀疲劳。

1929 年 Evans 建立了腐蚀金属极化图。

Wagner 于 1933 年从理论上推导出金属高温氧化膜生长的经典抛物线理论。

1938 年 Wagner 和 Traud 建立了电化学腐蚀的混合电位理论，奠定了近代腐蚀科学与工程的动力学基础。同年，Pourbaix 计算和绘制了电位-pH 图，奠定了近代腐蚀科学的热力学理论框架。

1947 年 Brenner 和 Riddell 提出了化学镀镍技术。

1957 年 Stern 和 Geary 提出了线性极化技术。

20 世纪 60 年代 Brown 首先将断裂力学引入到应力腐蚀的研究。

随着现代工业和科学技术的迅速发展，金属腐蚀已发展成为一门独立的综合性边缘学科，它的理论和实践与金属学、金属物理、材料学、化学、电化学、物理学、物理化学、工程力学、断裂力学、流体力学、化学工程学、机械工程学、微生物学、表面科学、电学、计算机科学等密切相关。先进的表面分析仪器和技术，如俄歇电子谱（AES）、X 射线光电子能谱（XPS）、二次离子质谱（SIMS）、扫描电子显微镜（SEM）、透射电子显微镜（TEM）、原子力显微镜（AFM）、电化学交流阻抗谱（EIS）等在腐蚀研究中得到了应用，进一步揭示了许多腐蚀过程的微观机制和本质。物理和化学学科的新成就，如渗流理论、非线性动力学、混沌理论、分形理论、半导体理论、量子化学等引入腐蚀研究领域后已取得了一系列重要成果，先进研究手段和理论的引入加速了腐蚀理论的发展和新型防护技术的开发应用。

2006 年在纽约注册成立非营利学术组织——世界腐蚀组织,该组织由美国腐蚀工程师国际协会、中国腐蚀与防护学会、欧洲腐蚀联盟、澳大利亚腐蚀协会 4 个组织联合发起,是一个代表地方及其国家的科学家、工程师和其他团体的世界性组织。在腐蚀和防护的研究中,世界腐蚀组织致力于知识的发展和传播。2009 年经过世界腐蚀组织各成员的讨论,一致通过在世界范围内确立每年的 4 月 24 日作为"世界腐蚀日",其宗旨是使政府、工业界以及我们每个人认识到腐蚀的存在,认识到每年由于腐蚀引起的经济损失在各国的 GDP 中平均超过 3%;同时向人们指出控制和减缓腐蚀的方法。

1.4 腐蚀的分类

1.4.1 按腐蚀机理分类

按照腐蚀机理进行分类,可以将金属腐蚀分为化学腐蚀、电化学腐蚀和物理腐蚀。

（1）化学腐蚀（chemical corrosion）

化学腐蚀是指金属表面与非电解质直接发生纯化学作用而引起的破坏。其反应历程的特点是金属表面的原子与非电解质中的氧化剂直接发生氧化还原反应,形成腐蚀产物。腐蚀过程中电子的传递是在金属与氧化剂之间直接进行的,因而没有电流产生。

纯化学腐蚀的情况并不多,主要为金属在无水的有机液体和气体中腐蚀以及在干燥气体中的腐蚀。金属的高温氧化,在 20 世纪 50 年代前一直作为化学腐蚀的典型例子,但在 1952 年瓦格纳（C. Wagner）根据氧化膜的近代观点提出,高温气体中金属的氧化最初虽是通过化学反应,但随后膜的生长过程则属于电化学机理。这是因为此时金属表面的介质已由气相改变为既能电子导电又能离子导电的半导体氧化膜。金属可在阳极（金属/膜界面）离解后,通过膜把电子传递给膜表面上的氧,使其还原变成氧离子（O^{2-}）,而氧离子和金属离子在膜中又可进行离子导电,即氧离子向阳极（金属/膜界面）迁移和金属离子向阴极（膜/气相界面）迁移,或在膜中某处进行第二次化合。所有这些均已划入电化学腐蚀机理的范畴,因此,现在已不再把金属的高温氧化视为单纯的化学腐蚀了。

（2）电化学腐蚀（electrochemical corrosion）

电化学腐蚀是指金属表面与离子导电的介质（电解质）发生电化学反应而引起的破坏。任何以电化学机理进行的腐蚀反应至少包含有一个阳极反应和一个阴极反应,并以流过金属内部的电子流和介质中的离子流形成回路。阳极反应是氧化过程,即金属离子从金属转移到介质中并放出电子;阴极反应为还原过程,即介质中的氧化剂组分吸收来自阳极的电子的过程。与化学腐蚀不同,电化学腐蚀的特点在于,它的腐蚀历程可以分为两个相对独立并可同时进行的过程。腐蚀反应过程中电子的传递通过金属从阳极区流向阴极区,此过程中必有电流产生。这种因电化学腐蚀而产生的电流与反应物质的转移,可通过法拉第定律定量地联系起来。电化学腐蚀的受蚀区域是金属表面的阳极,腐蚀产物常常产生在阳极与阴极之间,不能覆盖被腐蚀区域,通常起不到保护作用。金属的电化学腐蚀实质上是短路的电偶电池

（galvanic couple cell）作用的结果，这种原电池称为腐蚀电池。电化学腐蚀是最普遍、最常见的腐蚀。金属在大气、海水、土壤和各种电解质溶液中的腐蚀都属此类。

（3）物理腐蚀（physical corrosion）

物理腐蚀是指金属由于单纯的物理溶解作用引起的破坏。熔融金属中的腐蚀就是固态金属与熔融液态金属（如铅、锌、钠、汞等）相接触引起的金属溶解或开裂。这种腐蚀不是由化学反应引起的，而是由于物理溶解作用形成合金，或液态金属渗入晶界造成的。例如，热浸镀锌用的铁锅，由于液态锌的溶解作用，引起铁锅损坏。

1.4.2 按腐蚀形态分类

依据腐蚀的形态，可将腐蚀分为以下几类。

（1）普遍性腐蚀（或全面腐蚀）（general corrosion）

腐蚀分布在整个金属的表面，可以是均匀的或不均匀的。这类腐蚀的危险性较小，也较容易控制，并且依据腐蚀速度可进行结构腐蚀控制设计和使用寿命预测。

（2）局部腐蚀（localized corrosion）

局部既可以指部位的也可以指成分的：前者包括脓疱、斑点、坑、焊接区、缝隙区、金属与导电体接触区、表面下及晶间腐蚀等；后者最明显的实例是黄铜的脱锌破坏。将这些常见的局部腐蚀分别归为点蚀（或孔蚀）、缝隙腐蚀、丝状腐蚀、电偶腐蚀、晶间腐蚀、成分选择性腐蚀等，并且均属于电化学腐蚀范畴。局部腐蚀较普遍性腐蚀更具危险性，更容易导致机械产品腐蚀失效。

（3）应力作用下的腐蚀断裂

即材料在应力和腐蚀性环境介质协同作用下发生的开裂及断裂失效现象。主要包括应力腐蚀、腐蚀疲劳、氢脆或氢致损伤、微动腐蚀（或微振腐蚀）、冲击腐蚀（或湍流腐蚀）和空泡腐蚀等，过去人们也将这类腐蚀归于广义的局部腐蚀范畴，因为这些腐蚀导致的破坏均集中在材料的局部。由于多数机械产品均处于一定的应力（外加或内应力）和环境介质的联合作用下，故应力作用下的腐蚀较为普遍，破坏具有突发性，是影响结构安全可靠性的严重隐患之一。

图 1-2 是金属材料的几种腐蚀形态。

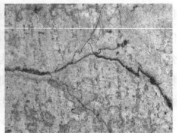

| (a) 均匀腐蚀 | (b) 点蚀 | (c) 应力作用下的腐蚀断裂 |

图 1-2　金属材料的几种腐蚀形态

1.4.3 按腐蚀环境分类

根据腐蚀环境，腐蚀可分为下列几类。

① 干腐蚀（dry corrosion），具体包括露点以上的常温干燥气体腐蚀和高温气体中的氧化。前者属于化学腐蚀范畴，而后者在过去看作纯化学腐蚀，目前普遍认为是化学和电化学的联合作用。

a. 失泽（tarnish） 金属在露点以上的常温干燥气体中腐蚀（氧化），生成很薄的表面腐蚀产物，使金属失去光泽，为化学腐蚀机理。

b. 高温氧化（high temperature oxidation） 金属在高温气体中腐蚀（氧化），有时生成很厚的氧化皮（scale）。在热应力或机械应力下可引起氧化皮剥落。该种情况属于高温腐蚀（high temperature corrosion）。

② 湿腐蚀（wet corrosion），主要是指潮湿环境和含水介质中的腐蚀。绝大部分常温腐蚀（ordinary temperature corrosion）属于这一种。其为电化学腐蚀机理。湿腐蚀又可分为：

a. 自然环境下的腐蚀 包括大气腐蚀（atmospheric corrosion）、土壤腐蚀（soil corrosion）、海水腐蚀（corrosion in sea water）、微生物腐蚀（microbial corrosion）等。

b. 工业介质中的腐蚀 包括酸、碱、盐溶液中的腐蚀；工业水中的腐蚀；高温高压水中的腐蚀等。

③ 无水有机液体和气体中的腐蚀，为化学腐蚀机理。包括：卤代烃中的腐蚀，如 Al 在 CCl_4 和 $CHCl_3$ 中的腐蚀；醇中的腐蚀，如 Al 在乙醇中，Mg 和 Ti 在甲醇中的腐蚀。这类腐蚀介质都是非电解质，不管是液体或气体，腐蚀反应都是相同的。在这些反应中，水实际上起缓蚀剂（inhibitor）的作用。但在油这类有机液体中的腐蚀，绝大多数情况是由于痕量水的存在，而水中常含有盐和酸，因而这种腐蚀实为电化学机理。

④ 熔盐和熔渣中的腐蚀，属电化学腐蚀。

⑤ 熔融金属中的腐蚀，为物理腐蚀。

1.5 金属腐蚀程度的评定方法

金属腐蚀程度的大小，根据腐蚀破坏形式的不同，有各种不同的评定方法。局部腐蚀速度及其耐蚀性的评定比较复杂，一般不能用上述方法表示腐蚀速度。这些问题将在以后有关章节讨论。对于全面腐蚀来说，通常用平均腐蚀速度来衡量。腐蚀速度可用重量法（失重法或增重法）、深度法和电流密度表征方法来表示。

1.5.1 重量法

金属腐蚀程度的大小可用腐蚀前后试样质量的变化来评定。由于生活和贸易中，人们习惯上把质量称为重量，因此根据质量变化评定腐蚀速度的方法习惯上仍称为"失重法"或"增重法"，该方法灵敏、有效、用途广泛，是最基本的定量评定方法之一。若腐蚀产物全部牢固地附着于试样表面，或虽有脱落但易于全部收集，则常用增重法来表示。反之，如果腐蚀产物完全脱落或易清除，则往往采用失重法。平均腐蚀速度（单位时间、单位面积的重量变化）的计算公式为：

$$v_{\text{w}} = \frac{\Delta W}{St} = \frac{|W - W_0|}{St} \tag{1-1}$$

式中，v_{w} 为腐蚀速度，$g/(m^2 \cdot h)$；ΔW 为试样腐蚀前质量（W_0）和腐蚀后质量（W）的变化，g，$\Delta W = |W - W_0|$；S 为试样的表面积，m^2；t 为试样腐蚀的时间，h。

需要注意的是：①按式（1-1）计算腐蚀速度，是腐蚀过程的平均速率。②当采用失重法时，应按有关标准规定的方法去除试样表面的残余腐蚀产物。③公式中 S 通常是利用试样腐蚀前的表面积，但当试验周期内腐蚀导致试样表面积变化比较明显时，将会影响数据的真实性。

1.5.2 深度法

以质量变化表示腐蚀速度的缺点是没把腐蚀深度表示出来。工程上，腐蚀深度或构件腐蚀变薄的程度直接影响该部件的寿命，更具有实际意义。在衡量不同密度金属的腐蚀程度时，更适合用这种方法。

深度法计算的腐蚀速度可以由重量法计算出的腐蚀速度换算得到，换算公式为：

$$v_{\text{d}} = 8.76 v_{\text{w}} / \rho \tag{1-2}$$

式中，v_{d}、v_{w} 分别为深度法和重量法表示的腐蚀速度，mm/a 和 $g/(m^2 \cdot h)$；对于失重情况，ρ 为腐蚀材料的密度；对于增重情况，ρ 为腐蚀产物的密度。

根据深度法表征的腐蚀速度大小，可以将材料的耐蚀性分为不同的等级，表1-2给出了十级标准分类法。该分类方法对有些工程应用背景显得过细，因此，还有低于十级的其他分类法，如三级分类法，规定见表1-3。上述分类标准仅具有相对性和参考性，科学地评定腐蚀等级还必须考虑具体的应用背景。

表 1-2　金属均匀腐蚀耐蚀性的十级标准

腐蚀性分类	耐蚀性等级	腐蚀速度/(mm/a)	腐蚀性分类	耐蚀性等级	腐蚀速度/(mm/a)
Ⅰ 完全耐蚀	1	<0.001	Ⅳ 尚耐蚀	6	0.1~<0.5
Ⅱ 很耐蚀	2	0.001~<0.005		7	0.5~<1.0
	3	0.005~<0.01	Ⅴ 欠耐蚀	8	1.0~<5.0
Ⅲ 耐蚀	4	0.01~<0.05		9	5.0~<10.0
	5	0.05~<0.1	Ⅵ 不耐蚀	10	≥10.0

表 1-3　金属均匀腐蚀耐蚀性的三级标准

耐蚀性分类	耐蚀性等级	腐蚀速度/(mm/a)
耐蚀	1	<0.1
可用	2	0.1~1.0
不可用	3	>1.0

1.5.3 电流密度表征法

金属的电化学腐蚀是由阳极溶解导致的，阳极溶解释放的电子在腐蚀原电池中形成电流，因此，电化学腐蚀的速率可以用阳极反应的电流密度来表征。根据法拉第定律，阳极溶解每失掉 1mol 电子，通过的电量为 1F，即 96500C。若通过阳极的电流为 I，通电时间为 t，则时间 t 内通过电极的电量为 It，相应溶解掉的金属的质量 Δm 为：

$$\Delta m = AIt/(nF) \tag{1-3}$$

式中，A 为金属的摩尔质量，g/mol；n 为金属阳离子的价数；F 为法拉第常数。

对于均匀腐蚀来说，阳极面积为整个金属表面 S，因此，腐蚀电流密度 i_{corr} 为 I/S。因此得到失重法表示的腐蚀速度 v_w 和电流密度之间的关系：

$$v_w = \Delta m/(St) = Ai_{corr}/(nF) \tag{1-4}$$

根据式（1-2）可以得到以深度法表征的腐蚀速度与腐蚀电流密度的关系为：

$$v_d = \Delta m/(\rho St) = Ai_{corr}/(nF\rho) \tag{1-5}$$

当电流密度 i_{corr} 的单位取 $\mu A/cm^2$，ρ 的单位取 g/cm^3 时，式（1-4）和式（1-5）转换为：

$$v_w = 3.73 \times 10^{-4} Ai_{corr}/n \tag{1-6}$$

$$v_d = 3.27 \times 10^{-3} Ai_{corr}/(n\rho) \tag{1-7}$$

若 i_{corr} 的单位取 A/m^2，ρ 的单位仍取 g/cm^3，则式（1-7）可以写作：

$$v_d = 0.327 Ai_{corr}/(n\rho) \tag{1-8}$$

对于一些常用的工程金属材料，$A/(n\rho)$ 的数值为 $3.29 \sim 5.32 cm^3/mol$（见表 1-4），取平均值 $3.5 cm^3/mol$，代入式（1-8），则：

$$\frac{v_d}{(mm/a)} = 1.1 \times \frac{i_{corr}}{(A/m^2)} \tag{1-9}$$

可见，对于几种常用的金属材料，当平均腐蚀电流密度以国际单位 A/m^2 表示时，几乎与以 mm/a 为单位表示的腐蚀速度相等，这种粗略的关系，便于人们记忆。

$$\frac{v_d}{(mm/a)} \approx \frac{i_{corr}}{(A/m^2)} \tag{1-10}$$

常用金属材料的原子量、化合价及密度见表 1-4。

表 1-4　常用金属材料的原子量、化合价及密度

金属	原子量 A	化合价 n	密度 $\rho/$ (g/cm^3)	$A/(n\rho)/$ (cm^3/mol)	$v_d/i_{corr}/$ $[(mm/a)/(A/m^2)]$
Mg	24.31	2	1.74	6.98	2.3
Al	26.98	3	2.70	3.33	1.1
Ti	47.90	2	4.51	5.32	1.7

金属	原子量 A	化合价 n	密度 $\rho/$ (g/cm^3)	$A/(n\rho)/$ (cm^3/mol)	$v_d/i_{corr}/$ $[(mm/a)/(A/m^2)]$
Cr	52.00	2	7.19	3.62	—
Mn	54.94	2	7.44	3.69	—
Fe	55.85	2	7.87	3.55	1.2
Co	58.93	2	8.84	3.33	—
Ni	58.70	2	8.91	3.29	1.1
Cu	63.55	2	8.96	3.55	1.2
Zn	65.38	2	7.13	4.58	1.5
Ag	107.87	1	10.50	10.27	3.4
α-Sn	118.69	2	5.85	10.14	2.7

需要强调，前面所介绍的腐蚀速度表征方法均适用于均匀腐蚀情况，而对于非均匀腐蚀，即便是全面腐蚀，上述方法也不适用，另外，金属的腐蚀速度一般随时间而变化。腐蚀试验时，应测定腐蚀速度随时间的变化，选择合适的时间以测得稳定的腐蚀速度。

1.6 腐蚀控制基本方法简介

经过人类与腐蚀现象的长期斗争，通过对腐蚀行为、机理和规律较为广泛、深入的研究，已经建立了一定的基础理论，并通过借助相关科学技术的发展，探索出了一系列行之有效的腐蚀控制方法，且已用于材料和工程设备的腐蚀防护。目前用于控制腐蚀的基本方法可以概括为以下几个方面。

① 合理的结构设计　针对具体的工程结构和产品，通过合理的结构设计和工艺设计（包括整体的和细节的），实现控制腐蚀的目的。

② 合理选材和发展新型耐蚀材料　根据设备和工程结构的具体工况条件，合理选用工程材料；在目前材料难以满足具体应用背景时，必须发展新型耐蚀材料。

③ 采用合理的表面工程技术　通过合理选用表面涂镀层和改性技术（通过物理的或化学的手段，改变材料表面的结构、力学状态、化学成分等），达到抗腐蚀或隔离材料与腐蚀环境的目的。当目前的表面技术难以满足具体应用要求时，需要开发新技术。

④ 介质处理　采取各种技术措施和手段，降低环境的腐蚀性，例如，工业生产中采用的脱气、除氧、脱盐和降温处理等措施，或将腐蚀控制对象置入干燥的、腐蚀性低的环境之中的做法。在合适的工况条件下（如封闭或循环的体系中）添加恰当的缓蚀剂也可达到有效地控制腐蚀的目的。

⑤ 电化学保护　对于电化学原因导致的腐蚀，可以采用阴极保护或阳极保护的措施。

⑥ 科学的腐蚀管理　腐蚀管理就是通过组织的政策、目标、程序等管理层面和计划、标准、防护技术等技术层面全面统筹，合理控制腐蚀风险的手段。腐蚀管理与防腐蚀工程有很大的区别，管理不仅局限于从技术层面控制腐蚀问题的发生和扩展，更重要的是从公司整体

角度出发，树立腐蚀管理意识，通过科学的投资回报率分析，通过涉及资产全生命周期的管理活动，统筹资源，全面掌握设备整个寿命周期的腐蚀状况，妥善处置腐蚀事故，深入分析经验教训，培养腐蚀管理人才，形成前瞻管理、科学管理、联动管理、共享管理和持续管理模式。

实际中常常根据具体情况采用上述方法中的两种或两种以上的方法进行综合保护，这样可以获得更好的效果。实践表明，若能充分利用现有的防腐蚀技术，实施严格的科学管理，就有可能使腐蚀损失降低15％～40％。即使按下限15％计算，每年全球腐蚀损失也可以减少1000多亿美元，同时还可以节约大量的能源，降低大量的资源浪费，避免更大的环境污染和人员伤亡事故的发生。与此同时，广泛宣传腐蚀的危害，积极开展腐蚀理论知识和防腐蚀技术的教育与培训是十分重要的。

值得一提的是，不是所有的腐蚀都是有害的，人们也利用"腐蚀"现象为生产、加工服务。如人们利用腐蚀进行电化学加工、制备信息硬件的印刷线路、制取奥氏体粉末、腐蚀出金相试样的微观形貌等。

思考题与习题

1. 列举一些日常生产、生活中常见的腐蚀现象，请查找一些最近腐蚀造成的重大事故的事例。

2. 腐蚀造成的直接经济损失三种不同计算方法，主要区别于哪些方面？

3. 请从腐蚀的定义出发，提出腐蚀控制的主要方法。

4. 化学腐蚀和电化学腐蚀有何区别？

5. 请说明采用重量法、深度法和电流密度表征法用于腐蚀速度大小表示时的特点、适用条件。为何这些方法不能评定局部腐蚀？对于腐蚀速度随时间改变的均匀腐蚀情况，怎样评定腐蚀程度更为科学？

6. 试推出式（1-2）、式（1-6）和式（1-7）。铜在充空气的中性水溶液中腐蚀为二价铜离子，阳极腐蚀电流密度 $i_{corr} = 10^{-2} A/m^2$。请分别计算出以重量法和深度法表示的铜的腐蚀速度大小，并指出铜在该环境中的腐蚀等级和耐蚀情况。

第 2 章

腐蚀热力学

 本章导读

　　掌握电化学腐蚀倾向的判据，熟悉标准电位序判断金属的电化学腐蚀倾向的方法；熟悉电化学腐蚀与化学腐蚀的区别，掌握腐蚀原电池的基本概念及电化学历程；熟悉电化学腐蚀次生过程及次生过程对金属腐蚀的影响；了解绘制金属-水体系的电位-pH 图的方法；熟悉腐蚀电位图预测金属腐蚀倾向的方法，了解电位-pH 图在预测金属腐蚀中的局限性。

2.1　腐蚀倾向的热力学判据

　　在自然环境中，除了金（Au）、铂（Pt）等金属外，绝大多数金属具有自发腐蚀倾向，这是由于金属处于热力学不稳定状态所导致的。在自然环境或腐蚀介质中，这些金属会自发地从金属状态转变为离子状态，生成相应的氧化物、硫化物或相应的盐类。由热力学定律可知，自然界中所有自发的过程都是具有方向性的，是不可逆过程。自发过程的推动力可以是温差、浓度差、电位差及化学位差等，自发过程的方向就是使这些差值减小的方向。不同的热力学判据可以判断不同条件下化学变化的方向和限度。通过内能（U）、焓（H）、熵（S）、亥姆霍兹自由能（F）、吉布斯自由能（G）等热力学函数基本可以解决一般的热力学问题。其中 ΔU 和 ΔH 反映体系与环境之间的能量交换，用来判断过程的方向是不恰当的；ΔS 可用来判断过程的方向，但是只适用于隔离体系，在实际过程中，需要求出体系的熵变以及环境的熵变，然而环境的熵变难以计算；ΔF 判据仅适用于恒温、恒容体系；实际上大部分的腐蚀反应是在恒温、恒压下进行，因此使用 ΔG 来判断其反应进行的可能性及程度比较方便，其判据如下：

$$
\begin{aligned}
(\Delta G)_{T,p} &< 0 \quad \text{自发过程} \\
(\Delta G)_{T,p} &= 0 \quad \text{平衡状态} \\
(\Delta G)_{T,p} &> 0 \quad \text{非自发过程}
\end{aligned}
\tag{2-1}
$$

　　式中，G 表示吉布斯自由能，简称自由能。

　　由于 G 是状态函数，所以 ΔG 只取决于始态和终态，与过程的途径无关。由式（2-1）可知，若体系自由能减小，则该过程可自发进行；若体系自由能变化为零，过程处于平衡状态；若体系自由能增加，则反应不能自发进行。也就是说，凡是能够使体系自由能降低的反应，

即 $(\Delta G)_{T,p} < 0$ 的反应过程都能自发进行，且 ΔG 的绝对值越大，反应过程越容易自发进行。在恒温恒压条件下，腐蚀反应自由能变化可以通过反应物和产物的化学位计算得到。以金属 M 的腐蚀反应为例：

$$M + O \longrightarrow M^{m+} + R \tag{2-2}$$

则反应的自由能变化为：

$$(\Delta G)_{T,p} = \sum_i \nu_i \mu_i = \nu_{M^{m+}} \mu_{M^{m+}} + \nu_R \mu_R - \nu_M \mu_M - \nu_O \mu_O \tag{2-3}$$

式中，ν_i 为反应式中 i 物质的化学计量数；化学位 μ_i 是恒温恒压下除 i 物质外其他物质量不变的条件下，i 物质的偏摩尔自由能：

$$\mu_i = (\Delta G)_{T,p,n_j \neq n_i} = \left(\frac{\partial G}{\partial n_i} \right)_{T,p,n_j \neq n_i} \tag{2-4}$$

即恒温恒压及其他组分不变的无限大的体系中加入 1mol i 物质所引起的体系自由能的变化；或者是恒温恒压及其他组分不变的情况下，体系中 i 物质无限小量引起的自由能的变化与该物质的增量的比值，单位为 kJ/mol。

对于溶液中的组分，化学位可由以下公式求得：

$$\mu_i = \mu_i^{\ominus} + 2.3RT \lg a_i = \mu_i^{\ominus} + 2.3RT \lg \gamma_i c_i \tag{2-5}$$

式中，a_i、γ_i、c_i 分别为 i 物质的活度、活度系数和浓度；R 为气体常数；$\mu_i^{\ominus}$ 是 i 物质的标准化学位。即在 1atm（1atm=101325Pa）、298.15K 的标准状态下，i 物质的偏摩尔自由能 $\Delta G_m^{\ominus}$，在数值上等于该物质的标准摩尔生成自由能 $\Delta G_{m,f}^{\ominus}$。物质的标准摩尔生成自由能可以从物理化学手册查询。

根据式（2-1）和式（2-3），可得到以化学位表示的腐蚀反应自发性及倾向大小的判据为：

$$(\Delta G)_{T,p} = \sum_i \nu_i \mu_i < 0 \quad \text{腐蚀自发进行}$$

$$(\Delta G)_{T,p} = \sum_i \nu_i \mu_i = 0 \quad \text{平衡状态} \tag{2-6}$$

$$(\Delta G)_{T,p} = \sum_i \nu_i \mu_i > 0 \quad \text{非自发过程}$$

我们知道，金属铁无论在空气中还是水溶液中都易发生腐蚀。以金属铁在各种水溶液中可能发生的腐蚀反应为例，来判断腐蚀自发进行的可能性。如铁在 25℃、10^5Pa（1atm）下的下列介质中的腐蚀倾向：①pH=0 的酸性溶液中；②与空气接触的 pH=7 的纯水中；③与空气接触的 pH=14 的碱溶液中。

① pH=0 的酸性溶液中：

$$Fe + 2H^+ \longrightarrow Fe^{2+} + H_2 \uparrow$$

| $\mu_i^{\ominus}$/(kJ/mol) | 0 | 0 | -84.94 | 0 |
| μ_i/(kJ/mol) | 0 | 0 | -84.94 | 0 |

$\Delta G_{T,p}<0$，该反应可自发进行。

② 与空气接触的 pH=7 的纯水中 [pH=7, p_{O_2} =0.21atm（21278.25Pa）]：

$$Fe + \frac{1}{2}O_2 + H_2O \longrightarrow Fe(OH)_2$$

| $\mu_i^\ominus$/(kJ/mol) | 0 | 0 | -237.17 | -483.54 |
| μ_i/(kJ/mol) | 0 | -3.86 | -237.19 | -483.54 |

$\Delta G_{T,p}=-483.54-\frac{1}{2}\times(-3.86)-(-237.19)=-244.41(kJ/mol)<0$，该反应可自发进行。

③ 与空气接触的 pH=14 的碱溶液中 [pH=14, p_{O_2} =0.21atm（21278.25Pa）]：

$$Fe + \frac{1}{2}O_2 + OH^- \longrightarrow HFeO_2^{-1}$$

| $\mu_i^\ominus$/(kJ/mol) | 0 | 0 | -158.28 | -397.18 |
| μ_i/(kJ/mol) | 0 | -3.86 | -158.28 | -397.18 |

$\Delta G_{T,p}=-397.18-(-3.86)\times 1/2-(-158.28)=-236.97$ （kJ/mol）<0，此反应可自发进行。

由上述反应自由能变化的计算可知，Fe 在 25℃、101325Pa（1atm）下的上述三种介质中均是不稳定的状态，都将自发地发生由金属原子状态向金属离子状态的转变过程，即腐蚀过程。

因此，通过计算反应过程的 ΔG 可以判断金属腐蚀的可能性以及腐蚀倾向的程度，对于 ΔG 为正值的腐蚀反应在给定条件下无法发生。但是通过热力学判据无法得到反应的速度大小，腐蚀倾向大的金属不一定腐蚀速度大。

2.2 电化学腐蚀倾向的判据和标准电位序

大部分金属腐蚀遵循电化学反应机理，那么金属发生腐蚀倾向也可以用腐蚀过程中主要反应的腐蚀电池电动势来判断。在恒温、恒压条件下，反应自由能与电动势之间有如下关系：

$$(\Delta G)_{T,p}=-nFE \tag{2-7}$$

式中，$\Delta G_{T,p}$ 单位为 J；n 为参加反应的电子数或化合价；F 为法拉第常数（96500 C/mol）；E 为电位，V。电池反应的 E 越大，其自发反应的倾向越大。

在腐蚀体系中，腐蚀反应具有共轭的反应体系：阳极溶解——金属原子状态向离子状态的转变，电位为 E_A；阴极还原——氧化态物质向还原态转变，电位为 E_C。由共轭反应所构成的电池体系的电动势 E 为：

$$E=E_C-E_A \tag{2-8}$$

那么根据式（2-1）、式（2-7）和式（2-8），可以得到金属电化学腐蚀倾向的判据：

$E_c > E_A$　电位为 E_A 的金属自发发生腐蚀

$E_c = E_A$　平衡状态　　　　　　　　　　　　　　　　　　　　(2-9)

$E_c < E_A$　电位为 E_A 的金属不能自发腐蚀

由上述电化学腐蚀判据可知：当有两种不同的金属耦接于腐蚀介质或水中，电位较负的金属发生腐蚀，电位较正的金属不发生腐蚀，处于被保护状态；在无氧的还原性酸中，只有金属的电位比该溶液中氢电极电位更低时，金属才会发生腐蚀，此时阴极发生析氢反应，该腐蚀过程叫析氢腐蚀；在含氧的溶液中，只有金属的电位比该溶液中氧电极电位更低时，金属发生腐蚀，阴极发生吸氧反应，该腐蚀过程为吸氧腐蚀。

因此，通过计算金属在一定介质条件下的电极电位可以判断某一腐蚀过程能否自发进行。腐蚀电池中的电极电位可以通过实验测定，也可以通过能斯特（Nernst）方程计算：

$$E = E^\ominus + \frac{2.3RT}{nF} \lg \frac{a_O}{a_R} \qquad (2-10)$$

式中，E 表示金属的平衡电极电位；$E^\ominus$ 表示金属的标准电极电位（298.15K、1atm 标准状态下，电极反应中各物质活度为 1 时的平衡电位）；n 为电子转移数；R 为气体常数；T 为绝对温度；F 为法拉第常数；a_O 为氧化态物质的活度；a_R 为还原态物质的活度。

从能斯特方程可知，若反应中物质活度发生改变，腐蚀倾向则发生改变。由于金属的平衡电极电位与金属本性、溶液成分、温度和压力有关，有些情况下不易得到平衡电极电位的数值，通常利用标准电极电位作为电化学腐蚀倾向的热力学判据。

金属的标准平衡电极电位 $E^\ominus$ 既可以从物理化学手册或电化学书籍中查到，也可以通过电极反应的热力学数据计算。在标准状态下，金属电极相对标准氢电极的电极电位就是 $E^\ominus$，相当于将待测金属电极（正极）和标准氢电极（负极）组成电池，该电池的电动势就是金属电极的标准平衡电极电位 $E^\ominus$：

$$(-)Pt|H_2(101325Pa),H^+(a_{H^+}=1) \parallel M^{n+}(a_{M_n^+}=1),M^{n+}|M(+)$$

标准氢电极　　　　　　　　　　　待测金属电极

$$E = E^\ominus_{M^{n+}|M} - E^\ominus_{H^+|H} = E^\ominus_{M^{n+}|M} - 0 = E^\ominus_{M^{n+}|M}$$

由式（2-7）可知，$(\Delta G^\ominus)_{T,p} = -nFE^\ominus$

$$E^\ominus = -\frac{1}{nF}(\Delta G^\ominus)_{T,p} \qquad (2-11)$$

又　　　　　　　$(\Delta G^\ominus)_{T,p} = \sum_i \nu_i \mu_i^\ominus = \sum_i \nu_i (\Delta G^\ominus_{m,f})_i$

故　　　　　　　　　$E^\ominus = -\frac{\sum\limits_i \nu_i \mu_i^\ominus}{nF} \qquad (2-12)$

或　　　　　　　　　$E^\ominus = -\frac{\sum\limits_i \nu_i (\Delta G^\ominus_{m,f})_{T,p}}{nF} \qquad (2-13)$

ν_i 对还原态物质取正值，对氧化态物质取负值。因此可以根据电极反应式中各物质的化学计量系数 γ_i 和 i 物质的 $\mu_i^\ominus$ 或 $\Delta G^\ominus_{m,f}$ 求得该电极的标准电极电位。在没有另加说明的情况下，从物理化学手册或有关书籍中查到的电极电位一般是以标准氢电极（其电位规定为零）为参比电极的相对电位值。将各金属的标准电极电位 $E^\ominus$ 值由低（负）值到高（正）值逐渐增大的次序排列，即可得到标准电位序。表 2-1 是一些金属在 25℃时的标准电极电位。电位比标准氢电极电位更负的金属称为负电性金属，反之称为正电性金属。金属的电极电位越负，负电性越强，金属被氧化的可能性越大。

表 2-1　部分金属在 25℃时的标准电极电位

电极反应	$E^\ominus/V$	电极反应	$E^\ominus/V$	电极反应	$E^\ominus/V$
$Li \rightleftharpoons Li^+ + e^-$	-3.045	$Zr \rightleftharpoons Zr^{4+} + 4e^-$	-1.529	$Mo \rightleftharpoons Mo^{3+} + 3e^-$	-0.200
$Rb \rightleftharpoons Rb^+ + e^-$	-2.925	$U \rightleftharpoons U^{4+} + 4e^-$	-1.500	$Ge \rightleftharpoons Ge^{4+} + 4e^-$	-0.150
$K \rightleftharpoons K^+ + e^-$	-2.924	$Np \rightleftharpoons Np^{4+} + 4e^-$	-1.354	$Sn \rightleftharpoons Sn^{2+} + 2e^-$	-0.130
$Cs \rightleftharpoons Cs^+ + e^-$	-2.923	$Pu \rightleftharpoons Pu^{4+} + 4e^-$	-1.280	$Pb \rightleftharpoons Pb^{2+} + 2e^-$	-0.126
$Ra \rightleftharpoons Ra^{2+} + 2e^-$	-2.916	$Ti \rightleftharpoons Ti^{3+} + 3e^-$	-1.210	$Fe \rightleftharpoons Fe^{3+} + 3e^-$	-0.037
$Ba \rightleftharpoons Ba^{2+} + 2e^-$	-2.906	$V \rightleftharpoons V^{2+} + 2e^-$	-1.186	$H_2 \rightleftharpoons 2H^+ + 2e^-$	0.000
$Sr \rightleftharpoons Sr^{2+} + 2e^-$	-2.890	$Mn \rightleftharpoons Mn^{2+} + 2e^-$	-1.180	$Cu \rightleftharpoons Cu^{2+} + 2e^-$	0.337
$Ca \rightleftharpoons Ca^{2+} + 2e^-$	-2.866	$Nb \rightleftharpoons Nb^{3+} + 3e^-$	-1.100	$4OH^- \rightleftharpoons O_2 + 2H_2O + 4e^-$	0.401
$Na \rightleftharpoons Na^+ + e^-$	-2.714	$Cr \rightleftharpoons Cr^{3+} + 3e^-$	-0.913	$Cu \rightleftharpoons Cu^+ + e^-$	0.521
$La \rightleftharpoons La^{3+} + 3e^-$	-2.522	$V \rightleftharpoons V^{3+} + 3e^-$	-0.876	$Hg \rightleftharpoons Hg^{2+} + 2e^-$	0.789
$Mg \rightleftharpoons Mg^{2+} + 2e^-$	-2.363	$Zn \rightleftharpoons Zn^{2+} + 2e^-$	-0.763	$Ag \rightleftharpoons Ag^+ + e^-$	0.799
$Am \rightleftharpoons Am^{3+} + 3e^-$	-2.320	$Cr \rightleftharpoons Cr^{3+} + 3e^-$	-0.744	$Rb \rightleftharpoons Rb^+ + e^-$	0.800
$Pu \rightleftharpoons Pu^{3+} + 3e^-$	-2.070	$Ga \rightleftharpoons Ga^{3+} + 3e^-$	-0.529	$Hg \rightleftharpoons Hg^{2+} + 2e^-$	0.854
$Th \rightleftharpoons Th^{4+} + 4e^-$	-1.900	$Fe \rightleftharpoons Fe^{2+} + 2e^-$	-0.440	$Pd \rightleftharpoons Pd^{2+} + 2e^-$	0.987
$Np \rightleftharpoons Np^{3+} + 3e^-$	-1.860	$Cd \rightleftharpoons Cd^{2+} + 2e^-$	-0.402	$Ir \rightleftharpoons Ir^{3+} + 3e^-$	1.000
$Be \rightleftharpoons Be^{2+} + 2e^-$	-1.847	$In \rightleftharpoons In^{3+} + 3e^-$	-0.342	$Pt \rightleftharpoons Pt^{2+} + 2e^-$	1.190
$U \rightleftharpoons U^{3+} + 3e^-$	-1.800	$Tl \rightleftharpoons Tl^+ + e^-$	-0.336	$2H_2O \rightleftharpoons O_2 + 4H^+ + 4e^-$	1.229
$Hf \rightleftharpoons Hf^{4+} + 4e^-$	-1.700	$Mn \rightleftharpoons Mn^{3+} + 3e^-$	-0.283	$Au \rightleftharpoons Au^{3+} + 3e^-$	1.498
$Al \rightleftharpoons Al^{3+} + 3e^-$	-1.662	$Co \rightleftharpoons Co^{2+} + 2e^-$	-0.277	$Au \rightleftharpoons Au^+ + e^-$	1.691
$Ti \rightleftharpoons Ti^{2+} + 2e^-$	-1.628	$Ni \rightleftharpoons Ni^{2+} + 2e^-$	-0.250		

根据 pH=7 的中性溶液和 pH=0（$a_{H^+}=1$）的盐酸溶液中氢电极和氧电极的平衡电位（$E_H^\ominus = -0.414V$ 和 $0.000V$；$E_O^\ominus = 0.815V$ 和 $1.229V$）可把金属划分为腐蚀热力学稳定性不同的五个组：①热力学很不稳定的金属，$E_{M^{n+}|M}^\ominus < -0.414V$，这类金属在不含氧的中性介质中就会被腐蚀。②热力学不稳定的金属，$-0.414V < E_{M^{n+}|M}^\ominus < 0.000V$，这些金属在无氧的中性介质中趋于稳定，但在酸性介质中能被腐蚀。③热力学中等稳定的金属，$0.000V < E_{M^{n+}|M}^\ominus < 0.815V$，在无氧的酸性介质和中性介质中是稳定的。④热力学高稳定性的金属，$0.815V < E_{M^{n+}|M}^\ominus < 1.229V$，在有氧的中性介质中不腐蚀，在有氧或氧化剂的酸性介质中可能腐蚀。⑤完全稳定的金属，$E_{M^{n+}|M}^\ominus > 1.229V$，在有氧的酸性介质中是稳定的，但在含有络合剂的氧化性溶液中，电极电位负移，可能发生腐蚀。

利用标准电位序中的标准电极电位，可以方便地判断金属的电化学腐蚀倾向。例如铁在酸中的腐蚀反应，实际上可分为铁的氧化和氢离子的还原两个电化学反应：

$$Fe \Longrightarrow Fe^{2+} + 2e^- \qquad E^{\ominus}_{Fe^{2+}|Fe} = -0.440V$$

$$2H^+ + 2e^- \Longrightarrow H_2 \uparrow \qquad E^{\ominus}_{H^+|H_2} = 0.000V$$

$$E = E^{\ominus}_{H^+|H_2} - E^{\ominus}_{Fe^{2+}|Fe} = 0.440(V) > 0$$

$$(\Delta G^{\ominus})_{T,p} = -nFE^{\ominus} = -2 \times 96500 \times 0.440 = -84920(J/mol)$$

可见，不管是从 $E^{\ominus}_{Fe^{2+}|Fe} < E^{\ominus}_{H^+|H_2}$，还是根据 $(\Delta G^{\ominus})_{T,p} < 0$，都说明 Fe 在酸中的腐蚀反应 $Fe + 2H^+ \Longrightarrow Fe^{2+} + H_2 \uparrow$ 是可能发生的。

同理，铜在含氧与不含氧酸性溶液（pH=0）中可能发生的电化学反应为：

$$Cu \Longrightarrow Cu^{2+} + 2e^- \qquad E^{\ominus}_{Cu^{2+}|Cu} = 0.337V$$

$$2H^+ + 2e^- \Longrightarrow H_2 \uparrow \qquad E^{\ominus}_{H^+|H_2} = 0.000V$$

$$\frac{1}{2}O_2 + 2H^+ + 2e^- \Longrightarrow H_2O \qquad E^{\ominus}_{O_2|H_2O} = 1.229V$$

$E^{\ominus}_{Cu^{2+}|Cu} > E^{\ominus}_{H^+|H_2}$，故铜在不含氧酸中不会被 H^+ 氧化而腐蚀；但是 $E^{\ominus}_{Cu^{2+}|Cu} < E^{\ominus}_{O_2|H_2O}$，铜在含氧酸中可能发生腐蚀。

应当指出的是，用标准电极电位 $E^{\ominus}$ 作为金属腐蚀倾向的判据虽简单易行，但有一定的局限性。首先金属在大多数情况下是处于非标准状态，其次，表 2-1 中的数据都是指金属在裸露状态下的标准电极电位，而实际应用中，某些金属表面会生成氧化膜，导致电位向正值方向移动，使得金属钝化。氧化膜的致密、完整性的程度也会给金属腐蚀行为带来显著影响。例如，铬的电极电位虽然和锌接近，但在许多空气饱和的溶液中，铬的表面会生成钝化膜，当铬和铁耦接时作为阴极，作用如同氧电极，所产生的电流加速铁的腐蚀。当铬处于盐酸中，其上述情况刚好相反，即铬对铁呈阳极。

必须注意的是，不管是使用电极电位判据，还是使用吉布斯自由能判据，都只能判断金属腐蚀的可能性及腐蚀倾向的大小，而不能确定腐蚀速度的大小。腐蚀倾向大的金属不一定腐蚀速度大。速度问题是属于动力学讨论的范畴。金属实际的耐腐蚀性主要看它在指定环境下的腐蚀速度。

2.3 腐蚀电池

2.3.1 腐蚀电池电化学历程

金属在电解质中的腐蚀属于电化学腐蚀，腐蚀反应发生在金属和电解质溶液之间的界面层。所有影响金属-溶液界面性质的因素都会影响腐蚀电池的电极过程，比如电解质的化学性质、环境因素（温度、压力、流速等）、金属的特性、表面状态等。因此，电化学腐蚀现象非常复杂。如果仔细观察金属材料所应用的环境，就会发现大部分都能满足电化学腐蚀的条件。例如，在潮湿的大气中各种金属结构、车辆、飞机、大炮、枪支、桥梁钢架等的腐蚀；海水中采油平台、码头、军舰、船体的腐蚀；土壤中地下管道（输油、输水、输气等管线）的腐蚀；在含酸、含碱、含盐的水溶液等工业介质中各种金属及其设备的腐蚀以及熔盐中金属的腐蚀；等等。工业用金属一般都是含有杂质的，因此金属电化学腐蚀的实质是金属和电解质溶液构成以金属为阳极、以杂质为阴极的电池，可以认为是短路的原电池，也称为腐蚀电池。

工业用的金属总是含有少量的杂质，因此，当这种金属浸在某种溶液中时，其表面将会形成许多由微小的阴极和阳极组成的短路原电池，常称为腐蚀微电池。工业用纯锌中总是含有少量的铁，这些杂质铁以 $FeZn_7$ 的形式存在，它们（杂质铁）的电极电位比纯锌高，因此，杂质为阴极，锌为阳极，溶液中的 H^+ 在阴极上发生还原反应构成腐蚀微电池。微电池作用使阳极（Zn）发生溶解，从而使工业纯锌发生腐蚀。

从化学腐蚀和电化学腐蚀的反应来看都是金属的氧化反应，但是电化学腐蚀与化学腐蚀有着显著的区别。表 2-2 是对电化学腐蚀和化学腐蚀的比较。

表 2-2　电化学腐蚀和化学腐蚀的比较

项目	化学腐蚀	电化学腐蚀
介质	干燥气体或非电解质溶液	电解质溶液
反应式	$\sum_i \nu_i M_i = 0$	$\sum_i \nu_i M_i^{n+} \pm ne^- = 0$
过程规律	化学反应动力学	电极过程动力学
能量转换	化学能与机械能和热能	化学能与电能
电子传递	直接的，不具备方向性，测不出电流	间接的，有一定的方向性，能测出电流
反应区	在碰撞点上瞬时完成	在相对独立的阴、阳极区同时完成
产物	在碰撞点上直接形成	一次产物在电极上形成，二次产物在一次产物相遇处形成
温度	主要在高温条件下	室温和高温条件下

由表 2-2 可知，发生化学腐蚀时，被氧化的金属与环境中被还原的物质之间的电子交换是直接进行的，氧化过程和还原过程不可分割。而在电化学腐蚀过程中，金属的阳极溶解过程和环境中物质的还原过程可以在不同的阴极区、阳极区独立进行，电子的传递依靠金属本身作为回路来完成。

为了进一步阐述腐蚀电池的工作原理，下面从原电池的理论入手进行讨论。

原电池是一个可以将化学能转变为电能的装置。以丹尼尔电池为例［如图 2-1（a）］。其电池表达式为：

$$(-)Zn|ZnSO_4（水溶液）\|CuSO_4（水溶液）|Cu(+)$$

其中，"|"表示有界面电位存在；"‖"表示两溶液之间的液体接界电位已消除。

按照电化学定义规定：电极电位较低的电极称为负极，电极电位较高的电极称为正极；发生氧化反应的电极称为阳极，发生还原反应的电极称为阴极。在金属腐蚀研究中，习惯上对电池的两个电极用阴极、阳极命名。由于负极上进行的是氧化反应，其负极是阳极；正极上进行的是还原反应，其正极是阴极。

将锌片和铜片分别浸入硫酸锌和硫酸铜溶液中，稳定一段时间后，用导线将锌片、铜片、电流表和负载串联起来，此时毫安表的指针转动，证明有电流通过外电路，电流的方向是从铜片经导线流向锌片，这样就构成了一个工作状态下的原电池。由于锌的电极电位较低

（负），铜的电极电位较高（正），它们各自在电极/溶液界面上建立起来的平衡遭到破坏，因此在两个电极上分别进行以下电极反应。

锌电极作阳极，发生氧化反应：

$$Zn \longrightarrow Zn^{2+} + 2e^-$$

铜电极为阴极，发生还原反应：

$$Cu^{2+} + 2e^- \longrightarrow Cu$$

电池总反应为：

$$Cu^{2+} + Zn \longrightarrow Zn^{2+} + Cu$$

在电池工作期间，锌电极发生氧化反应，铜电极上进行还原反应，电子从锌电极流向铜电极。在溶液中，电荷的传递是靠水中阴、阳离子的迁移来完成的。因此，整个电池形成了一个电流回路，将化学能转变为电能并带动负载工作，对外界作有用功。

如果将图 2-1（a）中原电池的两个电极短路，如图 2-1（b）所示，这时尽管电路中仍有电流通过，但是由于电池体系是短路的，电极反应所释放的化学能虽然转化成了电能，但不能对外作有用电功，最终只能以热的形式散发掉。因此，短路的原电池仅仅是一个进行着氧化还原反应的电化学体系，其反应结果是作为阳极的金属材料被氧化而遭受腐蚀。这种只能导致金属材料破坏而不能对外作有用功的短路原电池称为腐蚀原电池或腐蚀电池。

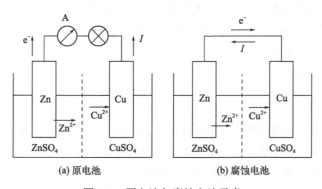

图 2-1　原电池与腐蚀电池示意

对于实际的电化学腐蚀来说，在腐蚀介质中的两种金属不一定非要有导线连接才能组成腐蚀电池，两种金属直接接触也能组成腐蚀电池。例如，将铜和锌两块金属板直接接触，并浸入稀硫酸溶液中（如图 2-2）构成腐蚀电池，锌电极作阳极，发生氧化反应，在腐蚀介质存在的情况下不断溶解，而铜作阴极，在铜电极上有氢气析出。我们可以看出，电子是通过锌和铜金属内部进行直接传递的。也就是说金属本身起着将阳极和阴极短路的作用。腐蚀电池工作的结果是金属锌遭到腐蚀。在自然界中，由不同金属直接接触的构件在海水、大气、土壤或酸、碱、盐水溶液中所发生的接触腐蚀，就是由于这种腐蚀电池作用而产生的。

从上面讨论的腐蚀电池的形成可以看出，一个腐蚀电池必须包括阴极、阳极、电解质溶液和电路四个组成部分，缺一不可。由这四个组成部分构成腐蚀电池工作历程的三个基本过程。

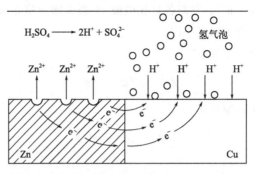

图 2-2　与铜接触的锌在稀硫酸中的溶解示意

（1）阳极过程

金属溶解以离子形式进入溶液，等电量电子留在金属上，发生阳极氧化反应：

$$M \longrightarrow M^{n+} + ne^-$$

（2）阴极过程

从阳极迁移过来的电子被电解质溶液中能够接收电子的物质 D 所吸收，发生还原反应：

$$D + ne^- \longrightarrow [D \cdot ne^-]$$

电化学腐蚀的阴极还原反应过程中能够接收电子的氧化性物质 D，被称为阴极去极化剂（depolarizer），其阴极过程又称为去极化过程。多数情况下 H^+ 和 O_2 起去极化剂的作用，它们在阴极上能够吸收电子而发生还原反应，生成 H_2 和 OH^-，这样阳极过程就可以持续地进行下去，使金属遭到腐蚀。

（3）电流的流动

电化学腐蚀之所以能分成阴极区和阳极区的两个反应，是因为溶液中有金属离子，同时在金属中有自由电子。电流的流动在金属中是依靠电子从阳极流向阴极，在溶液中则是依靠离子的电迁移，这样，整个电池体系形成一个回路。

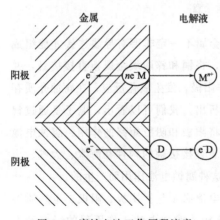

图 2-3　腐蚀电池工作历程流意

图 2-3 为腐蚀电池工作流程的示意图。按照这种电化学历程，金属的腐蚀破坏将集中出现在阳极区，阴极区将不发生可觉察的金属损失，它只起了传递电子的作用。因此，除金属外，其他电子导体如石墨、过渡族元素的碳化物和氮化物，某些氧化物（如 PbO_2、MnO、Fe_3O_4）和硫化物（如 PbS、CuS、FeS）等，都可成为腐蚀电池中的阴极。

腐蚀电池工作时所包含的上述三个基本过程既相互独立，又彼此紧密联系。只要其中一个过程受到阻滞不能进行，则其他两个过程也将受到阻碍而停止，从而导致整个腐蚀过程的终止。应当指出的是按照现代电化学理论，金属发生电化学腐蚀的唯一原因是具备构成电化学腐蚀电池的条件，即溶液中存在着可以使金属氧化的去极化剂，而且这些去极化剂的阴极还原反应的电极电位要比金属阳极氧化反应的电极电位更高。所以只要溶液中有氧化剂存在，即使是不含杂质的纯金属也可能在溶液中发生电化学腐蚀。在这种情况下，阳极和阴极的空间距离可以很小，小到可以用金属材料的原子之间的距离计量，而且随着腐蚀过程的进行，数目众多的微阳极和微阴极不断地随机交换位置，以至于经过腐蚀以后的金属表面上无法分辨出什么地方是腐蚀电池的"阳极区"和"阴极区"，在腐蚀破坏的形态上呈现出均匀腐蚀的特征。

2.3.2　电化学腐蚀次生过程

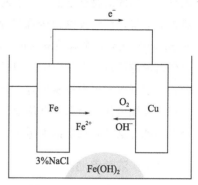

图 2-4　Fe-Cu 腐蚀电池中 $Fe(OH)_2$ 沉淀的形成

腐蚀过程中，阳极反应和阴极反应的直接产物称为一次产物（primary product）。随着腐蚀的不断进行，电极表面附近一次产物的浓度不断增加，阳极区金属离子的浓度升高，阴极区 H^+ 和水中溶解氧被还原，导致溶液中产生浓度梯度。一次产物在浓差作用下发生扩散，阴、阳极过程中的一次产物在扩散过程中相遇并生成难溶化合物的过程称为腐蚀的次生过程。难溶性产物称为二次产物或次生产物（secondary product）。例如铁和铜在氯化钠溶液中组成的腐蚀电池（图 2-4）就会发生次生过程，形成次生产物沉淀，即：

① 阳极过程　　　　　　　$Fe \longrightarrow Fe^{2+} + 2e^-$

② 阴极过程　　　　$\dfrac{1}{2}O_2 + H_2O + 2e^- \longrightarrow 2OH^-$

③ 次生过程　当 pH>5.5，Fe^{2+} 与 OH^- 相遇时就会发生次级反应，形成氢氧化亚铁沉淀物：

$$Fe^{2+} + 2OH^- \longrightarrow Fe(OH)_2 \downarrow$$

在某些情况下，腐蚀次生产物还会进一步反应，比如由于溶液中氧使 $Fe(OH)_2$ 进一步氧化，形成 $Fe(OH)_3$ 或铁锈 [$Fe(OH)_2$、$Fe(OH)_3$、H_2O 或 FeO、Fe_2O_3、H_2O 的混合物]。

通常腐蚀次生产物并不直接在腐蚀着的阳极区表面上形成，而是在溶液中阴、阳极一次产物相遇的地方形成。但当阴、阳极直接交界时，难溶性次生产物可在直接靠近金属表面处形成较紧密的、具有一定保护性的氢氧化物保护膜黏附在金属上，在一定程度上可阻滞腐蚀过程的进行。次生产物膜的保护性取决于该膜的性质，但通常比起在金属表面上直接发生氧化反应时生成的初生膜的保护性要差得多。

2.4　腐蚀电池的类型

腐蚀电池在电化学腐蚀中起着非常重要的作用，根据组成腐蚀电池的电极大小、形成腐蚀电池的主要影响因素以及腐蚀破坏的特征，可以将腐蚀电池分为三大类：宏观腐蚀电池、微观腐蚀电池和超微观腐蚀电池。

2.4.1 宏观腐蚀电池

这类腐蚀电池通常是由肉眼可见的电极所构成，阴极区和阳极区保持长时间稳定，引起金属或金属构件的局部宏观腐蚀。常见的宏观腐蚀电池有以下几种。

2.4.1.1 异种金属接触电池（腐蚀电偶）

异种金属接触电池是指当两种或两种以上不同的金属接触或用导线连接，处于某种电解质溶液中构成的腐蚀电池。由于两金属的电极电位不同，故电极电位较低的金属将不断遭受腐蚀而溶解，而电极电位较高的金属却得到了保护。这种腐蚀现象称为电偶腐蚀（galvanic corrosion）或异种金属接触腐蚀（dissimilar metal corrosion）。两种金属的电极电位相差越大，电偶腐蚀越严重。电池中阴、阳极的面积比以及电解质的电导率也对电偶腐蚀有一定的影响。例如，铝制容器用铜钉铆接时，当铆接处与电解质溶液接触，由于铝的电极电位比铜低，便形成了腐蚀电池。结果铜电位较高成为阴极，受到保护，而铆钉周围的铝电位较低成为阳极遭受腐蚀，这种腐蚀电池也叫腐蚀电偶。

2.4.1.2 浓差电池

形成浓差电池的原因是同一金属的不同部位所接触的介质的浓度不同。最常见的浓差电池有以下两种。

（1）溶液浓差电池

这种电池是由于同一金属浸入不同浓度、相同成分的电解液中形成的。例如，一根长铜棒的两端分别与稀的硫酸铜溶液和浓的硫酸铜溶液相接触。

$$Cu \mid CuSO_4 \ (a_1) \parallel CuSO_4 \ (a_2) \mid Cu$$

阳极反应 $\qquad Cu \longrightarrow Cu^{2+} (a_1) + 2e^-$

阴极反应 $\qquad Cu^{2+} (a_2) + 2e^- \longrightarrow Cu$

电池反应 $\qquad Cu^{2+} (a_2) \longrightarrow Cu^{2+} (a_1)$

所以，电池反应是 Cu^{2+} 的浓差迁移过程。由能斯特方程可知电池电动势为

$$E = E_+ - E_- = \frac{RT}{2F} \ln \frac{a_2}{a_1}$$

这种浓差电池的标准电池电动势 $E^\ominus$ 总是等于零，与较稀硫酸铜溶液接触的铜棒一端因其电极电位较低，作为腐蚀电池的阳极将遭受到腐蚀，但与浓硫酸铜溶液接触的铜棒另一端由于电极电位较高，作为腐蚀电池的阴极，故溶液中的 Cu^{2+} 将在这一端的铜上面析出。这种溶解和析出反应一直进行到铜棒两端所处溶液中硫酸铜浓度相等为止。

（2）氧浓差电池

它是由金属与含氧量不同的溶液相接触而形成的腐蚀电池，又称差异充气电池。它是造成金属局部腐蚀的重要因素之一，也是一种比较普遍存在的、危害性很大的腐蚀破坏形式。

当金属浸入含有氧的中性溶液里会形成氧电极，并发生如下的电极反应：

$$O_2 + 2H_2O + 4e^- \Longrightarrow 4OH^-$$

由能斯特公式可知电极电动势为：

$$E_{O_2|OH^-}^e = E_{O_2|OH^-}^\ominus + \frac{RT}{4F}\ln\frac{p_{O_2}a_{H_2O}^2}{a_{OH^-}^4}$$

可知，氧电极的电极电位与氧的分压大小有关，氧的分压（溶液中氧的浓度）越大，氧电极电位越高。因此，如果溶液中各部分含氧量不同，就会因氧浓度的差别产生电位差。金属在氧浓度较低的区域相对于氧浓度较高的区域来说，因其电极电位较低而成为阳极，故在阳极区的金属将遭受腐蚀。例如，钢桩半浸入水中，靠近水线的下部区最容易腐蚀（图 2-5），故常称为水线腐蚀（water-line-corrosion）。这是因为在水线处的金属铁直接接触空气，水层中含氧量高，电位亦高，而水线下面的金属铁表面处

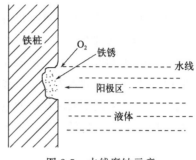

图 2-5　水线腐蚀示意

的溶液中氧溶解度低，电位也低，这样就形成了氧浓差电池，由此导致电极电位较低的水线下部铁的加速腐蚀。这种水线腐蚀是生产上最为普遍的一种局部腐蚀形式。此外，氧浓差电池还是缝隙腐蚀（crevice corrosion）、沉积物腐蚀（deposit corrosion）、盐滴腐蚀（salt drop corrosion）和丝状腐蚀（filiform corrosion）的主要成因。

2.4.1.3　温差电池

温差电池是由于浸入电解质溶液中的金属处于不同的温度区域而形成的，常发生在热交换器、锅炉、浸式加热器等设备中。例如，在检查碳钢制成的换热器时，可发现其高温端比低温端腐蚀严重，这是因为高温部位的碳钢电极电位比低温部位的碳钢电极电位低，而成为腐蚀电池的阳极。但是，铜、铝等在有关溶液中不同温度下的电极行为与碳钢相反。如在硫酸铜溶液中低温端铜是阳极，高温端铜为阴极。

对于因温差而形成的腐蚀电池，其两个电极的电位属于非平衡电位，故不能简单地套用能斯特公式说明其极性。

2.4.2　微观腐蚀电池

处在电解液中的金属表面上由于存在很多微小的电极而形成的腐蚀电池，称为微观腐蚀电池。这种腐蚀电池形成是由金属化学成分或组织结构的差异而导致的金属表面的电化学不均匀性所引起的。具体原因如下。

（1）金属化学成分的不均匀性

众所周知，绝对纯的金属是没有的，工业上使用的金属往往含有各种杂质，当金属与电解质接触时，这些杂质便以微电极的形式与基体金属构成许多短路的微电池（如图 2-6）。当杂质作为微阴极存在时，它将加速基体金属的腐蚀；反之，若杂质作微为阳极，则基体金属受到保护而减缓腐蚀。例如，碳钢和铸铁中含有 Fe_3C、石墨和硫等杂质，当它们与电解液接

触时，这些杂质由于具有比铁更高的电位，因此形成多个微阴极，加速铁基体的腐蚀。工业纯锌中的 Fe 杂质（以 $FeZn_7$ 存在），工业纯铝中的杂质 Fe 和 Cu 等，都是微电池的阴极，它们在电解液中都可加速基体金属的腐蚀。此外，合金凝固时产生的偏析造成的化学成分不均匀性，也是电化学不均匀性的原因。

（2）金属组织结构的不均匀性

所谓组织结构，在这里是指组成合金的粒子种类、分量和它们的排列方式的统称。在同一金属或合金内部存在着不同组织结构区域，因而有不同的电极电位值。晶界是原子排列较为疏松而紊乱的区域，这一区域容易富集杂质原子，产生晶界吸附和晶界沉淀，而且晶体缺陷（如位错、空穴和点阵畸变）密度大，因此晶界比晶粒内部更为活泼，通常具有更低的电位。例如，工业纯铝其晶粒内的电位为 0.585V，晶界电位却为 0.494V，所以晶界成为微电池的阳极，因此，腐蚀首先从晶界开始（图 2-7）。

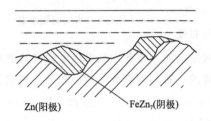

图 2-6　含有杂质的工业锌形成的微电池

Zn(阳极)　　FeZn₇(阴极)

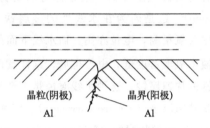

图 2-7　工业纯铝晶粒与晶界形成的微电池

晶粒(阴极)　　晶界(阳极)
Al　　Al

多相合金中不同相之间的电位是不同的，这同样也是形成腐蚀微电池的重要原因之一。例如，Al-Cu 和 Al-Ag-Cu 系合金，富铜的 θ 相（$CuAl_2$）沿晶界析出，在 3%NaCl 溶液中，θ 相电位为 -0.3V。θ 相的析出使晶界附近形成贫铜区，其电位为 -0.78V。晶内基体的电位为 -0.68V。这样，由于贫铜区电位最低，成为阳极区，而 θ 相和基体为阴极区，溶解过程将沿贫铜区进行，这是这类合金发生晶间腐蚀和应力腐蚀断裂的重要原因。

（3）金属物理状态的不均匀性

金属在机械加工或构件装配过程中，由于金属各部分形变的不均匀性或应力的不均匀性，都可形成微电池。一般情况下变形较大和应力集中的部位为阳极。这就是钢管弯曲处和铆钉头部容易发生腐蚀的原因。

（4）金属表面膜的不完整性

金属表面膜，通常指钝化膜或其他具有电子导电性的表面膜或涂层，如果这层表面膜存在孔隙或破损，则该处的基体金属通常因比表面膜的电极电位低，形成了膜-孔腐蚀电池，孔隙下的基体金属将作为阳极而遭到腐蚀。例如，不锈钢在含有 Cl^- 的介质中，由于 Cl^- 对钝化膜的破坏作用，使得膜破损处发生点蚀。这类微电池又常称为活化-钝化电池。它们与差异充气电池相配合，是引起易钝化金属的点蚀、缝隙腐蚀、晶间腐蚀和应力腐蚀开裂的重要原因。

在生产实践中，要想使整个金属的表面和金属组织的各个部分的物理和化学性质都完全相同，使金属表面各点电位完全相等是不可能的。这种由于各种因素而导致金属表面的物理和化学性质存在的差异统称为电化学不均匀性，是形成腐蚀电池的根本原因。然而需要强调的是，微电池并不是金属发生电化学腐蚀的充分条件，要发生电化学腐蚀，溶液中还必须同时存在着可使金属氧化的物质，它与金属构成了热力学不稳定体系。如果溶液中没有合适的氧化性物质作为阴极去极化剂，即使金属表面具有电化学不均匀性，电化学腐蚀过程也不能进行下去。

2.4.3　超微观腐蚀电池

超微观腐蚀电池是指由于金属表面上存在着超微观的电化学不均匀性，产生了许多超微电极从而形成的腐蚀电池，它是金属材料产生电化学均匀腐蚀的原因。造成这种超微观电化学不均匀性的原因可能是：

① 在固溶体晶格中存在有不同种类的原子；

② 由于结晶组织中原子所处的位置不同，而引起金属表面上个别原子活度的不同；

③ 由于原子在晶格中的热振荡而引起了周期性的起伏，从而引起了个别原子的活度不同。

由此产生了肉眼和普通显微镜也难以分辨的微小电极（1～10nm），并遍布整个金属表面，阴极和阳极无规则地分布着，具有极大的不稳定性，并随时间不断地变化，这时整个金属表面既是阳极又是阴极，结果导致金属的均匀腐蚀。

2.5　电位-pH 图

2.5.1　电位-pH 图原理

对于很多常见的腐蚀过程，电极的反应有 H^+ 或 OH^- 参与，因此这类型电极的平衡电位不仅与电极反应中物质的活度有关，还与溶液中 H^+ 的活度也就是溶液的 pH 有关。若将金属腐蚀体系的电极电位与溶液 pH 的关系绘制成图，就能直接从图上判断在给定条件下发生腐蚀反应的可能性，这个图就是金属在水溶液中的电位-pH 图。电位-pH 图是由比利时学者布拜（Pourbaix）提出，所以也称"布拜图"。它是建立在化学热力学原理基础上的一种电化学平衡图，涉及温度、压力、成分、控制电极反应的电位以及影响溶液中的溶解、离解反应的pH。电位-pH 图是以电极电位（相对于 SCE）为纵坐标，以 pH 为横坐标。最简单的电位-pH图仅涉及某一种元素与水构成的体系。运用电位-pH 图可以了解某一金属化学反应或电化学反应中各组分的生成条件以及其稳定存在的电位、pH 范围。

在金属和水构成的体系中，根据参加反应物质的不同（比如说反应中有无电子参加、有无 H^+ 参加），电位-pH 图的曲线可以分为以下三类。

① 反应既与电极电位有关（有电子得失），又与溶液 pH 有关（H^+ 参加反应）例如：

$$Fe_2O_3 + 6H^+ + 2e^- \Longrightarrow 2Fe^{2+} + 3H_2O$$

这类反应的特点是有 H^+（或 OH^-）参加的电极反应，即 H^+ 和电子都参加反应，反应的通式可写为：

$$aA + mH^+ + ne^- \Longrightarrow bB + cH_2O \qquad (2\text{-}14)$$

该反应的平衡电位为：

$$E^e = E^\ominus - \frac{2.3RT}{nF}m\text{pH} + \frac{2.3RT}{nF}\ln\frac{a_A^a}{a_B^b} \qquad (2\text{-}15)$$

对电极反应来说，达到平衡的条件就是满足能斯特方程。在一定温度下，给定 a_A^a/a_B^b 值，平衡电位随 pH 升高而降低，在电位-pH 图上这类反应的平衡条件是斜线，其斜率为 $-2.3mRT/(nF)$。

② 反应与电极电位有关（有电子得失），与溶液 pH 无关（H^+ 不参加反应）

这类反应的特点是只有电子参加而无 H^+（或 OH^-）参加的电极反应，例如：

$$Fe^{3+} + e^- = Fe^{2+}$$
$$Fe^{2+} + 2e^- = Fe(固)$$

反应通式为：

$$aA + ne^- \Longrightarrow bB \qquad (2\text{-}16)$$

式中，A 表示物质的氧化态；B 表示物质的还原态；a，b 分别表示反应物和产物的化学计量系数；n 为参加反应的电子数。

平衡电位的通式可写成：

$$E = E^\ominus + \frac{2.3RT}{nF}\lg\frac{a_A^a}{a_B^b} \qquad (2\text{-}17)$$

式中，a、$E^\ominus$ 分别为活度和标准电极电位。

显然，这类反应的平衡电位与 pH 无关，在一定温度下随比值 a_A^a/a_B^b 的变化而变化，当 a_A^a/a_B^b 一定时，E 也将固定，在电位-pH 图上这类反应平衡条件为平行于 x 轴的水平线。

③ 反应与溶液 pH 有关（H^+ 参加反应），与电极电位无关（没有电子得失）

沉淀反应：$Fe^{2+} + 2H_2O = Fe(OH)_2\downarrow + 2H^+$

水解反应：$2Fe^{3+} + 3H_2O = Fe_2O_3 + 6H^+$

其反应通式为：

$$aA + cH_2O \Longrightarrow bB + mH^+ \qquad (2\text{-}18)$$

其平衡常数 K 为：

$$K = \frac{a_B^b \times a_{H^+}^m}{a_A^a} \qquad (2\text{-}19)$$

由 $\text{pH} = -\lg a_{H^+}$，可得：

$$\text{pH} = -\frac{1}{m}\lg K - \frac{1}{m}\lg\frac{a_A^a}{a_B^b} \qquad (2\text{-}20)$$

这类反应的平衡取决于溶液的 pH，而与电极电位无关。在一定温度下，平衡常数 K 恒定不变，pH 只随 a_A^a/a_B^b 变化而改变。因此，在电位-pH 图上这类反应在平衡状态表示为一组

平行于 y 轴的垂线。

如果把某一体系中各个反应的平衡条件绘制在同一个电位-pH 坐标系中,就可以构成该体系的电位-pH 图。下面我们将介绍如何根据反应平衡条件建立理论电位-pH 图和对电位-pH 图进行分析。

2.5.2 电位-pH 图的建立和分析

理论电位-pH 图的建立可按下列程序进行:

① 列出体系中可能存在的各种组分及其标准化学位 $\mu^{\ominus}$。

② 根据各组分的特征和相互作用,列出体系中可能发生的各种化学反应和电极反应,查表或计算得出电极反应的标准电位数值。

③ 计算各反应的平衡电极电位或 pH 表达式,得到各反应的平衡条件。

④ 根据各反应的平衡条件,在电位-pH 坐标图上画出各反应的平衡线,经综合整理得到该体系的电位-pH 图。

按照上述程序来建立 Fe-H_2O 体系的电位-pH 图。

Fe-H_2O 体系中可能存在的各组分物质和它们的标准化学位列于表 2-3 中,各组分物质的相互反应和它们的平衡条件列于表 2-4。平衡条件是根据各反应的类型,按式(2-17)、式(2-19)和式(2-20)计算出来的。

例如,反应 1 是没有 H^+ 离子参加的电极反应,平衡条件为:

$$E_1^e = E_1^{\ominus} + \frac{0.0591\text{V}}{n}\lg a_{\text{Fe}^{2+}} = -0.440 + 0.0296\lg a_{\text{Fe}^{2+}}$$

当 $a_{\text{Fe}^{2+}}$ 的活度一定时,在电位-pH 图上可得到一条水平线,分别设 $a_{\text{Fe}^{2+}}$ 为 10^0mol/L、10^{-2}mol/L、10^{-4}mol/L、10^{-6}mol/L,得到一组平行水平线(图 2-8 直线①)。

表 2-3　Fe-H_2O 体系中的物质组成及其标准化学位 $\mu^{\ominus}$

状态	名称	化学符号	$\mu^{\ominus}/(\text{kJ/mol})$
溶液态	水	H_2O	-237.190
	氢离子	H^+	0
	氢氧根离子	OH^-	-157.297
	亚铁离子	Fe^{2+}	-84.935
	铁离子	Fe^{3+}	-10.586
	亚铁酸氢根离子	$HFeO_2^-$	-337.606
固态	铁	Fe	0
	四氧化三铁	Fe_3O_4	-1015.550
	三氧化二铁	Fe_2O_3	-741.500
气态	氢气	H_2	0
	氧气	O_2	0

表 2-4　Fe-H$_2$O 体系中的反应和平衡条件

编号	反应式	平衡条件
(a)	$2H^+ + 2e^- = H_2$	$E_a^e = -0.0591pH$
(b)	$O_2 + 4H^+ + 4e^- = 2H_2O$	$E_b^e = 1.229 - 0.0591pH$
1	$Fe^{2+} + 2e^- = Fe$	$E_1^e = -0.440 + 0.0296 lg a_{Fe^{2+}}$
2	$Fe_3O_4 + 8H^+ + 8e^- = 3Fe + 4H_2O$	$E_2^e = -0.0860 - 0.0591pH$
3	$3Fe_2O_3 + 2H^+ + 2e^- = 2Fe_3O_4 + H_2O$	$E_3^e = 0.221 - 0.0591pH$
4	$Fe_3O_4 + 2H_2O + 2e^- = 3HFeO_2^- + H^+$	$E_4^e = -1.82 + 0.0296pH - 0.089 lg a_{HFeO_2^-}$
5	$Fe_2O_3 + 6H^+ + 2e^- = 2Fe^{2+} + 3H_2O$	$E_5^e = 0.728 - 0.177pH - 0.0591 lg a_{Fe^{2+}}$
6	$Fe^{3+} + e^- = Fe^{2+}$	$E_6^e = 0.771 + 0.0591 lg\ (a_{Fe^{3+}}/a_{Fe^{2+}})$
7	$Fe_3O_4 + 8H^+ + 2e^- = 3Fe^{2+} + 4H_2O$	$E_7^e = 0.980 - 0.236pH - 0.089 lg a_{Fe^{2+}}$
8	$HFeO_2^- + 3H^+ + 2e^- = Fe + 2H_2O$	$E_8^e = 0.493 - 0.089pH + 0.0296 lg a_{HFeO_2^-}$
9	$Fe_2O_3 + 6H^+ = 2Fe^{3+} + 3H_2O$	$lg a_{Fe^{3+}} = -0.77 - 3pH$

反应 2 是有 H$^+$ 参加的电极反应，平衡条件为：

$$E_2^e = E_2^\ominus + 0.0591 lg a_{H^+}$$

由于 $E_2^\ominus = -\dfrac{\sum\limits_i \nu_i \mu_i^\ominus}{nF}$ ，则

$$E_2^\ominus = -\frac{1}{8F}(3\mu_{Fe}^\ominus + 4\mu_{H_2O}^\ominus - \mu_{Fe_3O_4}^\ominus - 8\mu_{H^+}^\ominus) = -\frac{1}{8 \times 96500}(-4 \times 237190 + 1015550) = -0.0865V$$

所以 $E_2^e = -0.0865 - 0.0591pH$

由于 E_2^e 只与 pH 有关，与其他反应物质浓度无关，因此在电位-pH 图中得到一条斜率为 0.0591 的斜线（图 2-8 中直线②）

反应 9 是化学反应，平衡常数为：

$$K = \frac{a_{H_2O}^3 a_{Fe^{3+}}^2}{a_{Fe_2O_3} a_{H^+}^6} = \frac{a_{Fe^{3+}}^2}{a_{H^+}^6}$$

故 $lg K = 2 lg a_{Fe^{3+}} - 6 lg a_{H^+} = 2 lg a_{Fe^{3+}} + 6pH$

$$lg K = -\frac{\sum\limits_i \nu_i \mu_i}{2.3RT} = -\frac{2 \times (-10586) + 3 \times (-237190) - (-741500)}{2.3 \times 8.314 \times 298.15} = -1.54（该式中生成$$

物化学计量数取正值，反应物化学计量数取负值）

代入上式得到

$$lg a_{Fe^{3+}} = -0.77 - 3pH$$

当 $a_{Fe^{3+}}$ 为 10^0 mol/L、10^{-2} mol/L、10^{-4} mol/L、10^{-6} mol/L 时，可得 pH 变化的一组垂直

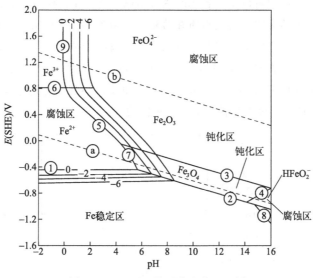

图 2-8　Fe-H_2O 体系的电位-pH 图

（考虑固相物质为 Fe、Fe_3O_4、Fe_2O_3）

线（图 2-8 中第⑨组平衡线）。

用同样的方法，可以得出 Fe-H_2O 体系中各个反应的平衡条件（表 2-4）及其电位-pH 线，抹去各直线相交后的多余部分，可整理汇总成整个体系的电位-pH 图，如图 2-8 所示。图中直线上圆圈中的号码对应于表 2-4 中各平衡条件的编号，各平衡线旁边的数字代表可溶性离子活度的对数值。

图中互相平行的两条线ⓐ和ⓑ线是水的电位-pH 线，分别代表反应（a）和（b）在 H_2、O_2 分压均为 101325 Pa 时的平衡条件。具体计算方法如下：

虚线ⓐ表示 H^+ 和 H_2（$p_{H_2} = 101325$ Pa）的平衡关系，即 $2H^+ + 2e^- \rightleftharpoons H_2$

$$E^e_{H^+|H_2} = E^\ominus_{H^+|H_2} + \frac{2.3RT}{2F} \lg \frac{a^2_{H^+}}{p_{H_2}} = -0.0591pH$$

虚线ⓑ表示 O_2（$p_{O_2} = 101325$ Pa）和 H_2O 的平衡关系，即 $O_2 + 4H^+ + 4e^- \rightleftharpoons 2H_2O$

$$E^e_{O_2|H_2O} = E^\ominus_{O_2|H_2O} + \frac{2.3RT}{4F} \lg a^4_{H^+} \, p_{O_2} = 1.229 - 0.0591pH$$

可以看出当电位低于ⓐ线时，水中的 H^+ 被还原而放出 H_2，是 H_2 的稳定区。当电位高于ⓑ线时，水中的 OH^- 可被氧化而析出氧，是 O_2 的稳定区。而ⓐ线、ⓑ线之间，水不可能分解出 H_2 和 O_2，故该区域是 H_2O 的热力学稳定区。由于腐蚀电化学中，水是最重要的溶剂，水溶液中氢离子的还原反应和氧的还原反应通常是电化学腐蚀过程中最重要的阴极反应。因此这两条虚线在电位-pH 图中具有特别重要的意义。

图 2-8 是基于 Fe、Fe_2O_3 和 Fe_3O_4 为固相的平衡反应得到的。若以 Fe、$Fe(OH)_2$ 和 $Fe(OH)_3$ 为固相，用类似的方法计算同样可得到相应的电位-pH 图。

图中每一条线对应一个平衡反应，代表在该线上两相达到平衡，如图 2-8①线表示固相铁和液相亚铁离子之间的两相平衡线。三条平衡线的交点就是三相平衡点。所以电位-pH 图也被称为电化学相图。从图中可以得到各相的热力学稳定范围和各种物质生成电位与pH范围。

在腐蚀学中，人为地规定可溶性物质在溶液中的浓度小于 10^{-6} mol/L 时，金属、金属氧化物和金属氢氧化物都是稳定的，因此可以把平衡金属离子浓度为 10^{-6} mol/L 作为金属腐蚀与不腐蚀的分界线，金属在水中的溶解度达到或超过 10^{-6} mol/L 时金属被腐蚀。当 $Fe-H_2O$ 系各反应的平衡关系式中所有离子浓度都取 10^{-6} mol/L，得到简化的电位-pH 图，又称为金属腐蚀图，如图 2-9 所示。该图可被划分为三种区域。

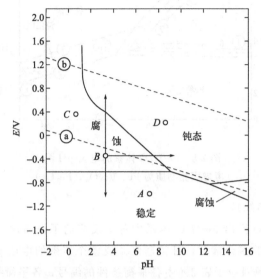

图 2-9　$Fe-H_2O$ 体系的腐蚀状态图

① 免蚀区（或稳定区）：该区域内金属处于热力学稳定状态，不发生腐蚀。

② 腐蚀区：该区域内稳定存在的是各种可溶性离子，如 Fe^{2+}、Fe^{3+}、$HFeO_2^-$ 等离子。对于金属而言处于热力学不稳定状态，有可能发生腐蚀。

③ 钝化区：该区内稳定存在的是固体氧化物、氢氧化物或难溶性盐。因此，如果所生成的固态膜致密无孔，则在该区域内金属不容易进一步发生溶解，从而阻止了金属的腐蚀。

2.5.3　电位-pH 图应用及其局限性

电位-pH 图在腐蚀与防护学科中的应用主要有以下几个方面。

（1）预测金属的腐蚀行为

通过电位-pH 图可以估计金属是否具有腐蚀的可能性，能否免蚀或钝化，也就是预测某一反应自发的方向。

（2）估计腐蚀产物的组分

例如，从图 2-9 中 A、B、C、D 各点对应的电位和 pH 条件，可以判断铁的腐蚀情况。A 点处于 Fe 和 H_2 的稳定区，故不会发生腐蚀。B 点处于腐蚀区，且在氢线以下，即处于 Fe^{2+} 和 H_2 的稳定区，在该条件下，铁将发生析氢腐蚀，腐蚀电池反应为：

阳极反应：　　　　　　　　$Fe \longrightarrow Fe^{2+} + 2e^-$

阴极反应：$2H^+ + 2e^- \longrightarrow H_2 \uparrow$

C 点也处于腐蚀区，但在氢线以上，氧线以下，这个区域是 Fe^{2+} 和 H_2O 的稳定区，因此不会发生析氢腐蚀，而将发生吸氧腐蚀，即腐蚀电池反应为：

阳极反应：$Fe \longrightarrow Fe^{2+} + 2e^-$

阴极反应：$\frac{1}{2}O_2 + 2H^+ + 2e^- \longrightarrow H_2O$

D 点处于钝化区，铁上被 Fe_2O_3 或 Fe_3O_4 [或是 $Fe(OH)_2$ 和 $Fe(OH)_3$] 所覆盖，可能处于钝态，而免遭腐蚀。

（3）通过金属-溶液体系的腐蚀电位图来寻找控制腐蚀的途径

从腐蚀电位图上可直观地看出，在不同的电位和 pH 条件下，金属所处的状态不同，腐蚀倾向不同，因此可以通过改变电位或 pH 来抑制金属腐蚀。例如，图 2-9 中处于 B 点的铁，要避免其腐蚀有三种可能的途径：

① 调整腐蚀介质的 pH 至 9～13，使 Fe 进入钝化区免受腐蚀。

② 对金属实施阴极保护。通过一些方法降低铁的电位，使铁的电极电位负移到非蚀区，从而免遭腐蚀。例如，采用牺牲阳极的阴极保护法，将电位较负的锌或铝合金与铁连接，构成腐蚀电偶，或用外加直流电源降低铁的电位，使其处于非腐蚀区。

③ 对金属实施阳极保护。通过向铁输送阳极电流或在溶液中添加钝化剂将铁的电极电位正移，使之进入钝化区，但是这种方法只适用于可钝化的金属。有时由于钝化剂加入量不足，或者阳极保护参数控制不当，金属表面保护不完整，反而会引起严重的局部腐蚀。溶液中有 Cl^- 存在时还须注意防止点蚀的出现。

理论电位-pH 图由热力学理论指导，有着严密的理论基础，指出了在不同的电位或者 pH 下金属会出现的变化，人们可以借助于改变电位或调节 pH 来达到保护金属的目的，是研究金属在水溶液介质中腐蚀行为的重要工具。但是如果不考虑实际条件去用电位-pH 图来分析某些金属腐蚀情况，可能会错误地以为，只要测得溶液 pH，就能知道在给定电位下金属能否发生腐蚀。事实上，使用理论电位-pH 图来做判断有时候也会出现与实际相矛盾的结果。因此在使用理论电位-pH 图时，必须对具体体系进行具体分析，它的应用具有一定的局限性，主要表现在以下几个方面。

① 图中的各条平衡线，是以金属与溶液中的离子和固相反应产物之间建立的平衡为条件，但在实际腐蚀体系中，水溶液中不仅有 H^+、OH^-，还可能含有 Cl^-、SO_4^{2-} 等离子，这些离子对电化学平衡的影响是不能忽略的。

② 理论电位-pH 图上的钝化区表示金属表面生成了氧化物或氢氧化物等固体产物，但这些固体产物膜是否具有保护性能并未反映出来。

③ 理论电位-pH 图中的 pH 表示的是平衡时主体溶液的 pH。但在实际腐蚀体系中，金属表面附近和局部区域内的 pH 与主体溶液的 pH 其数值往往并不相同。

④ 金属的理论电位-pH 图是以热力学为基础的电化学平衡相图，因此它只能预测金属腐蚀的可能性，而不能预测金属腐蚀速度的大小。

尽管如此，在许多情况下，电位-pH 图仍能预测金属在一定体系中的腐蚀倾向，具有一定的实际指导意义。

思考题与习题

1.常用于热力学的判据有哪些？为什么腐蚀热力学判据不用 ΔG 除外的其他判据？

2.举例说明电位-pH图的绘制步骤，以及它的用途和局限性。

3.举例说明腐蚀电池的类型。

4.化学腐蚀和电化学腐蚀有何区别？

5.工业纯锌在稀硫酸中的腐蚀是由于锌中含有杂质形成的微电池引起的电化学腐蚀吗？请说明原因。

6.举例说明腐蚀电池的工作历程以及其次生过程。

7.由热力学计算说明，为什么在25℃时，铜在除气的酸溶液（pH＝1）中不腐蚀，而在通气的同种溶液中会发生腐蚀？

已知：$E^{\ominus}_{Cu^{2+}|Cu}=0.337V$，$p_{O_2}=0.21atm$，$E^{\ominus}_{OH^-|O_2}=0.401V$。

8.计算 Ni 在 pH＝7 的充空气的水中的理论腐蚀倾向。假定腐蚀产物为 H_2 和 $Ni(OH)_2$，后者的溶度积为 1.6×10^{-16}。

（1）铁在 pH＝3 的 0.1mol/L $FeCl_2$ 溶液中腐蚀停止所需的氢气压力是多少？

（2）计算铁在充空气的水中具有腐蚀产物 $Fe(OH)_2$ 的腐蚀停止所需氢气压力。$Fe(OH)_2$ 溶度积为 1.8×10^{-15}。

9.已知锌在水溶液中可能发生的反应（水本身反应除外）有：

$$Zn^{2+}+2e^-\!\!=\!\!=\!\!Zn \qquad\qquad E^{\ominus}=-0.763V$$
$$Zn(OH)_2+2H^+\!\!=\!\!=\!\!Zn^{2+}+2H_2O \qquad lgK=10.96$$
$$ZnO_2^{2-}+2H^+\!\!=\!\!=\!\!Zn(OH)_2 \qquad\qquad lgK=29.78$$
$$Zn(OH)_2+2H^++2e^-\!\!=\!\!=\!\!Zn+2H_2O \quad E^{\ominus}=-0.437V$$
$$ZnO_2^{2-}+4H^++2e^-\!\!=\!\!=\!\!Zn+2H_2O \quad E^{\ominus}=0.44V$$

建立 $Zn-H_2O$ 体系的理论腐蚀图。并说明当 Zn 在水溶液中的稳定电位为 $-0.82V$ 时，Zn 在什么 pH 条件下不腐蚀；电位为 $-1.00V$ 时，Zn 在什么 pH 条件下不腐蚀。

电化学腐蚀动力学

 本章导读

　　了解腐蚀电池的电极反应过程和其基本步骤、控制步骤；了解腐蚀极化图的绘制，熟悉腐蚀极化图的应用；了解产生浓差极化和电化学极化的原因及其动力学方程式的推导，掌握电极的极化过程、极化曲线的原理和应用；了解混合电位理论及其在多电极反应的腐蚀问题中的应用。

3.1 电极反应过程

　　构成腐蚀电池的金属中，电极电位较低的作为阳极，其表面发生氧化反应，而电位较高的金属作为阴极，其表面发生还原反应。阳极和阴极反应均是由多个步骤构成。电极反应是由一系列连续的相互串联的步骤所构成。一般至少包括以下几个基本过程：①电极表面的电荷转移过程；②反应物质的吸附与脱附过程；③反应物质在表面附近的前置或后置化学转化过程；④溶液本体与电极表面之间的传质过程。如图 3-1 所示。

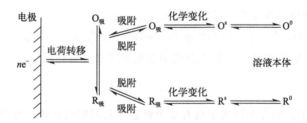

图 3-1　电极反应过程示意

　　具体对于阳极过程，是指金属表面的金属阳离子在极性溶剂分子（如水）或离子的作用下，离开晶格进入溶液。即下式中与水分子络合形成的水合金属离子，或是与其他络合能力更强的物质形成配合物。金属离子化所释放出的电子在阴、阳极电位差的作用下，进入电位更高的阴极，从而阳极金属可以持续进行溶解。

$$M_1 + mH_2O \longrightarrow M^{n+} \cdot mH_2O + ne^- （形成水化离子）$$
$$或\ M_1 + xA^- + yH_2O \longrightarrow (MA_x)^{n-x} \cdot yH_2O + ne^- （形成其他的配离子）$$

　　当金属浸入溶液后，由于溶剂化作用使金属离子在溶液相中的能量低于金属相中，于是金属离子进入溶液可以自发进行。其具体历程一般为：极性的溶剂分子或溶液中的离子与表面局部晶格上的金属离子发生作用，使金属离子从晶格上迁移到表面，形成吸附离子。之后吸附的金属离子脱离金属表面，进入溶液形成水合阳离子。金属相中由于出现了剩余电子而带负电，溶液一侧则由于金属阳离子的进入而带正电。由于正负电荷之间的静电吸引作用，在金属/溶液界面就形成了双电层。如果该金属与电极电位较高的金属接触，则金属相中所带的负电荷（剩余电子）将流向电极电位较高的金属，双电层的平衡被打破，此时就会有更多的金属发生氧化反应释放出新的电子，从而促进阳极的溶解过程。

金属阳极溶解后所释放出来的电子将转移到阴极区，溶液中的某些氧化性物质接收这些电子，发生还原反应。这些能在阴极表面吸收电子而发生还原反应的氧化性物质，在腐蚀电化学中我们称为阴极去极化剂。如果没有这些去极化剂存在，转移到阴极区的电子将积累起来，在阴、阳极区之间建立一个电场。根据同号电荷相斥的原理，这个电场必然会阻碍其他阳极产生的电子继续进入阴极区，进而使阳极的溶解过程也难以进行。所以说阳极过程和阴极过程必须同步进行，即二者为共轭过程。而发生电化学腐蚀的基本条件就是首先构成腐蚀电池，其次溶液中必须存在阴极去极化剂。

自然界中最常见的阴极去极化剂是 H^+ 和 O_2，实际上阴极去极化剂的种类非常丰富，包括：氧化性的酸根离子，如 NO_3^-、$Cr_2O_7^{2-}$；高价金属离子，如 Cu^{2+}、Fe^{3+} 等；一些易被还原的有机化合物等。即去极化剂可以包括溶解氧、氢离子、高价金属离子、氧化性酸根离子以及有机酸、醛、不饱和烃等有机化合物。其典型的反应式如下：

① 溶解氧：在中性或碱性的水溶液中，溶解氧发生还原反应生成 OH^-，而在酸性溶液中则生成水分子：

$$O_2 + 2H_2O + 4e^- \longrightarrow 4OH^-$$
$$O_2 + 4H^+ + 4e^- \longrightarrow 2H_2O$$

氧气在自然界中几乎无处不在，大多数金属在海水、大气、土壤和中性盐溶液中所发生的电化学腐蚀，其阴极过程主要是氧的还原反应。

② 氢离子：以氢离子还原反应为阴极过程的腐蚀称为氢去极化腐蚀，也称为析氢腐蚀。析氢过程是电极电位较低的金属在酸性介质中常见的阴极去极化反应。

$$2H^+ + 2e^- \longrightarrow H_2$$

③ 高价金属离子：很多金属离子具有多个价态，它们的氧化还原电位一般都比较高。因此当溶液中存在这些高价金属离子时，它们可能是优先在阴极发生还原反应的物质。最为常见的如 3 价的铁离子和 2 价的铜离子，其反应式如下所示：

$$Fe^{3+} + e^- \longrightarrow Fe^{2+}$$
$$Cu^{2+} + 2e^- \longrightarrow Cu$$

④ 氧化性酸根离子：与高价金属离子类似，氧化性的酸根离子也是由于其中包含有多价态的元素，当它们处于高价态时，具有吸收电子发生还原反应的能力，其中很多都是具有很强氧化性的物质，即氧化还原电位很高的阴极去极化剂：

$$NO_3^- + 2H^+ + 2e^- \longrightarrow NO_2^- + H_2O$$
$$Cr_2O_7^{2-} + 14H^+ + 6e^- \longrightarrow 2Cr^{3+} + 7H_2O$$

⑤ 有机化合物：对于有机化合物，有机酸还原成为醛，醛还原成为醇。此外，有机化合物被加氢时为还原反应，去氢时为氧化反应，如烷氧化成为烯，烯氧化则成为炔类物质。

$$R-COOH+2H^++2e^- \longrightarrow R-COH+H_2O$$

3.2 腐蚀电池的极化

3.2.1 腐蚀电池的极化现象

将相等面积的 Zn 片和 Cu 片浸在 3% NaCl 溶液中构成一个腐蚀原电池，通过电流表和开关将 Zn 片和 Cu 片连接起来，构成一个腐蚀电池，如图 3-2 所示。分别测得 Zn 和 Cu 的开路电位分别为 $E_A^e=-0.83V$ 和 $E_C^e=+0.05V$（SHE），电路中总的电阻 $R=250\ \Omega$。

当电路处于开路状态时，$R_{外}\to\infty$，故 $I_0=0$。接通外电路的瞬间，可观察到很大的起始电流，根据欧姆定律，该电流为：

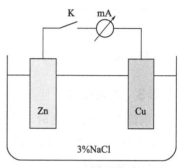

图 3-2　铜-锌腐蚀电池示意

$$I_{始}=\frac{E_C^e-E_A^e}{R}=\frac{0.05-(-0.83)}{250}=3.5\times10^{-3}(A)$$

但是这一电流并不能得以保持，在达到最大电流值以后，电流迅速减小，最终达到一个稳定值 0.15mA，比初始达到的最大电流小许多。

现在来分析电流减小的原因。根据欧姆定律，电流由电池的电动势和整个电路中的电阻决定。由于外电路的电阻和电池的内阻基本不发生变化，因此电流的减小，只能是电动势发生变化的结果。测量结果表明，电池接通后，阴极的电极电位逐渐负移，而阳极的电极电位逐渐正移。结果使腐蚀电池的电动势减小，腐蚀速度逐渐降低。像这样当电极上有电流通过时，电极电位偏离其开路电位的现象称为电极的极化现象，简称极化。对于可逆电极，开路电位即为平衡电位；而对于不可逆电极，则为其达到稳定状态时的电位。电极电位的偏离值称为极化值。通常用过电位或超电位 η（始终取正值）来表征电极极化的程度。

电极之所以会发生极化，本质上来讲是因为构成阴极过程或者阳极过程的多个步骤之间的速率不相等，其中的慢步骤使得电荷在传递的过程中发生局部的累积，从而使电位发生了改变。根据极化发生的区域，可以把极化分为阳极极化和阴极极化。

3.2.2 阳极极化

电流通过腐蚀电池时阳极的电极电位向正方向移动称为阳极极化（anodic polarization）。阳极极化按其原因可以分为电化学极化、浓差极化和电阻极化。

（1）电化学极化

金属中电子的运动速度很快，电子由阳极流向阴极的速度一般要大于阳极表面金属离子放电给出电子的速度。因此阳极的正电荷将随着时间发生积累，使电极电位向正方向移动，发生电化学极化（electrochemical polarization），也称为活化极化（activation polarization）。

（2）浓差极化

阳极溶解得到的金属阳离子在浓度梯度的作用下，将不断向溶液本体扩散。如果阳离子扩散离开电极表面附近的速度小于金属阳极溶解出阳离子的速度，阳极附近金属阳离子的浓度会升高，导致电极电位升高，产生浓差极化（concentration polarization）。

（3）电阻极化

电阻极化是阳极特有的极化类型。当离子化的金属不能以活性溶解的形式进入溶液，而是在金属表面生成或原有一层不溶性的固体膜时，由于这些膜层一般具有较高的电阻率，电流在膜中产生很大的电压降，从而使电位显著升高，由此引起的极化称为电阻极化（resistance polarization）。

对于腐蚀电池的阳极，极化的趋势越强，金属的阳极溶解就越难进行。

3.2.3 阴极极化

电流流过腐蚀电池时，阴极的电极电位向负方向移动的现象，称为阴极极化（cathodic polarization），产生阴极极化的原因有活化极化和浓差极化。

（1）活化极化

由阳极传入的电子进入阴极的速度大于去极化剂在阴极表面接收电子的速度，因此电子在阴极发生积累，结果使阴极的电极电位降低，发生电化学阴极极化。

（2）浓差极化

如果阴极反应的反应物向阴极表面传输的速度，或者阴极反应的产物向溶液本体的扩散速度小于阴极表面还原反应的速度，则反应物和产物分别在阴极附近的液层中浓度降低和升高，造成阴极电极电位向负方向移动，产生浓差阴极极化。

阴极极化的趋势越强，说明阴极过程受阻越严重，阴极的还原反应越难以进行。

3.2.4 极化曲线

极化曲线是表示电极电位或过电位与极化电流 I 或极化电流密度 i 之间关系的曲线。图3-3代表的就是图3-2的腐蚀电池中，铜电极和锌电极的电极电位随通过电极的电流的变化。

其中起始于 Zn 的开路电位的是阳极的极化曲线，而起始于 Cu 的开路电位的是阴极的极化曲线。曲线的倾斜程度反映了电极反应极化趋势的大小。在以电流或电流密度为横坐标，以电位或过电位为纵坐标的极化图中，曲线倾斜程度越大，极化的趋势就越强，电极过程就越难进行。电极在任意一个电流下极化的趋势可以用极化

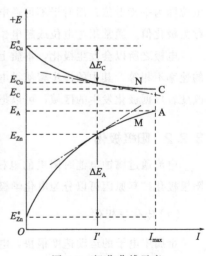

图 3-3　极化曲线示意

率来表示，电位对电流的导数 dE_C/dI_C 和 dE_A/dI_A 分别称为阴极和阳极在该电流密度下的极化率。

极化曲线的测量方法可以由图 3-4 表达。首先在开路时测得阴、阳极的电位 E_C^e 和 E_A^e。用高阻值的可变电阻把两电极连接起来，将可变电阻由大逐渐减小，此时流经整个电路的电流将由小变大。相应地记录下各个电流下的阴、阳极的电极电位，即可作出阴、阳极极化曲线，如图 3-5 所示。

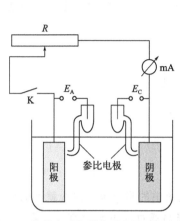

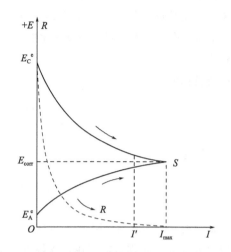

图 3-4　腐蚀电池极化行为测量装置示意　　图 3-5　腐蚀电池的阴、阳极电位随电流的变化

由图可见，电流随着电阻的减小而增大，同时电流的增大引起电极的极化，使阳极电位升高，阴极电位降低，从而使两极间的电位差变小。当可变电阻及电池内阻均趋于零时，电流达到最大值 I_{max}，此时阴、阳极极化曲线交于点 S，阴、阳极电位相等，即 $\Delta E = IR = 0$。在实际测定中是无法得到 S 点的，因为即使外电路短路电池内阻也不可能为零，电流只能接近但不能达到 I_{max}。

3.3　腐蚀极化图及其应用

3.3.1　腐蚀极化图

为分析问题的简化，通常假定在任何电流下阴极和阳极的极化率均不发生变化，即阴、阳极的极化曲线均为直线形式。这种简化的腐蚀极化图是由英国腐蚀科学家艾文思（U. R. Evans）及其学生于 1929 年首先提出并应用的，因此该图又称作 Evans 图。如图 3-6 所示。

E_C^e 和 E_A^e 分别表示起始时阴、阳极的开路电位。它们的差值就是整个腐蚀体系的驱动力。当阴、阳极极化曲线交于 S 点，代表腐蚀电池中内外电路的电阻可以忽略。此时相当于阴、阳极处于短接的状态，此时阴、阳

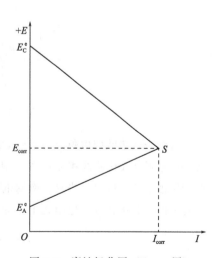

图 3-6　腐蚀极化图（Evans 图）

极的开路电位与 S 点电位的差值（取正值）就是阴、阳极的过电位。这与一块金属材料在溶液中发生活性溶液的自腐蚀状态相似。S 点所对应的电位就是金属的自腐蚀电位，简称腐蚀电位，用 E_{corr} 表示；对应的电流称为腐蚀电流，用 I_{corr} 表示。稳态下流过阴、阳极的电流相等，因此通常用 E-I 极化图比较方便，而且对于均匀腐蚀和局部腐蚀都适用。在单电极表面发生均匀腐蚀的情况下（阴极与阳极反应的面积相等），还可以采用电位-电流密度（E-i）极化图。如果阴、阳极反应均由电化学极化控制，在强极化区电位与电流或电流密度的对数呈线性关系，此时采用半对数坐标 E-$\lg I$ 或 E-$\lg i$ 极化图则更为方便。

在 Evans 图中，由于阴、阳极极化曲线均为直线，因此阴、阳极的极化率分别是阴、阳极极化曲线的斜率。

阴极极化率：

$$p_C = \frac{|E_C - E_C^e|}{I_{corr}} = \frac{|\Delta E_C|}{I_{corr}} \tag{3-1}$$

阳极极化率：

$$p_A = \frac{E_A - E_A^e}{I_{corr}} = \frac{\Delta E_A}{I_{corr}} \tag{3-2}$$

若腐蚀电池中的欧姆电阻 R 不可忽略时，腐蚀极化图中的阴极极化曲线就不能相交于 S 点。假设 R 恒定，根据欧姆定律，欧姆电阻上的电位降与通过的电流成直线关系，在图 3-7 中以直线 OB 表示。

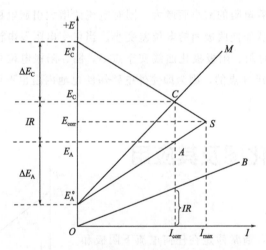

图 3-7　有欧姆电位降的腐蚀极化图

将图中代表欧姆电位降的直线 OB 与阳极极化曲线相加，得到直线 $E_A^e M$（实际上也可以将 OB 与阴极极化曲线相加），它与阴极极化曲线相交于 C 点，所对应的电流值就是电阻为 R 时的腐蚀电流。可见，当存在欧姆电阻时，腐蚀的驱动力除分配在阴、阳极的过电位上以外，还有一部分分配在欧姆电阻之上。即：

$$E_C^e - E_A^e = |\Delta E_C| + \Delta E_A + \Delta E_R \tag{3-3}$$

3.3.2 腐蚀极化图的应用

腐蚀极化图是研究电化学腐蚀的理论基础，利用腐蚀极化图可以分析腐蚀速度的影响和控制因素、计算腐蚀速度和研究防腐蚀剂的效果与作用机理等。下面进行简要的举例说明。

3.3.2.1 分析腐蚀速度的影响因素

（1）腐蚀速度与腐蚀电池初始电位差的关系

电化学腐蚀的驱动力是腐蚀电池阴、阳极之间的电位差。在同一电解质中，由于不同金属具有不同的平衡电位（如图 3-8 所示），当阴极反应及其极化曲线相同时，如果金属阳极极化程度都不太大，金属的平衡电位越低，阴、阳极之间的初始电位差就越大，腐蚀电流也就越大。

（2）极化性能对腐蚀速度的影响

如图 3-9 所示，当阴极极化曲线的极化率增大时，它与阳极极化曲线的交点由 S_1 变为 S_2。这种效应在金属材料的酸性溶解腐蚀中十分常见。例如钢铁材料在非氧化性酸溶液中的析氢腐蚀。钢铁材料一般含有一定的碳元素和少量的硫杂质。碳元素在钢铁中可以形成渗碳体 Fe_3C。

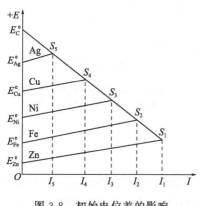

图 3-8 初始电位差的影响

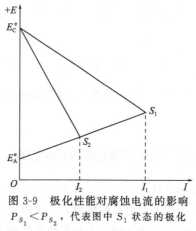

图 3-9 极化性能对腐蚀电流的影响
$P_{S_1} < P_{S_2}$，代表图中 S_1 状态的极化率（即直线的斜率）小于 S_2 状态的极化率

相对于基体它是一种阴极相，即渗碳体上阴极析氢反应的阻力（过电位）要比铁基体上小，所以含 Fe_3C 的钢的阴极极化程度小。如图 3-10 所示，S_1 点比 S_2 点对应的腐蚀电流大，即含渗碳体 Fe_3C 时钢的腐蚀速度更快。当钢中无渗碳体而含有硫化物时，由于 S^{2-} 能催化阳极反应，而且还可以使 Fe^{2+} 浓度降低，能起到阳极去极化剂的作用，从而降低了阳极的极化率，加速了腐蚀的进行，即图中 S_4 点对应的腐蚀速度大于 S_2 点对应的腐蚀速度。

（3）溶液中去极化剂浓度及配合剂对腐蚀速度的影响

如图 3-11 所示，铜的平衡电位高于氢的平衡电位，二者的阴、阳极极化曲线在腐蚀极化图电流坐标的正方向上无法相交,因此两者不能构成一个腐蚀电池。所以当溶液中不含有其他平衡电位更高的去极化剂时,铜就不会发生腐蚀,这就是铜在还原性酸溶液中的情况。但当溶液中含有其他平衡电位比铜更高的去极化剂,例如氧,二者就可以构成腐蚀电池,因此铜可以溶于含氧的溶液或氧化性酸中。此外,当酸溶液中氧含量高时,氧分子作为阴极去极化剂使阴极极化程度大大降低,这时腐蚀电流较大;而当氧含量较低时,氧分子的去极化作用小,阴极极化程度高,腐蚀电流较小。

如果溶液中存在配合剂,它们与阳极溶解下来的金属离子形成配合离子,使游离的铜离子浓度大幅下降。根据能斯特方程,将会使金属在溶液中的平衡电极电位向负方向移动,进而使原本不能构成腐蚀电池的金属在溶液中构成腐蚀电池,发生溶解。如铜在还原性酸中是耐蚀的,但铜可在含 CN^- 的还原性酸中发生溶解。

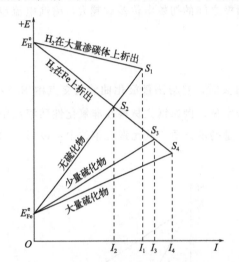

图 3-10　钢在非氧化性酸中的腐蚀极化图

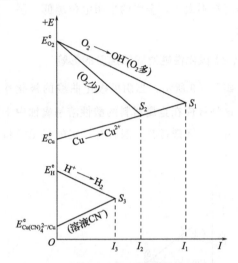

图 3-11　铜在含氧分子的酸性溶液中和
含氰化物的溶液中的腐蚀极化图

3.3.2.2　分析腐蚀速度的控制因素

腐蚀速度受到阴、阳极间的初始电位差和阴、阳极的极化率以及欧姆电阻 R 的影响,其中初始电位差是腐蚀的驱动力,而阴、阳极的极化率和欧姆电阻则是腐蚀的阻力。在腐蚀过程中如果某一步骤的阻力与其他步骤相比大很多,则这一步骤对于腐蚀进行的速度影响最大,我们将其称为腐蚀的控制步骤或控制因素。利用腐蚀极化图可以非常直观地判断腐蚀的控制因素。

图 3-12 (a)~(c) 是 R 很小时的情况。如果 $p_C \gg p_A$,I_{corr} 主要取决于 p_C 的大小,这时称为阴极控制 [图 3-12 (a)];如果 $p_C \ll p_A$,则 I_{corr} 主要取决于 p_A,这时称为阳极控制 [图 3-12 (b)];如果 p_C 与 p_A 大致相当,则腐蚀速度由 p_C 和 p_A 共同决定,这时称为混合控制 [图 3-12 (c)];如果腐蚀电池体系的欧姆电阻 $R \gg (p_C + p_A)$,则腐蚀速度主要由电阻决定,这时称为欧姆控制 [图 3-12 (d)]。

由腐蚀极化图还可以定量地计算出各因素对腐蚀过程的控制程度。根据式 (3-3) 腐蚀电流与 p_C、p_A、R 及初始电位差有如下关系:

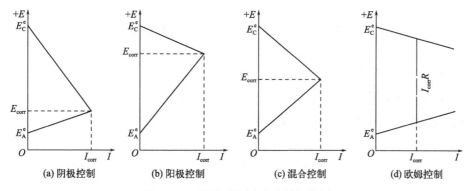

图 3-12　不同控制因素的腐蚀极化图

$$E_C^e - E_A^e = I_{corr}(p_C + p_A + R) = |\Delta E_C| + \Delta E_A + \Delta E_R$$

式中，ΔE_C、ΔE_A 分别是阴、阳极极化的过电位；ΔE_R 是欧姆电位降。ΔE_C、ΔE_A 和 ΔE_R 可以从腐蚀极化图中得出。因此，各个控制因素的控制程度可以用各控制因素的阻力占腐蚀的驱动力的比例来表示，如果采用 C_C、C_A 和 C_R 分别表示阴、阳极和欧姆电阻的控制程度，则可得：

$$C_C = \frac{|\Delta E_C|}{E_C^e - E_A^e} \times 100\% \tag{3-4}$$

$$C_A = \frac{\Delta E_A}{E_C^e - E_A^e} \times 100\% \tag{3-5}$$

$$C_R = \frac{\Delta E_R}{E_C^e - E_A^e} \times 100\% \tag{3-6}$$

【例题 3-1】　25℃时铁在 pH=7 的 3％的 NaCl 溶液中发生腐蚀，测得其腐蚀电位 $E_{corr} = -0.350\text{V (SHE)}$，已知欧姆电阻很小，可以忽略不计，试计算该腐蚀体系中阴、阳极的控制程度。已知 $E_{Fe^{2+}/Fe}^\ominus = -0.44\text{V}$，$E_{O_2/OH^-}^\ominus = 0.401\text{V}$，$K_{sp}[Fe(OH)_2] = 1.65 \times 10^{-15}$，氧气的分压为 0.21atm（$2.13 \times 10^4\text{MPa}$）。

解题思路：要计算出阴、阳极的控制程度，就需要获得在腐蚀电位下阴、阳极的过电位 ΔE_C 和 ΔE_A，以及阴、阳极的初始电位差。这就需要知道金属在该介质中的平衡电位 E_A^e 以及阴极耗氧反应的平衡电位 E_C^e。平衡电位可以通过能斯特方程进行计算，需要的参数是各物质的浓度（金属离子的浓度、氧分压和氢氧根离子的活度）。其中，氢氧根离子活度可以由 pH 值求得，Fe^{2+} 的浓度则可以由 $Fe(OH)_2$ 的溶解度积求得，氧分压已由题目给出。

解：腐蚀电池的阳极反应为：$Fe - 2e^- \Longrightarrow Fe^{2+}$

根据能斯特方程可得 Fe 在 3％NaCl 中的平衡电极电位：

$$E_{Fe^{2+}/Fe}^e = E_{Fe^{2+}/Fe}^\ominus + \frac{2.3RT}{2F}\lg[Fe^{2+}]$$

其中 $[Fe^{2+}]$ 可由 $Fe(OH)_2$ 的溶度积计算得到：

$$K_{sp} = [Fe^{2+}][OH^-]^2 = 1.65 \times 10^{-15}$$

$$[Fe^{2+}] = \frac{1.65 \times 10^{-15}}{[10^{-7}]^2} = 0.165 (mol/L)$$

所以阳极金属的平衡电位：$E^e_{Fe^{2+}/Fe} = -0.44 + \frac{0.0591V}{2} lg0.165 = -0.463(V)$

该腐蚀电池的阴极反应为：$O_2 + 2H_2O + 4e^- \Longrightarrow 4OH^-$

阴极反应在3%NaCl溶液中的平衡电极电位：

$$E^e_{O_2|H_2O} = E^\ominus_{O_2|H_2O} + \frac{2.3RT}{4F} lg \frac{p_{O_2}}{[OH^-]^4} = 0.401 + \frac{0.0591V}{4} lg \frac{0.21}{10^{-7 \times 4}} = 0.805(V)$$

由此可以计算出阴、阳极在腐蚀电位 $E_{corr} = -0.350V$（SHE）下的过电位：

$$|\Delta E_C| = |E_{corr} - E^e_{O_2/OH^-}| = |-0.350 - 0.805| = 1.155(V)$$

$$\Delta E_A = E_{corr} - E^e_{Fe^{2+}/Fe} = -0.350 - (-0.463) = 0.113(V)$$

于是有：

$$C_C = \frac{|\Delta E_C|}{\Delta E_C + \Delta E_A} \times 100\% = \frac{1.155}{1.155 + 0.113} \times 100\% = 91\%$$

$$C_A = \frac{\Delta E_A}{\Delta E_C + \Delta E_A} \times 100\% = \frac{0.113}{1.155 + 0.113} \times 100\% = 9\%$$

根据上面计算可知，该腐蚀过程主要是氧去极化腐蚀控制，其控制程度高达91%。

在腐蚀研究及防护过程中，确定某一因素的控制程度很重要，据此可以针对性地采取措施去影响主控因素，最大限度地减慢腐蚀速度。例如对于阴极控制的腐蚀，任何增大阴极极化率的因素都将对减慢腐蚀速度有明显的贡献，而影响阳极极化率的因素在一定范围内不会明显影响腐蚀速度。例如金属在冷水中的腐蚀通常受氧的阴极还原过程控制，采取除氧的方法降低水中氧分子的浓度可以增加阴极极化程度，达到明显的缓蚀效果。对于阳极控制的腐蚀，任何增大阳极极化率的因素都将对减慢腐蚀速度有贡献，而此时在一定范围内改变影响阴极反应的因素则不会引起腐蚀速度的明显变化。例如，被腐蚀的金属在溶液中发生钝化，这时的腐蚀是典型的阳极控制。如果在溶液中加入少量促进钝化的试剂，可以大大减慢反应速度，相反，若向溶液中加入阳极活化剂，可破坏钝化膜，加速腐蚀。

3.4 极化控制下的腐蚀动力学方程式

如3.1节中所述，电极过程通常包括几个串联进行的基本步骤，而电极反应的速度取决于几个串联步骤中速度最慢的步骤，称为控制步骤。在多数情况下，电荷转移和/或扩散过程起控制步骤作用。如果电荷转移过程是整个电极过程的控制步骤，这时将发生电化学极化，或叫活化极化。当溶液中反应物或反应产物的扩散过程是整个电极过程的控制步骤时，将发生浓差极化。用数学公式描述腐蚀金属的极化曲线就得到腐蚀金属的极化方程式，它是研究金属腐蚀过程的重要理论基础。本节讨论电化学极化和浓差极化控制下的腐蚀动力学方程式。

3.4.1 电化学极化控制下的腐蚀动力学方程式

3.4.1.1 单电极反应的电化学极化方程式

在考虑电化学极化控制的腐蚀金属电极的电化学极化方程式之前，我们先来讨论单电极反应的电化学极化方程式。所谓单电极，是指在电极表面只存在一个氧化还原反应：

$$R \Longleftrightarrow O + ne^- \tag{3-7}$$

在电化学极化控制下，正（氧化）、逆（还原）反应速度 $\vec{v}$ 和 $\overleftarrow{v}$ 应与反应物的浓度成正比，分别为：

$$\vec{v} = \vec{k}\, c_R \tag{3-8}$$

$$\overleftarrow{v} = \overleftarrow{k}\, c_O \tag{3-9}$$

式中，以"→"表示氧化反应，"←"表示还原反应；c_R 和 c_O 分别为氧化还原对中还原剂和氧化剂的浓度；$\vec{k}$ 和 $\overleftarrow{k}$ 分别为正（氧化）、逆（还原）反应的速度常数，它们与温度之间符合阿伦尼乌斯（Arrhenius）公式：

$$\vec{k} = A_f \exp\left(-\frac{\vec{E}_a}{RT}\right) \tag{3-10}$$

$$\overleftarrow{k} = A_b \exp\left(-\frac{\overleftarrow{E}_a}{RT}\right) \tag{3-11}$$

式中，$\vec{E}_a$ 和 $\overleftarrow{E}_a$ 分别表示正（氧化）、逆（还原）反应的活化能；A_f 和 A_b 均为指前因子，又称为频率因子；R 为气体常数；T 为绝对温度。

若反应速度用电流密度表示，则式（3-8）和式（3-9）应变为：

$$\vec{i} = nF\, \vec{k}\, c_R \tag{3-12}$$

$$\overleftarrow{i} = nF\, \overleftarrow{k}\, c_O \tag{3-13}$$

式中，$\vec{i}$ 和 $\overleftarrow{i}$ 分别为正（氧化）、逆（还原）反应的电流密度；n 为反应中的电子数；F 为法拉第常数。

当电极处于平衡状态时，正、逆反应速度相等，电极上没有净电流流过，其电极电位为平衡电位 E^e。在平衡电位 E^e 下有：

$$i^0 = \vec{i} = \overleftarrow{i} \tag{3-14}$$

即

$$i^0 = nF\, \vec{k}\, c_R = nF\, \overleftarrow{k}\, c_O \tag{3-15}$$

式中，i^0 称为交换电流密度（简称交换电流），它表示一个电极反应的可逆程度，i^0 越大表明正、逆反应进行得越快，电极反应的可逆程度越高。

对于金属阳极来说，晶格中的金属离子的能量会随着电极电位升高而增加，因此电位升高使金属离子更容易离开金属表面进入溶液，从而使氧化反应速度加快。电化学理论已经证明电极电位的变化是通过改变反应活化能来影响反应速度的，具体来说就是，电极电位升高可使氧化反应的活化能下降，加快氧化反应速度；而电极电位降低可使还原反应的活化能下降，加快还原反应速度。

当电极电位比平衡电位高，即 $\Delta E > 0$ 时，则电极上金属溶解反应的活化能将减小 $\beta nF\Delta E$。对于还原反应则相反，将使还原反应的活化能增加 $\alpha nF\Delta E$。即

$$\vec{E}_a = \vec{E}_a^0 - \beta nF\Delta E \tag{3-16}$$

$$\overleftarrow{E}_a = \overleftarrow{E}_a^0 + \alpha nF\Delta E \tag{3-17}$$

式中，$\vec{E}_a^0$ 和 $\overleftarrow{E}_a^0$ 是平衡电位下正（氧化）、逆（还原）反应的活化能；α 和 β 为传递系数，分别表示电位变化对还原反应和氧化反应活化能影响的程度，且对于单电子反应，$\alpha + \beta = 1$。一般情况下可以粗略地认为 $\alpha = \beta = 0.5$。

将式（3-16）和式（3-17）分别代入式（3-10）和式（3-11），结合式（3-12）和式（3-13）得：

$$\vec{i} = nFA_f c_R \exp\left(-\frac{\vec{E}_a^0 - \beta nF\Delta E}{RT}\right) = i^0 \exp\frac{\beta nF\Delta E}{RT} \tag{3-18}$$

$$\overleftarrow{i} = nFA_b c_O \exp\left(-\frac{\overleftarrow{E}_a^0 + \alpha nF\Delta E}{RT}\right) = i^0 \exp\left(-\frac{\alpha nF\Delta E}{RT}\right) \tag{3-19}$$

可见，当 $\Delta E = 0$ 时，$\vec{i} = \overleftarrow{i} = i^0$，电极上无净电流通过。当 $\Delta E \neq 0$ 时，$\vec{i} \neq \overleftarrow{i}$，这时正、逆方向的反应速度不等，电极上有净电流通过，因此电极将发生极化。

阳极极化时，阳极过电位 η_A 为：

$$\eta_A = \Delta E_A = E_A - E_A^e \tag{3-20}$$

因为 ΔE_A 为正值，所以阳极极化使氧化反应的活化能减小，而使还原反应的活化能增大，故使 $\vec{i} > \overleftarrow{i}$。二者之差就是通过电极的净电流密度，即阳极极化电流密度 i_A 为：

$$i_A = \vec{i} - \overleftarrow{i} = i^0 \left[\exp\frac{\beta nF\eta_A}{RT} - \exp\left(-\frac{\alpha nF\eta_A}{RT}\right)\right] \tag{3-21}$$

阴极极化时，由于 ΔE_C 为负值，为使阴极过电位 η_C 取正值，令：

$$\eta_C = -\Delta E_C = E_C^e - E_C \tag{3-22}$$

因 ΔE_C 为负值，由式（3-18）和式（3-19）可知，$\overleftarrow{i} > \vec{i}$。二者之差就是通过阴极的净电流密度 i_C：

$$i_C = \overleftarrow{i} - \vec{i} = i^0 \left[\exp\frac{\alpha nF\eta_C}{RT} - \exp\left(-\frac{\beta nF\eta_C}{RT}\right)\right] \tag{3-23}$$

令

$$b_A = \frac{2.3RT}{\beta nF} \tag{3-24}$$

$$b_C = \frac{2.3RT}{anF} \tag{3-25}$$

式中，b_A 和 b_C 分别为阳极和阴极塔菲尔（Tafel）斜率。则式（3-21）和式（3-23）可改写为：

$$i_A = i^0 \left[\exp(2.3\eta_A/b_A) - \exp(-2.3\eta_A/b_C) \right] \tag{3-26}$$

$$i_C = i^0 \left[\exp(2.3\eta_C/b_C) - \exp(-2.3\eta_C/b_A) \right] \tag{3-27}$$

式（3-26）和式（3-27）就是单电极反应的电化学极化基本方程式。

当过电位比较大 $[$ 一般 $\eta > 2.3RT/(nF)]$ 时，阴、阳极反应中的逆向过程可以忽略，即忽略上二式右边第二项，则式（3-26）和式（3-27）分别简化为：

$$i_A = i^0 \exp(2.3\eta_A/b_A) \tag{3-28}$$

$$i_C = i^0 \exp(2.3\eta_C/b_C) \tag{3-29}$$

或者

$$\eta_A = -b_A \lg i^0 + b_A \lg i_A \tag{3-30}$$

$$\eta_C = -b_C \lg i^0 + b_C \lg i_C \tag{3-31}$$

式（3-30）、式（3-31）是单电极反应的 Tafel 方程式。

单电极反应电化学极化时过电位与各反应电流之间的关系可以定性地以图 3-13 来描述。图中坐标原点为初始的平衡状态，反应处于平衡电位，此时对应的氧化反应和还原反应的电流大小相等，均为交换电流，由于两者大小相等方向相反，流经的净电流为 0。当对电极进行阳极极化时，氧化反应电流增大，而还原反应电流减小，净电流开始增加并且表现为阳极电流。当阳极极化程度很高时，可以看到还原反应电流已经趋于 0，此时净电流就只包括氧化反应电流（代表净电流的实线与代表氧化反应电流的虚线重合）。这时电流与过电位之间满足 Tafel 关系。当对电极进行阴极极化时情况也完全类似，只是电极上呈现是阴极电流。

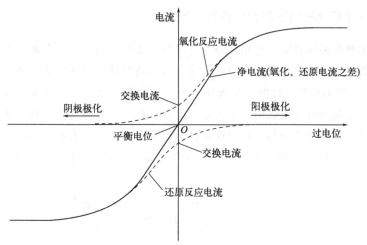

图 3-13　单电极电化学极化时各反应电流大小与过电位之间的关系

3.4.1.2　电化学极化控制下的自腐蚀速度表达式

处于自腐蚀状态下的金属，表面同时发生着多个氧化还原反应。假设介质中只有一种阴极去极化剂，则金属表面至少存在以下两个氧化还原反应，即一个阳极反应和一个阴极反应。它们同时处于金属的自腐蚀电位下，反应的速度大小相等，阴、阳极反应的过电位等于其平衡电位与金属自腐蚀电位差值的绝对值。此时相当于将阴极和阳极两个单电极反应分别极化至相同的自腐蚀电位。因此，金属的自腐蚀电流大小可以用阴极或阳极的单电极极化方程来表示：

$$i_{corr} = i_1^0 \left[\exp\frac{2.3\eta_A}{b_{A1}} - \exp\left(-\frac{2.3\eta_A}{b_{C1}}\right) \right] \tag{3-32}$$

或

$$i_{corr} = i_2^0 \left[\exp\frac{2.3\eta_C}{b_{C2}} - \exp\left(-\frac{2.3\eta_C}{b_{A2}}\right) \right] \tag{3-33}$$

同样，当过电位大于 $2.3RT/(nF)$ 时，即 E_{corr} 距离 E_M^e 和 $E_{O/R}^e$ 较远时，阴、阳极反应的逆反应 $\overleftarrow{i}_1$ 和 $\overleftarrow{i}_2$ 都可以忽略：

$$i_{corr} = i_1^0 \exp\frac{2.3\eta_A}{b_{A1}} \tag{3-34}$$

或

$$i_{corr} = i_2^0 \exp\frac{2.3\eta_C}{b_{C2}} \tag{3-35}$$

可见，腐蚀速度 i_{corr} 与相应的过电位、交换电流 i^0 和 Tafel 斜率 b_A 或 b_C 有关，可由这些参数计算得出。当 E_M^e 和 $E_{O/R}^e$ 及 Tafel 斜率 b_A 和 b_C 不变时，i_1^0 或 i_2^0 越大，则腐蚀速度越大。当平衡电位和交换电流不变时，Tafel 斜率越大，即极化曲线越陡，则腐蚀速度越小。

3.4.1.3　电化学极化控制下腐蚀金属的极化曲线

腐蚀金属的极化曲线意味着初始状态为自腐蚀状态的金属，此时金属表面所有氧化反应与还原反应均处于自腐蚀电位 E_{corr}，净氧化反应与净还原反应的速度大小相等，均为金属的自腐蚀电流 i_{corr}。如果对其进行电化学极化，相当于使整个金属腐蚀体系成为另一个电池的一个电极，整块金属与外电路之间将会出现净电流。例如，对腐蚀金属进行阳极极化时，这将使电极上的氧化反应速度增加，还原反应速度减小，二者之差为流经外电路的外加阳极极化电流。根据单电极反应的动力学方程式，以自腐蚀电流和自腐蚀电位为起点进行极化时，极化电流为：

$$i_{A外} = i_{corr} \left[\exp\left(\frac{2.3\Delta E_{AP}}{b_A}\right) - \exp\left(-\frac{2.3\Delta E_{AP}}{b_C}\right) \right] \tag{3-36}$$

或

$$i_{C外} = i_{corr} \left[\exp\left(-\frac{2.3\Delta E_{CP}}{b_C}\right) - \exp\left(\frac{2.3\Delta E_{CP}}{b_A}\right) \right] \tag{3-37}$$

式（3-36）和式（3-37）为电化学极化控制下金属腐蚀动力学基本方程式，是实验测定电化学腐蚀速度的理论基础。式中，b_A 和 b_C 分别为腐蚀金属阳极极化曲线和阴极极化曲线的 Tafel 斜率，可由实验测得。

综上可见，代表单电极反应的式（3-26）和式（3-27）、代表自腐蚀状态金属电极的式（3-32）和式（3-33），以及代表极化的腐蚀金属电极的式（3-36）和式（3-37）具有几乎完全相同的形式。因此它们代表的是同一极化路径上的不同状态，或者说对于同一单电极反应的不同的极化程度，其基础都是单电极的电化学极化动力学方程。

由图 3-14 可以看到，腐蚀金属上的阴极反应和阳极反应，分别由其平衡状态出发开始相向极化。这实际上就是两个单电极的极化过程。当极化到阴、阳极电位相等时，就是自腐蚀金属所处的状态。继续对其进行极化，就是腐蚀金属的极化状态。因此，我们实际上可以完全依据单电极电化学极化的动力学方程，将处于不同极化状态时的过电位（相对于单电极反应的平衡电位）代入，就可以得到任意状态下的动力学方程。这样的动力学方程代表当单电极的电位偏离其平衡电位时，电流偏离其初始的交换电流的情况。只是对于腐蚀金属极化

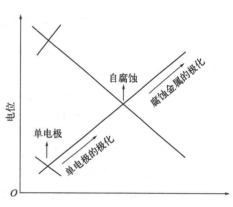

图 3-14　极化路径示意

的情况，由于实际测试时金属初始状态即为自腐蚀状态，所以此时不再以单电极的平衡状态为起点，而是以金属的自腐蚀状态为起点。所以腐蚀金属的电化学极化动力学方程与单电极反应完全相同，只是过电位是相对于金属的自腐蚀电位，起始的电流是自腐蚀电流而已。

3.4.2　浓差极化控制下的腐蚀动力学方程式

由于电极过程是在电极/溶液界面上进行的，并伴随着反应物的消耗和产物的生成，因此物质在电极表面附近溶液相中的传输过程对电极反应十分重要，有时甚至成为电极反应的控制步骤。

电极过程动力学中物质在溶液中的传输过程主要有三种形式：对流、扩散和电迁移。对流传质指物质的粒子随着流动的液体而移动。在电极表面附近的液层中对流速度很小，因此对流对电极表面附近液层中的物质传输贡献很小。电迁移传质是指带电粒子在电场作用下在溶液中的定向移动，如果反应物粒子或产物粒子带电，电迁移会对传质过程有贡献，但是当溶液中存在大量支持电解质（不参加电极反应的局外电解质）时，电迁移主要由支持电解质承担，这时电迁移对反应物或产物的传质贡献很小。因此在电极表面附近液层中的传输过程主要是扩散过程。当扩散过程速度比电化学反应速度更慢时，扩散过程成为整个电极过程的控制步骤。由于电极反应的不断进行，电极表面附近液层中反应物的浓度不断下降而产物的浓度则不断升高，由此造成与溶液本体的浓度梯度。在这种浓度梯度下，反应物从溶液本体向电极表面扩散，产物由电极表面向溶液本体扩散。由于电极表面附近液层中反应物和产物的浓度变化，使电极电位发生变化，这种极化称为浓差极化。

腐蚀电池作为一类特殊的电池，其电极表面的传质过程同样主要是扩散过程。如果扩散

过程成为腐蚀电池中阴极或阳极的控制步骤，则腐蚀电池的阴极或阳极上将发生浓差极化。但实际情况是，当金属发生腐蚀时，在多数情况下阳极过程是电化学极化控制的金属溶解过程。而对于阴极去极化过程，去极化剂的扩散常常成为控制步骤，例如在氧去极化过程中，氧分子向电极表面的扩散步骤往往是决定腐蚀速度的控制步骤。因此，对于腐蚀电池，研究浓差极化控制下的动力学特征也是十分必要的。

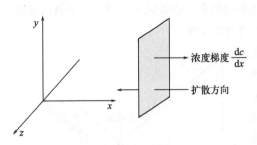

图 3-15　浓度梯度与扩散方向示意

将腐蚀金属电极看作平面电极，这时只考虑一维扩散，如图 3-15。根据 Fick 第一扩散定律，电活性物质单位时间内通过单位面积的扩散流量与浓度梯度成正比：

$$J = -D \left(\frac{dc}{dx} \right)_{x \to 0} \tag{3-38}$$

式中，J 为扩散流量，$mol/(cm^2 \cdot s)$；$(dc/dx)_{x \to 0}$ 表示电极表面附近液层中电活性粒子的浓度梯度，mol/cm^4；D 为扩散系数，即单位浓度梯度下单位截面积电活性粒子的扩散速度，cm^2/s，它与温度、粒子的大小及溶液黏度等因素有关；负号表示扩散方向与浓度增大的方向相反。稳态扩散条件下，如果电极反应引起的溶液本体的浓度变化可以忽略不计，浓度梯度 $(dc/dx)_{x \to 0}$ 为一常数，即：

$$\left(\frac{dc}{dx} \right)_{x \to 0} = \frac{c^0 - c^s}{\delta} \tag{3-39}$$

式中，c^0 为溶液本体的浓度；c^s 为电极表面浓度；δ 为扩散层有效厚度。

在稳态扩散下，单位时间内单位面积上扩散到电极表面的电活性物质的量等于参加电极反应的量，因此反应粒子的扩散流量也可以用电流表示。因为每消耗 1mol 的反应物需要通过 nF 的电量。因此扩散总流量可用扩散电流密度 i_d 表示：

$$i_d = -nFJ \tag{3-40}$$

式中，负号表示反应物粒子的扩散方向与 x 轴方向相反，即从溶液本体向电极表面扩散。将式（3-38）和式（3-39）代入式（3-40）可得：

$$i_d = nFD \left(\frac{dc}{dx} \right)_{x \to 0} = nFD \frac{c^0 - c^s}{\delta} \tag{3-41}$$

因为在扩散控制条件下，当整个电极过程达到稳态时，电极反应的速度等于扩散速度。对于阴极过程，阴极电流 i_C 就等于阴极去极化剂的扩散速度 i_d：

$$i_C = i_d = nFD \frac{c^0 - c^s}{\delta} \tag{3-42}$$

随着阴极电流的增加，电极表面附近去极化剂的浓度 c^s 降低。在极限情况下，$c^s = 0$。这时扩散速度达到最大值，阴极电流也就达到极大值，用 i_L 表示，叫作极限扩散电流：

$$i_L = nFD \frac{c^0}{\delta} \tag{3-43}$$

由此式可见，极限扩散电流与放电粒子的本体浓度 c^0 成正比，与扩散层有效厚度成反比。

由式（3-42）和式（3-43），可得：

$$\frac{i_C}{i_L} = 1 - \frac{c^s}{c^0} \tag{3-44}$$

因扩散过程为整个电极过程的控制步骤，可以近似认为电子传递步骤（电化学步骤）处于准平衡状态，因此电极上有扩散电流通过时，仍可以近似用能斯特方程计算电极电位。

通电前

$$E_C^e = E_C^0 + \frac{RT}{nF}\ln c^0 \tag{3-45}$$

通电后

$$E_C = E_C^0 + \frac{RT}{nF}\ln c^s \tag{3-46}$$

因此电位变化为

$$\Delta E_C = E_C - E_C^e = \frac{RT}{nF}\ln\frac{c^s}{c^0} \tag{3-47}$$

将式（3-44）代入得

$$\Delta E_C = \frac{RT}{nF}\ln\left(1 - \frac{i_C}{i_L}\right) \tag{3-48}$$

这就是浓差极化方程式。

对于阳极过程为金属的电化学溶解而阴极过程为氧的扩散控制的腐蚀，其极化图如图 3-16 所示。由于金属的腐蚀速度受氧的扩散速度控制，腐蚀速度等于氧的极限扩散电流，与电位无关。

$$i_{corr} = i_L = nFD\frac{c^0}{\delta} \tag{3-49}$$

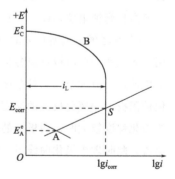

图 3-16　阴极过程为浓差极化控制的腐蚀极化图

可以看到，对于扩散控制的腐蚀体系，影响 i_L 的因素就是影响腐蚀速度的因素。故：

① i_{corr} 和 c^0 成正比，即去极化剂浓度降低会使腐蚀速度减小。

② 搅拌溶液或使溶液流速增加，会减小扩散层厚度，增大极限电流 i_L，因而会加速腐蚀。

③ 升高温度，会使扩散系数 D 增大，使腐蚀速度增加。

当对腐蚀金属进行外加电位极化时（以阳极极化为例），如果阴极过程为扩散控制，则阴极电流恒等于其极限扩散电流，而阳极电流符合塔菲尔关系。因此外电流为

$$i_{A外} = i_{corr}\left[\exp\left(\frac{2.3\Delta E_{AP}}{b_A}\right) - 1\right] \tag{3-50}$$

上式为阴极反应扩散控制时的阳极极化曲线。

3.4.3 实测极化曲线与理想极化曲线的关系

图 3-17 中的实线为理想极化曲线，虚线代表相应的实测极化曲线。两者有着明显的差别。

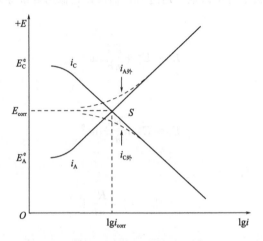

图 3-17　实测极化曲线与理想极化曲线示意

① 两者的起点不同　理想极化曲线中阴、阳极极化曲线的起点是阴、阳极两个单电极反应的平衡电位，而实测极化曲线则不然。由于在实际测量中，当金属被置于腐蚀介质中，就已经处于自腐蚀状态，在此基础上再对其进行阴极或阳极极化。因此实测极化曲线的起点是金属的自腐蚀电位，即图 3-17 中的 S 点。

② 两者的电流所代表的意义不同　对于理想极化曲线上每一点的电流，其代表着真实的阴、阳极两个单电极反应各自的净反应速度。而对于实测极化曲线，我们所检测到的是流经电极的外电流大小，它是电极上阴、阳极反应电流的差值。以阳极极化为例，电位的升高将促使阳极上净氧化反应的速度增加，而阴极上净还原反应的速度减小，总体表现为阳极电流。当极化程度较大时，阴极上的净还原反应速度趋近于 0，此时总的外电流就等于阳极反应的电流，此时理想极化曲线与实测极化曲线开始重合，即图 3-17 中实线与虚线的重合部分。

3.5 混合电位理论及其应用

3.5.1 混合电位理论

早期的腐蚀理论在处理孤立的金属电极的腐蚀时是用微观和超微观腐蚀电池来解释孤立金属上的局部腐蚀和均匀腐蚀现象。这种处理方式需要解释金属表面存在某种尺度上的电化学的不均匀性，使得局部区域电位较高构成腐蚀电池的阴极，而局部区域电位较低构成腐蚀电池的阳极。1938 年 Wagner 和 Traud 在前人工作的基础上，正式提出了混合电位理论。这一理论对电化学腐蚀机理作了更加完善的阐述，它扩充和部分取代了经典的微电池腐蚀理论，能够很好地解释局部腐蚀和亚微观尺寸的均匀腐蚀。混合电位理论在腐蚀理论中地位极为重要，它与腐蚀动力学方程一起构成了现代腐蚀动力学的理论基础。混合电位理论有两个基本假设：

① 任何电化学反应都能分成两个或两个以上的局部氧化反应和局部还原反应。任何一个电化学反应都同时包括一种或多种氧化剂得到电子被还原和一种或多种还原剂失去电子被氧化的过程，并且实验证明得电子过程和失电子过程可以发生在不同区域，因此第一个假设不难理解。

② 电化学反应过程中不可能有净电荷积累。第二个假设则表明，一个电化学过程总的氧化反应速度总是等于总的还原反应速度，阳极电流一定等于阴极电流。因此金属发生自腐蚀时，腐蚀过程中总的氧化反应速度（氧化反应电流）等于总的还原反应速度（还原反应电流），即：

$$\sum \vec{i} = \sum \overleftarrow{i} \tag{3-51}$$

上式对于多电极体系同样适用。根据混合电位理论，当金属发生腐蚀时，金属表面所发生的所有电化学反应均将极化至同一腐蚀电位下进行，腐蚀电位是金属的阳极氧化和阴极去极化剂的还原过程共同决定的，是整个腐蚀体系的混合电位。

3.5.2 混合电位理论的应用

3.5.2.1 多种阴极去极化反应的腐蚀行为

在实际中，经常遇到金属所处的腐蚀介质中含有两种或更多种阴极去极化剂，由于存在两个或多个阴极还原反应，腐蚀电位和腐蚀电流将由金属阳极氧化过程和多个阴极还原过程共同确定。例如金属 M 在含氧化剂 Fe^{3+} 的酸溶液中发生腐蚀时，阳极同时进行着如下的氧化还原过程（以 "→" 表示氧化过程，"←" 表示还原过程）：

$$M \underset{\overleftarrow{i_1}}{\overset{\overrightarrow{i_1}}{\rightleftharpoons}} M^{n+} + ne^- \tag{3-52}$$

阴极同时进行着如下的还原反应过程：

$$H_2 \underset{\overleftarrow{i_2}}{\overset{\overrightarrow{i_2}}{\rightleftharpoons}} 2H^+ + 2e^- \tag{3-53}$$

$$Fe^{2+} \underset{\overleftarrow{i_3}}{\overset{\overrightarrow{i_3}}{\rightleftharpoons}} Fe^{3+} + e^- \tag{3-54}$$

由于腐蚀是电化学极化控制，上述反应的电位与电流之间符合 Tafel 关系，因此它们的腐蚀极化图采用半对数坐标更为方便。

图 3-18 画出了各个氧化还原过程的极化曲线和总的极化曲线。根据混合电位理论，当金属 M 处于腐蚀电位时，腐蚀过程的氧化反应的总电流必须等于总还原电流，即：

$$\sum \vec{i} = \sum \overleftarrow{i} \qquad\qquad\qquad (3\text{-}55)$$

其中总阳极极化曲线中的电流 $\sum \vec{i} = \vec{i}_1 + \vec{i}_2 + \vec{i}_3$；而总阴极极化曲线中的电流 $\sum \overleftarrow{i} = \overleftarrow{i}_1 + \overleftarrow{i}_2 + \overleftarrow{i}_3$。由于腐蚀电位一般偏离各氧化还原反应的平衡电位比较远，阳极上发生的还原过程和阴极上的氧化过程均可以忽略。因此，金属 M 的腐蚀极化图中总的氧化电流就是 $\vec{i}_1$，而总的还原电流为 $\overleftarrow{i}_2 + \overleftarrow{i}_3$。总阳极极化曲线和总阴极极化曲线的交点对应的电位即是腐蚀电位 E_{corr}，对应的电流为腐蚀电流 i_{corr}。可以看出当体系中不含 Fe^{3+} 时，体系的腐蚀电位和腐蚀电流分别为 E'_{corr} 和 i'_{corr}，而当体系中包含了氧化还原反应中平衡电位较高的 Fe^{3+} 后，整个体系的腐蚀电位有所升高，腐蚀电流增大。

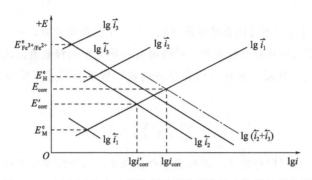

图 3-18　金属 M 在含三价铁离子的酸性溶液中的腐蚀极化图

3.5.2.2　多电极体系的腐蚀行为

假设有五种金属 M_1、M_2、M_3、M_4、M_5，它们在腐蚀介质中的平衡电位为 $E_5^e > E_4^e > E_3^e > E_2^e > E_1^e$。用实验测定出每种金属在该介质中的极化曲线，当它们相互连通构成一个腐蚀体系时，仍符合混合电位理论的基本假设，即存在一个共同的混合电位。用总氧化电流 $\sum \vec{i}$ 对 E 作图得到总的阳极极化曲线，用总还原电流 $\sum \overleftarrow{i}$ 对 E 作图得到总的阴极极化曲线，两条总极化曲线的交点所对应的电位和电流分别是多电极体系的腐蚀电位 E_{corr} 和总腐蚀电流 i_{corr}，如图 3-19 所示。

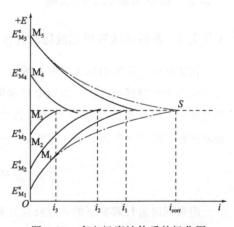

图 3-19　多电极腐蚀体系的极化图

当金属在腐蚀介质中的平衡电位高于混合电位时，表明在混合电位下它们的电位相比平衡时降低，因此其还原反应的速度将增大，而氧化反应的速度将减小，该金属因此得到一定程度的保护而成为阴极，如图中金属 M_5 和 M_4。金属的平衡电位距离混合电位越远，则其受到的保护程度就越大。反之，当金属的平衡电位低于混合电位时，该金属作为阳极，其腐蚀将一定程度上加速，如图中的 M_1、M_2 和 M_3。并且金属的平衡电位距离混合电位越远，腐蚀的加速程度就越大。

除了上面提到的金属的平衡电位的影响外，电极的极化程度对多电极腐蚀极化图有较大影响，电极的极化程度越小，极化曲线趋平坦，该电极对阳极或阴极电流的贡献越大；反之电极极化程度越大，极化曲线越陡，该电极对阳极或阴极电流的贡献越小。因此如果采取措施降低对阳极电流贡献最大的电极的极化程度，则可能使 E_{corr} 降低，从而使原来略低于 E_{corr} 的金属的平衡电位变得高于 E_{corr}，这样该金属从发生腐蚀的阳极变为被保护的阴极。

思考题与习题

1. 在 Evans 极化图上的 S 点，其 $E_C - E_A = 0$，为什么还有电流？又在 S 点处 $R = 0$，为什么电流不是无限大？

2. 对照单电极电化学极化方程式推导出电化学极化控制下的腐蚀金属电极的自腐蚀速率方程式以及极化方程式。

3. 实测极化曲线和理想极化曲线有何区别和联系？

4. 试利用混合电位理论分析全面腐蚀产生的原因，这与用微电池解释全面腐蚀产生上有何不同？

5. 试用混合电位理论分析多电极腐蚀体系中各金属的腐蚀行为。

6. 铁电极在 pH = 4.0 的电解液中以 $0.001A/cm^2$ 的电流密度阴极极化到电位 $-0.916V$ (SCE) 时的氢过电位是多少？

7. 金属在溶液中平衡电位与该金属上阴极还原反应的平衡电位之差为 $-0.45V$。假定 $|b_C| = 2b_A = 0.10V$，每一过程的 $i^0 = 10^{-1}A/m^2$，计算该金属的腐蚀速度。为了进行有效地计算需要做什么假设？

8. 25℃时，Zn 在海水中的腐蚀电位为 $-1.094V$ (SCE)，计算其腐蚀速度（认为 Zn 表面附近 $c_{Zn^{2+}} = 10^{-6}mol/L$，从有关表中查到 Zn 溶解反应的 $b_A = 0.05V$，$i^0 = 10^{-2}A/m^2$）。

9. 测得铁在 25℃ 的 3%NaCl 溶液中的混合电位为 $-0.3V$，试问阴、阳极的控制程度？指出属于何种腐蚀控制？

10. Pt 在除空气的 pH = 1.0 的 H_2SO_4 中，以 $0.01A/cm^2$ 的电流进行阴极极化时的电位为 $-0.334V$ (SCE)，而以 $0.1A/cm^2$ 阴极极化时的电位为 $-0.364V$ (SCE)。计算在此溶液中 H^+ 在 Pt 上放电的交换电流密度 i^0 和塔菲尔常数 b_C。

11. 对于由多个金属短接组成的腐蚀体系，可以通过分别测定其各自在腐蚀介质中的极化曲线，然后利用混合电位理论判断不同金属在这个腐蚀体系中为阴极或是阳极。假设现有如下所示的含有电阻 R 的多金属腐蚀体系，试用腐蚀极化图和混合电位对其进行分析。

金属 A	金属 B	电阻 R	金属 C	金属 D

第 4 章

析氢腐蚀与耗氧腐蚀

 本章导读

掌握析氢腐蚀的必要条件；熟悉析氢过电位、析氢腐蚀的控制过程、影响因素及控制途径；掌握耗氧腐蚀的必要条件；熟悉氧还原过程及过电位、控制过程及影响因素。

4.1 析氢腐蚀

以氢离子去极化剂还原反应为阴极过程的腐蚀，称为氢去极化腐蚀，或称析氢腐蚀（hydrogen evolution corrosion）。阴极反应为 $2H^+ + 2e^- \longrightarrow H_2$ 的电极过程称为氢离子去极化过程，简称氢去极化或析氢。

4.1.1 析氢反应

在酸性、中性和碱性溶液中，析氢反应有着不同的形式。在酸性溶液中，反应物来源于水合氢离子（H_3O^+），它在阴极上放电，析出氢气：

$$2H_3O^+ + 2e^- \longrightarrow H_2 + 2H_2O$$

而在中性或碱性溶液中，则是水分子直接接受电子析出氢气：

$$2H_2O + 2e^- \longrightarrow H_2 + 2OH^-$$

因此，在酸性、中性和碱性溶液中，氢去极化过程的基本步骤是不同的。

一般认为，在酸性溶液中，析氢过程是按下列步骤进行的。

① 水合氢离子向阴极表面扩散并脱水：

$$H_3O^+ \longrightarrow H^+ + H_2O$$

② H^+ 与电极表面的电子结合放电，在电极表面上形成吸附态的氢原子 H_{ads}：

$$H^+ + e^- \longrightarrow H_{ads}$$

③ 吸附态氢原子通过复合脱附，形成 H_2 分子：

$$H_{ads} + H_{ads} \longrightarrow H_2$$

或发生电化学脱附，形成 H_2 分子：

$$H_{ads} + H^+ + e^- \longrightarrow H_2$$

④ H_2 分子形成氢气泡，从电极表面析出。

在中性、碱性溶液中氢去极化过程按下列基本步骤进行：

① 水分子到达阴极表面，同时氢氧根离子离开电极表面；

② 水分子离解及 H^+ 还原生成吸附在电极表面的吸附氢原子：

$$H_2O \longrightarrow H^+ + OH^-$$

$$H^+ + e^- \longrightarrow H_{ads}$$

③ 吸附氢原子复合脱附形成氢分子：

$$H_{ads} + H_{ads} \longrightarrow H_2$$

或电化学脱附形成氢分子：

$$H_{ads} + H^+ + e^- \longrightarrow H_2$$

④ 氢分子形成氢气泡，从电极表面析出。

不论是在酸性还是在中性或碱性溶液中，析氢过程的各个步骤都是连续进行的。在这些步骤中，如果其中有一个步骤进行得比较迟缓，则整个析氢过程将受到阻滞，导致电极电势向负方向移动，产生一定的超电位（或过电位）。

对于大多数金属来说，第二个步骤即 H^+ 与电子结合而放电的电化学步骤最缓慢，是控制步骤，即所谓"迟缓放电"。但对于某些氢过电位很低的金属（如 Pt、Pd）来说，则第三个步骤即复合脱附步骤最为缓慢，是控制步骤，即所谓"迟缓复合"。除此以外的其他步骤对氢去极化过程的影响不大。

在有些金属电极上，例如镍和铁电极上，一部分吸附氢原子会向金属内部扩散，这就是金属在腐蚀过程中可能产生氢脆的原因（详细讨论见后面有关章节）。

4.1.2 析氢腐蚀的条件与特点

4.1.2.1 析氢腐蚀发生的必要条件

实际上产生析氢腐蚀的必要条件有两个：①电解质溶液中必须有 H^+ 存在；②腐蚀电池中的阳极金属电位 E_A 必须低于氢的析出电位 E_H，即：

$$E_A < E_H \tag{4-1}$$

所谓氢的析出电位是指在一定的阴极电流密度下，氢电极的平衡电位 E_H^e 与阴极上氢过电位 η_H 的差值。如 25℃、$p_{H_2} = 101325\text{Pa}$ 的情况下，氢的标准电位为 $E_H^\ominus$ 时，则：

$$E_H = E_H^e - \eta_H = E_H^\ominus + \frac{RT}{nF}\ln a_{H^+} - \eta_H = -0.0591\text{pH} - \eta_H \tag{4-2}$$

将式（4-2）代入式（4-1），即得：

$$E_A < -0.0591\mathrm{pH} - \eta_H \qquad (4\text{-}3)$$

由式（4-2）可见，当 η_H 一定时，溶液中 pH 值下降，E_H^e 增高，其阳极平衡电位 E_A^e 与 E_C^e 的差值愈大，便愈有利于析氢腐蚀，即金属腐蚀速度随着酸浓度增加而加剧。因此，负电性较强的金属（如 Zn、Fe、Cd 等）在酸性溶液中都会发生析氢腐蚀。在中性或碱性溶液中，只有负电性很强的金属（如 Al、Mg 合金）才能发生析氢腐蚀。但是也应当指出，对一些易钝化金属（如 Ti、Cr 等），尽管能够满足析氢腐蚀条件，但由于其表面会生成钝化膜，阳极溶解过电位 η_M 很大，结果在某些酸性溶液中（只要钝化膜在此溶液中有足够的稳定性），它们并不发生析氢腐蚀。

4.1.2.2　析氢腐蚀的特点

通过以上分析可知，析氢腐蚀主要有以下几个特点。

① 在酸性溶液中没有其他氧化还原电位较正的去极化剂（如氧、氧化性物质）存在时，金属腐蚀过程属于典型的析氢腐蚀。

② 在金属表面上没有钝化膜或其他成相膜的情况下，因酸中 H^+ 浓度高，H^+ 扩散系数特别大，而且氢气泡析出时起了搅拌作用。因此，酸中进行的析氢腐蚀是一种活化极化控制的阳极溶解过程，浓差极化可以忽略。

③ 金属在酸中的析氢腐蚀与溶液的 pH 值有关。随着溶液 pH 值的下降，腐蚀速度加快。

④ 金属在酸中的析氢腐蚀通常是一种宏观均匀的腐蚀现象。

4.1.2.3　氢去极化的阴极极化曲线与析氢过电位

在氢去极化过程中，由于控制步骤形成阻力，在氢电极平衡电位下将不发生析氢过程，只有克服了这一阻力之后才能发生氢的析出。因此氢的析出电位总是比氢电极的平衡电位更低一些，由此产生了阴极极化。

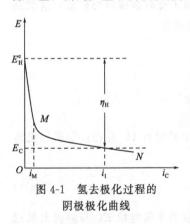

图 4-1　氢去极化过程的阴极极化曲线

图 4-1 是典型的氢去极化过程的阴极极化曲线，是在 H^+ 为唯一的去极化剂的情况下实测绘制而成的。它表明在氢的平衡电位 E_H^e 时没有氢析出，电流为零。而只有在一定的电流密度下，电位比 E_H^e 更低并达到了一定值，如图 4-1 中 i_1 相对应于 E_C 时，才会发生。这个在一定电流密度下，氢在阴极实际析出的电位，通常被称为氢的实际析出电位，简称析氢电位。在一定电流密度下，氢的平衡电位 E_H^e 与析氢电位 E_C 之间的差值，就是该电流密度下的析氢过电位或氢过电位 η_H。如图 4-1 中，电流密度为 i_1 时，氢过电位 η_H 为：

$$\eta_H = -(E_C - E_H^e) = E_H^e - E_C \qquad (4\text{-}4)$$

析氢过电位 η_H 的大小与电流密度、材料的性质、电极的表面状态、溶液的组成、浓度和温度等因素有关。由于析氢过电位是电流密度的函数，因此，只有指出对应的电流密度的数值时，析氢过电位才具有明确定量的意义。

从图 4-1 可以看出，阴极电位变化的程度与电流密度有关。可把阴极极化曲线（$E_H^e MN$）

分为两个部分：当电流密度很小，小于 $10^{-4} \sim 10^{-5}\text{A/cm}^2$ 时，E_C 与 i_C 呈线性关系，即：

$$E_C = E_H^e - R_F i_C$$

或

$$\eta_H = R_F i_C \tag{4-5}$$

式中，R_F 为法拉第电阻，对应图 4-1 中的 $E_H^e M$ 线段，即 $i_C < i_M$ 时的情形。当继续增加电流密度时，在一个很大的电流密度范围内，E_C-i_C 曲线呈对数关系，即：

$$E_C = E_H^e - (a + b \lg i_C)$$

或

$$\eta_H = a + b \lg i_C \tag{4-6}$$

此式即为析氢反应时的塔菲尔电化学极化方程式。

4.1.2.4 影响氢过电位的主要因素

影响析氢过电位值的主要因素有电流密度、电极材料性质及表面状态、溶液组成、浓度和温度等。

（1）电流密度

上述塔菲尔公式（4-6）是反映析氢腐蚀电化学极化基本特征的方程式，并指出 η_H 与 i_C 的关系。式中：

$$a = -\frac{2.3RT}{\alpha nF} \lg i^0 \quad \text{塔菲尔常数}$$

$$b = \frac{2.3RT}{\alpha nF} \quad\quad\quad \text{塔菲尔斜率}$$

对于给定电极，在一定的溶液组成和温度下，a 与 b 均为常数。常数 a 与电极析氢反应的交换电流密度 i^0、电极材料性质及表面状态、溶液组成、浓度及温度有关，其数值等于单位电流密度下的过电位。a 值越大，η_H 就越大，阴极极化程度则愈大，则析氢腐蚀中阳极金属对应的腐蚀速度就愈小。常数 b 与电极材料无关，而与控制步骤中参加反应的电子数 n 和温度 T 有关。由于对许多金属来说 $\alpha = 0.5$，故当 $n = 1$、$T = 298\text{K}$ 时，b 值的理论计算结果为 $b = 2.3RT/(\alpha nF) = 0.118\text{V}$。各种金属阴极上析氢反应的 b 值大致相同，在 $0.1 \sim 0.2\text{V}$ 的范围。

图 4-2 给出了不同金属上析氢过电位与电流密度的对数值之间的关系，均呈直线规律。由于塔菲尔关系式中 b 值相近，因此这些直线基本上是平行的。

（2）电极材料

不同金属电极在给定溶液中对析氢过电位的影响，主要反映在塔菲尔方程式中的常数项 a 值的差别上，如表 4-1 所示（表中涉及的酸性溶液为 1mol/L HCl 或 0.5mol/L H_2SO_4，碱性溶液为 1mol/L KOH），而 b 值差别较小。

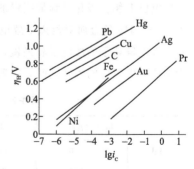

图 4-2 不同金属上的 η_H-$\lg i_C$ 曲线

表 4-1　氢在不同金属上阴极析出的塔菲尔方程式中常数 a 和 b 值（25℃）

金属	酸性溶液		碱性溶液		金属	酸性溶液		碱性溶液	
	a/V	b/V	a/V	b/V		a/V	b/V	a/V	b/V
Pt	0.10	0.03	0.31	0.10	Cu	0.87	0.12	0.96	0.12
Pd	0.24	0.03	0.53	0.13	Ag	0.95	0.10	0.73	0.12
Au	0.40	0.12	—	—	Ge	0.97	0.12	—	—
W	0.43	0.10	—	—	Al	1.00	0.10	0.64	0.14
Co	0.62	0.14	0.60	0.14	Sb	1.00	0.11	—	—
Ni	0.63	0.11	0.65	0.10	Be	1.08	0.12	—	—
Mo	0.66	0.08	0.67	0.14	Sn	1.20	0.13	1.28	0.23
Fe	0.70	0.12	0.76	0.11	Zn	1.24	0.12	1.20	0.12
Mn	0.80	0.10	0.90	0.12	Cd	1.40	0.12	1.05	0.16
Nb	0.80	0.10	—	—	Hg	1.41	0.114	1.54	0.11
Ti	0.82	0.14	0.83	0.14	Tl	1.55	0.14	—	—
Bi	0.84	0.12	—	—	Pb	1.56	0.11	1.36	0.25

各种金属材料对氢析出反应的催化活性与氢过电位有下列顺序关系：

$$\xleftarrow{\text{催化活性增加}}$$

$$Pt、Pd、W、Ni、Fe、Ag、Cu、Zn、Sn、Cd、Pb、Hg$$

$$\xrightarrow{\text{氢过电位增加}}$$

根据表 4-1 列出的 a 值数据可将金属材料按析氢过电位大小分成三类：

① 高氢过电位金属：$a=1.0\sim1.6V$，如 Pb、Cd、Hg、Tl、Zn、Be、Sn 等；

② 中氢过电位金属：$a=0.5\sim1.0V$，如 Fe、Co、Ni、Cu、Ag、Ti 等；

③ 低氢过电位金属：$a=0.1\sim0.5V$，如 Pt、Pd、Au、W 等。

这三类金属电极之所以具有不同的析氢过电位，是与不同金属电极的析氢反应的控制步骤和对氢离子放电反应的催化活性有关。低氢过电位的 Pt、Pd 等金属对氢离子放电有较强的催化能力，因而在这些金属上析氢反应的交换电流密度很大（见表 4-2），可是它们吸附氢原子的能力也很强，因此，这类金属电极上氢去极化过程由最慢的吸附氢原子复合脱附步骤控制。中氢过电位的 Fe、Ni、Cu 等金属对氢离子放电的催化能力较小，交换电流密度也不大，金属电极上氢去极化过程最缓慢的控制步骤可能是吸附氢的电化学脱附反应。高氢过电位的 Pb、Cd、Hg 等金属对氢离子放电的催化能力最弱，因而析氢交换电流密度也最小。这类金属电极上氢离子的放电步骤最慢，构成了氢去极化过程的控制步骤。因此，当用电极材料作为某些电极反应的催化剂时，一般可以用交换电流密度来衡量催化剂的活性。

表 4-2　不同金属上析氢反应的交换电流密度

金属	$\lg i_H^0/(A/cm^2)$	金属	$\lg i_H^0/(A/cm^2)$	金属	$\lg i_H^0/(A/cm^2)$
Pd	−3.0	Fe	−5.8 (1mol/L HCl)	Cd	−10.8
Pt	−3.1	W	−5.9	Mn	−10.9
Rn	−3.6	Cu	−6.7 (0.5mol/L H_2SO_4)	Tl	−11.0

金属	$\lg i_H^0/(A/cm^2)$	金属	$\lg i_H^0/(A/cm^2)$	金属	$\lg i_H^0/(A/cm^2)$
Ir	−3.7	Nb	−6.8	Pb	−12.0
Ni	−5.2	Ti	−8.3	Hg	−13.0
Au	−5.4	Zn	−10.3（0.5mol/L H_2SO_4）		

注：除注明外，其余为 1mol/L H_2SO_4 中的数据。

必须指出，电极表面状态对氢过电位也有影响。相同金属材料的粗糙表面上的氢过电位比光滑表面上的氢过电位要小，这是因为粗糙表面的真实面积要比光滑表面面积大。

（3）溶液组成和温度

溶液组成与温度对氢过电位的影响情况是比较复杂的。溶液中存在正电性金属离子时，它们将在电极表面上被还原，对该金属析氢过电位有不同的影响。如果溶液中有 Pt 离子，在 Fe 电极表面析出，由于 Pt 上的氢过电位比在 Fe 上的氢过电位低得多，作为附加阴极的 Pt 就会显著地提高 Fe 在酸性溶液中的腐蚀速度。若在酸性溶液中含有 As、Sb、Bi 等金属的盐类，这些金属离子会以 As、Sb、Bi 等金属单质形式析出在 Fe 的表面上，提高了析氢过电位，使析氢腐蚀速度降低，从而起到缓蚀作用。

溶液中含有表面活性物质时，它们将吸附在金属电极表面，阻碍析氢反应的进行，使氢过电位增大，从而起到缓蚀剂的作用。

溶液的 pH 值对析氢过电位也有影响，在酸性溶液中，氢过电位随 pH 值的增加而增大，而在碱性溶液中随 pH 值的增加而减小。

溶液温度升高，氢过电位减小。一般温度每升高 1℃，氢过电位约减小 2mV。

4.1.3 析氢腐蚀的控制过程

根据阴极和阳极的极化性能，可以将金属析氢腐蚀分为阴极控制、阳极控制和混合控制。

4.1.3.1 阴极控制的析氢腐蚀

阴极控制的析氢腐蚀是指阴极析氢反应的极化率大于阳极溶解反应的极化率，析氢腐蚀速度受氢在阴极上放电的析氢过电位所控制。此时，金属电极的腐蚀电位 E_{corr} 接近金属阳极反应的平衡电位 E_M^e。如金属锌在酸中的腐蚀，即属于此类。图 4-3 是锌和含有杂质的锌在酸中的腐蚀极化图。锌阳极溶解反应的极化率较小，而纯锌上的析氢反应过电位却很高，因此锌的析氢腐蚀为阴极控制。因此，锌的腐蚀速度基本上取决于析氢过电位的大小，即析氢阴极过程极化率的大小。纯锌在酸中的腐蚀电位 $E_{corr(Zn)}$ 接近于锌的平衡电位 E_{Zn}^e，倘若锌中含有 Cu、Fe 等析氢过电位较低的杂质，由于它们的混入，降低了析氢反应的阴极极化率，结果含 Cu 和含 Fe 的锌在酸中的腐蚀

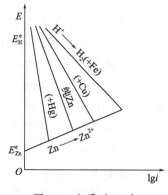

图 4-3　杂质对 Zn 在
酸中腐蚀的影响

速度要比纯锌大得多。其原因是氢在 Cu、Fe 上的交换电流密度要比在 Zn 上大 3～4 个数量级（见表 4-2）。因此，氢在含有 Cu、Fe 杂质的锌上的交换电流密度也比纯锌上的交换电流密度大。相反，由于在 Hg 上的析氢反应的交换电流密度比在锌上的要小（Hg 上的析氢过电位也高），所以锌被汞齐化后，腐蚀率降低。因此电池工业中采用锌表面汞齐化处理的办法，可降低干电池锌皮在酸性氯化铵介质中的腐蚀速度，减少电池自放电。而这恰恰是普通干电池报废后造成环境污染的重要因素之一，从环境保护的角度出发必须寻求新的绿色替代处理工艺。

应注意到，不同金属上阴极析氢极化不但极化度不同，交换电流密度也发生改变。交换电流密度变小，相当于极化增大。图 4-3 中横坐标为对数刻度，极化曲线向右即使较小的移动，腐蚀电流也会有很大的增加。事实上，随着锌中杂质的性质和含量的不同，锌在酸中的溶解速率可在 3 个数量级（1～1000）之内变化。

4.1.3.2 阳极控制的析氢腐蚀

阳极控制的析氢腐蚀是指金属阳极溶解反应的极化率大于阴极析氢反应的极化率，析氢腐蚀速度受阳极溶解的过电位所控制。此时，金属电极的腐蚀电位 E_{corr} 接近析氢阴极反应的平衡电位 E_H^e。阳极控制的析氢腐蚀主要发生在铝、钛和不锈钢等易钝化金属在稀酸中的腐蚀。这种情况下，金属离子必须穿透氧化膜才能进入溶液，因此有很高的阳极极化。图 4-4 是金属铝在充气、除气（脱氧）或含有 Cl⁻ 的弱酸中的腐蚀极化图。在脱氧的弱酸溶液中，由于 Al 表面有钝化膜存在，金属离子的进一步溶解必须穿透钝化膜，所以阳极溶解过程受阻，表现为具有较高的阳极过电位。此时，铝的腐蚀速度大小取决于其表面钝化膜的完整性。倘若溶液中含有 Cl⁻ 或其他活性离子，钝化膜的完整性就被破坏。一旦膜发生破坏，得不到及时修补，则金属铝在弱酸中的腐蚀速度就会增大。当溶液中有氧存在时，这些有钝化膜存在的金属，如 Al、Ti、不锈钢在弱酸溶液中腐蚀速度会自动减小。这是钝化膜中的缺陷易得到修补，从而恢复钝化膜完整性的缘故。

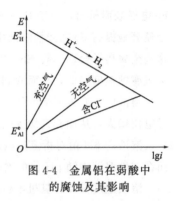

图 4-4　金属铝在弱酸中的腐蚀及其影响

4.1.3.3 混合控制的析氢腐蚀

大多数的钢和铁在析氢腐蚀过程中，由于它们的阴、阳极极化大体相当，因而成为一种阴、阳极混合控制状态的析氢腐蚀。图 4-5 为铁和不同成分的碳钢的析氢腐蚀极化图。从图 4-5 可以看出是阴、阳极混合控制的腐蚀过程，但在给定的电流密度下，碳钢的阴、阳极极化低于纯 Fe，这说明碳钢的析氢腐蚀速度比纯 Fe 大得多。钢中含有杂质 S 时，可使析氢腐蚀速率增大。一方面，可形成 Fe-FeS 局部微电池，加速腐蚀；另一方面，钢中的 S 可溶于酸中，形成 S^{2-}。由于 S^{2-} 极易极化而吸附在铁表面，强烈催化电化学过程，使阴、阳极极化度都降低，从而加速腐蚀。这与少量（大约 9mg/L）硫化物加入酸中对钢的腐蚀起刺激作用的效果

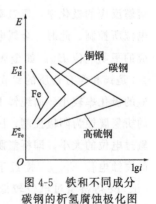

图 4-5　铁和不同成分碳钢的析氢腐蚀极化图

类似。

若含 S 钢中加入 Cu 或 Mn，其主要有两方面作用：一方面是其本身是阴极，可加速 Fe 的溶解；另一方面，可抵消 S 的有害作用。因为溶解的 Cu^+ 又沉积在 Fe 表面，与吸附的 S^{2-} 形成 Cu_2S，在酸中不溶（溶度积为 10^{-48}），因此可消除 S^{2-} 对电化学反应的催化作用。加入 Mn 也可抵消 S 的有害作用，因为一方面可形成低电导的 MnS，另一方面减少了铁中的 S 含量，而且 MnS 比 FeS 更易溶于酸中。

从析氢腐蚀的阴极、阳极和混合控制可看出，腐蚀速率与腐蚀电位间的变化没有简单的相关性。同样使腐蚀速率增加的情况下：阴极控制通常使腐蚀电位变正（图 4-3）；阳极控制使腐蚀电位变负（图 4-4）；混合控制下腐蚀电位可变正，亦可变负，视具体情况而定（图 4-5）。

4.1.4　减小析氢腐蚀的途径

析氢腐蚀多数为阴极控制或阴、阳极混合控制，腐蚀速率主要取决于析氢过电位的大小。因此，为了减小或防止析氢腐蚀，应设法减小阴极面积，提高析氢过电位。对于阳极钝化控制的析氢腐蚀，则应加强其钝化，防止其活化。减小和防止析氢腐蚀的主要途径如下。

① 减少或消除金属中的有害杂质，特别是析氢过电位小的阴极性杂质。溶液中可能在金属上析出的贵金属离子，在金属上析出后提供了有效的阴极。如果在它上面的析氢过电位很小，会加速腐蚀，也应设法除去。

② 加入氢过电位大的成分，如 Hg、Zn、Pb 等。

③ 加入缓蚀剂，增大析氢过电位。如酸洗缓蚀剂若丁（rodine），有效成分为二邻甲苯硫脲。

④ 降低活性阴离子成分，如 Cl^-、S^{2-} 等。

4.2　耗氧腐蚀

4.2.1　耗氧腐蚀的产生条件

在中性和碱性溶液中，由于氢离子的浓度较小，析氢反应的电位较低，一般金属腐蚀过程的阴极反应往往不是析氢反应，而是溶解在溶液中的氧的还原反应。

4.2.1.1　耗氧腐蚀现象

以氧的还原反应为阴极过程的腐蚀，称为耗氧腐蚀（oxygen-consumption corrosion），或氧还原腐蚀，有的书中也称之为吸氧腐蚀。与氢离子还原反应相比，氧还原反应可以在较高的电位下进行。因此，耗氧腐蚀比析氢腐蚀更为普遍。大多数金属在中性和碱性溶液中的腐蚀，少数正电性金属在含有溶解氧的弱酸性溶液中的腐蚀，金属在土壤、海水、大气中的腐蚀都属于耗氧腐蚀。

4.2.1.2　耗氧腐蚀的必要条件与特征

与析氢腐蚀类似，产生耗氧腐蚀也需要满足两个必要条件：①溶液中必须有氧存在；

②腐蚀电池中阳极金属电位 E_A 必须低于氧离子化电位 E_O，即：

$$E_A < E_O \tag{4-7}$$

氧离子化电位 E_O 是指在一定电流密度下，氧平衡电位 E_O^e 和氧离子化过电位 η_O 之差值。如果在温度 25℃，$p_{O_2} = 101325\text{Pa}$ 的情况下，氧标准电位为 $E_O^\ominus$ 时，则：

$$E_O = E_O^e - \eta_O = E_O^\ominus + \frac{RT}{4F} \ln \frac{p_{O_2}}{a_{OH^-}^4} - \eta_O = 1.229 - 0.0591\,\text{pH} - \eta_O \tag{4-8}$$

将式（4-8）代入式（4-7），即可得到：

$$E_A < 1.229 - 0.0591\text{pH} - \eta_O \tag{4-9}$$

如果把式（4-8）与式（4-3）相比较，可以看出，在同一溶液和相同条件下，氧的平衡电位比氢的平衡电位高 1.229V。因此，溶液中只要有氧存在，首先发生的应该是耗氧腐蚀。

实际上金属在溶液中发生电化学腐蚀时，析氢腐蚀和耗氧腐蚀往往会同时存在，只是各自占有的比例不同而已。

但也应看到，氧是不带电荷的中性分子，在溶液中仅有一定的溶解度，并以扩散方式到达阴极。因此，氧在阴极上的还原速度与氧的扩散速度有关，并会产生氧浓差极化。在一定条件下，氧的去极化腐蚀将受氧浓差极化的控制。

由以上分析可知，耗氧腐蚀的主要特征有以下三点：

① 电解质溶液中，只要有氧存在，无论在酸性、中性还是碱性溶液中都有可能首先发生耗氧腐蚀。这是由于在相同条件下氧的平衡电位总是比氢的平衡电位高。

② 氧在稳态扩散时，其耗氧腐蚀速度将受氧浓差极化的控制。氧的离子化过电位将是影响耗氧腐蚀的重要因素。

③ 氧的双重作用主要表现在，对于易钝化金属，可能起着腐蚀剂的作用，也可能起着阻滞剂的作用。

4.2.2 氧的阴极还原过程

4.2.2.1 氧去极化过程的基本步骤

耗氧腐蚀可分为两个基本过程：氧的输送过程和氧分子在阴极上被还原的过程，即氧的离子化过程。

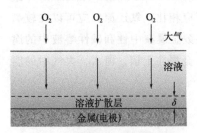

图 4-6 氧的输送过程示意

氧的输送过程包括以下步骤（如图 4-6 所示）：

① 氧通过空气和电解液的界面进入溶液；

② 氧依靠溶液中的对流作用向阴极表面溶液扩散层迁移；

③ 氧借助扩散作用，通过阴极表面溶液扩散层到达阴极表面，形成吸附氧。

氧分子在阴极表面进行还原反应的历程主要包括以下

两种情况：

① 在中性和碱性溶液中，氧的总还原反应为：

$$O_2 + 2H_2O + 4e^- \longrightarrow 4OH^-$$

具体可能由以下一系列步骤组成：

$$O_2 + e^- \longrightarrow O_2^-$$

$$O_2^- + H_2O + e^- \longrightarrow HO_2^- + OH^-$$

$$HO_2^- + H_2O + 2e^- \longrightarrow 3OH^-$$

② 在酸性溶液中，氧的总还原反应为：

$$O_2 + 4H^+ + 4e^- \longrightarrow 2H_2O$$

具体可能分成以下几个基本反应步骤：

$$O_2 + e^- \longrightarrow O_2^-$$

$$O_2^- + H^+ \longrightarrow HO_2$$

$$HO_2 + e^- \longrightarrow HO_2^-$$

$$HO_2^- + H^+ \longrightarrow H_2O_2$$

$$H_2O_2 + H^+ + e^- \longrightarrow H_2O + HO$$

$$HO + H^+ + e^- \longrightarrow H_2O$$

在上述步骤中，任何一个分步骤进行迟缓都会引起阴极极化作用。由于氧为中性分子，不存在电迁移作用，其输送仅能依靠对流和扩散作用。通常在溶液中对流对氧的传输速度远远超过氧的扩散速度，但在靠近电极表面附近，对流速度逐渐减小，在自然对流情况下，稳态扩散层厚度 δ 为 $0.1 \sim 0.5 \text{mm}$，在此扩散层内，氧的传输只有靠扩散进行。因此，现代理论认为，氧电极的极化主要是由氧通过扩散层的缓慢扩散所造成的浓差极化，在加强搅拌或流动的腐蚀介质中，电化学反应缓慢所造成的电化学极化才可能成为控制步骤。对于电化学极化控制的情况，一般认为在中性、碱性溶液中以生成 HO_2^- 最为迟缓，为控制步骤；在酸性溶液中以生成过氧化氢 H_2O_2 最为迟缓，因而成为控制步骤。耗氧还原反应的中间产物有可能是 HO_2^-、H_2O_2，也可能是表面氧化物等。

室温下氧在水中的溶解度非常低，例如，在 20℃ 时，被空气饱和的纯水中大约含 40mg/L 的氧，而在 5℃ 的海水中氧的溶解量约为 9.6mg/L。这样低的氧溶解度使得氧扩散控制的极限扩散电流值很小。如典型情况下，取扩散层有效厚度 $\delta = 0.1 \text{mm}$，氧在水中的扩散系数 $D = 10^{-9} \text{m}^2/\text{s}$，氧在海水中的溶解度 $c^0 = 0.3 \text{mol/m}^3$，氧还原反应中的电子数 $n = 4$，将这些数据代入公式（3-43）可得氧的极限扩散电流约为：

$$i_L = nFD\frac{c^0}{\delta} = (4 \times 96500 \times 10^{-9} \times 0.3)/10^{-4} = 1.16 \ (\text{A/m}^2)$$

该值对于一般工程金属材料，腐蚀速度约为 1mm/a，即在通常的阴极扩散速度限制下的耗氧腐蚀速度是比较低的。然而，对于加强搅拌或流动的水溶液中，尤其是存在海水飞溅作用时，腐蚀速度则会显著增加，金属的腐蚀速率可能由氧的阴极还原反应即氧的离子化反应速率控制。

4.2.2.2 氧还原过程的阴极极化曲线

由于氧的还原反应受到氧向电极表面的输运和氧的离子化过程两方面因素的影响，因此，氧去极化的阴极极化曲线比氢去极化的阴极极化曲线复杂，图 4-7 为氧还原反应的总的阴极极化曲线。根据控制步骤的不同，这条极化曲线可分成四个部分。

① 当阴极极化电流密度 i_C 不大，而且阴极表面供氧充分时，氧离子化反应为控制步骤，氧还原反应的过电位 η_O（或氧离子化极化电位 E_C）与极化电流密度 i_C 之间服从塔菲尔关系式（图 4-7 中 $E_O^e PBC$ 线段）：

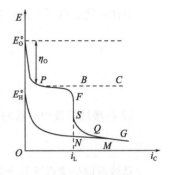

图 4-7 氧还原反应
过程阴极极化曲线

$$\eta_O = a' + b' \lg i_C \tag{4-10a}$$

或

$$E_C = E_O^e - (a' + b' \lg i_C) \tag{4-10b}$$

式中，a' 是一个与阴极材料、表面状态、溶液组成及温度有关的常数；$b' = 2.3RT/(anF)$，设 $T = 295\text{K}$、$\alpha = 0.5$、$n = 1$，则 $b' = 0.118\text{V}$。不同金属上氧的离子化过电位列于表 4-3 中。

表 4-3 不同金属上氧的离子化过电位

金属	离子化过电位/V		金属	离子化过电位/V	
	$i_C = 0.5\text{mA/cm}^2$	$i_C = 1\text{mA/cm}^2$		$i_C = 0.5\text{mA/cm}^2$	$i_C = 1\text{mA/cm}^2$
Pt	0.65	0.70	Sn	1.17	1.21
Au	0.77	0.85	Co	1.15	1.25
Ag	0.87	0.97	Fe_3O_4	1.11	1.26
Cu	0.99	1.05	Cd	1.38	—
Fe	1.00	1.07	Pb	1.39	1.44
Ni	1.04	1.09	Hg	1.80	1.62
石墨	0.83	1.17	Zn	1.67	1.76
不锈钢	1.12	1.18	Mg	约 2.51	约 2.55
Cr	1.15	1.20	氧化处理 Mg	约 2.84	约 2.94

② 当阴极极化电流密度增大，一般大约在 $i_L/2 < |i_C| < i_L$ 时（i_L 为氧的极限扩散电流密度），由于氧浓差极化出现，阴极过电位由氧离子化反应与氧的扩散过程混合控制（即氧离子化电化学极化和氧浓差极化混合控制）。此时，相当于极化曲线的 PF 段，在此区间，过电位 η_O 与电流密度 i_C 及 i_L 之间的关系为：

$$\eta_O = a' + b' \lg i_C - b' \lg\left(1 - \frac{i_C}{i_L}\right) \tag{4-11a}$$

或

$$E_C = E_O^e - (a' + b' \lg i_C) + b' \lg\left(1 - \frac{i_C}{i_L}\right) \tag{4-11b}$$

如果 $i_C \ll i_L$，则上式右边最后一项趋于零，于是回到塔菲尔关系式，说明塔菲尔公式正是在忽略了浓差极化的情况下提出的。

假设 $i_C/i_L < 1$，故最后一项为负值，这说明当出现氧浓差极化时，阴极电位向负方向移动的程度大于没有浓差极化的情况。

③ 随着极化电流 i_C 的增加，由氧扩散控制而引起的氧浓差极化不断加强，使极化曲线更陡地下降，如图 4-7 中 FSN 线段所示。此时，氧浓差过电位 η_O 与阴极电流密度 i_C 的关系为：

$$\eta_O = -\frac{RT}{nF}\ln\left(1-\frac{i_C}{i_L}\right) = -b'\lg\left(1-\frac{i_C}{i_L}\right) \tag{4-12a}$$

或

$$E_C = E_O^e + b'\lg\left(1-\frac{i_C}{i_L}\right) \tag{4-12b}$$

式中，$n=4$，表示参与一个氧分子放电过程的电子数。

式（4-12a）、式（4-12b）是一个表达完全为氧扩散控制的氧浓差极化方程式。当 $i_C = i_L$ 时，$\eta_O \to \infty$，即氧的还原反应过电位完全取决于氧的极限扩散电流密度 i_L，而与电极材料无关。

④ 实际上氧去极化过程中电位的负移不可能无限制地沿 FSN 方向进行下去。因为当阴极电位足够低时，在水溶液中可能发生氢离子还原反应，此时阴极过程将由氧去极化和氢去极化共同组成。如图 4-7 所示，当阴极极化到达氢平衡电位 E_H^e 后，氢离子去极化过程 $E_H^e M$ 就开始与氧的去极化过程加合起来同时进行。极化曲线 SQG 线段表示电极上总的阴极电流密度 i_C 是氧去极化作用的电流密度 i_{O_2} 和氢去极化作用的电流密度 i_{H_2} 的总和，即：

$$i_C = i_{O_2} + i_{H_2} \tag{4-13}$$

总的阴极电流密度中 i_{O_2} 和 i_{H_2} 的比值取决于金属电极的性质和水溶液的 pH 值。

4.2.3　耗氧腐蚀的控制过程及特点

金属发生氧去极化腐蚀时，多数情况下阳极过程发生金属活性溶解，腐蚀过程处于阴极控制之下。氧去极化腐蚀速率主要取决于溶解氧向电极表面的迁移速率和氧在电极表面的放电速率。

① 如果腐蚀金属在溶液中的电位较高，则阳极反应的极化曲线将与氧的阴极还原反应的极化曲线相交于图 4-7 中的 P 点的左边，即阳极曲线与阴极曲线在氧的离子化过电位控制区相交，如图 4-8 中的交点 1。这时的腐蚀电流密度小于氧的极限扩散电流密度的一半，金属表面氧的浓度大于溶液整体中氧的浓度的一半。如果阳极极化率不大，则此时氧离子化反应是腐蚀过程的控制步骤，金属腐蚀的速度主要取决于金属表面上氧的离子化过电位。例如铜置于敞口容器内的中性盐溶液中的腐蚀即属于该情况。

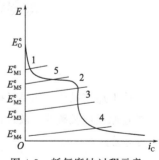

图 4-8　耗氧腐蚀过程示意

② 如果金属在溶液中的电位较低并处于活性溶解状态，而氧向金属表面的扩散与氧在该金属表面上的离子化反应相比是最慢步骤，则阳极极化曲线与阴极极化曲线将相交于氧的扩散控制区。此时腐蚀过程由氧的扩散过程控制，金属腐蚀电流密度等于氧的极限扩散电流密度，如图4-8中的交点2和交点3。锌、铁和碳钢等金属及合金在天然水或中性水溶液中的腐蚀就属于这种情况。

③ 如果金属在溶液中的电极电位很低，例如锰、镁及镁合金，则阳极极化曲线与阴极极化曲线将相交于图4-7中S点的右边，腐蚀的阴极过程由氧去极化反应和氢离子去极化反应共同组成。此时腐蚀电流密度大于氧的极限扩散电流密度，如图4-8中交点4。金属腐蚀速度 $i_C = i_{O_2} + i_{H_2}$，并且 $i_{corr} > i_L$。但是，在氧、氢混合去极化情况下，过电位与电流密度之间的函数关系是复杂的，可采用图解法合成耗氧和析氢反应的阴极极化曲线获得。在此情况下究竟是以耗氧腐蚀为主，还是以析氢腐蚀为主，则取决于金属的性质、溶液的pH值和氧的浓度。例如，铁在充气海水中的腐蚀，耗氧反应占其总的腐蚀电流中的比例达95%，而析氢反应只占5%，但铁在充气的酸性溶液中的腐蚀，其情形正好相反。

④ 在扩散控制的腐蚀过程中，因为腐蚀速度仅由氧的扩散速度决定，所以阳极的平衡电位及阳极曲线的走向对腐蚀速度没有影响，即在氧扩散控制的腐蚀过程中，腐蚀速度与金属本身的性质关系不大。

⑤ 在扩散控制的腐蚀过程中，金属中的阴极性杂质或微阴极的数量增加，对腐蚀速度的增加影响较小。这是因为当微阴极在金属表面分散得比较均匀时，即使阴极的总面积不大，但实际上可以利用来输送氧的溶液体积基本上都已被用于氧向阴极表面扩散了，如图4-9所示。考虑到这种扩散途径，可知继续增加阴极的数量或面积并不会引起扩散过程的显著加强，因而也就不会显著增加腐蚀速度。所以含碳量不同的碳钢在发生氧扩散控制的腐蚀过程时，它们的腐蚀速度基本上相同。

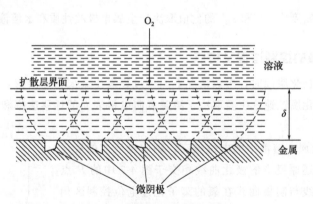

图4-9 氧向微阴极扩散示意

除上述情况外，如果氧扩散速度和氧的阴极还原反应速度相差不多，则金属腐蚀速度由氧的还原反应及氧的扩散过程混合控制。其腐蚀电流密度为 $0.5i_L < i_{corr} < i_L$。如图4-8中交点5的情况。

4.2.4 耗氧腐蚀的影响因素

耗氧腐蚀速度大多由氧的极限扩散电流密度所决定，所以凡是影响 i_L 值的因素都将影响耗氧腐蚀过程。以下就有关因素进行讨论。

4.2.4.1 溶解氧浓度的影响

溶解氧的浓度增大时，氧的极限扩散电流密度将增大，氧离子化反应的速度也将加快，因而耗氧腐蚀的速度也随着增大。但对于可钝化金属，当氧浓度大到一定程度，其腐蚀电流增大到腐蚀金属的致钝电流而使金属由活性溶解状态转为钝化状态时，则金属的腐蚀速度将要显著降低。由此可见，溶解氧对金属腐蚀往往有着双重影响。

图 4-10 表明了当氧的浓度增大时，阴极极化曲线的起始电位要适当正移，氧的极限扩散电流密度也要相应增大，腐蚀电位将升高，非钝化金属的腐蚀速度将由 $i_{corr,1}$ 增大到 $i_{corr,2}$。对于易钝化金属而言，氧浓度变化时所产生的作用要复杂得多（详见钝化章节的介绍）。

4.2.4.2 溶液流速的影响

在氧浓度一定的条件下，极限扩散电流密度与扩散层厚度 δ 成反比。溶液流速增大，扩散层厚度减小，氧的极限扩散电流密度就增大，由此通常导致金属的腐蚀速度增大。

由图 4-11 中可见，在层流区内，腐蚀速度随溶液流速的增加而缓慢上升；当从层流转为湍流时，腐蚀速度急剧上升。在湍流区内，开始时腐蚀速度随溶液流速增加很快上升，但当氧的极限扩散电流密度由于流速增加达到一定程度，以至于阴极极化曲线不再与阳极极化曲线在氧的扩散控制区相交时，腐蚀速度就不再随流速增加了。当流速进一步增加到很大程度时，在高速流体作用下金属或合金将发生空泡腐蚀（见应力作用下的腐蚀章节介绍）。腐蚀速度将再次随流速增大而增加。

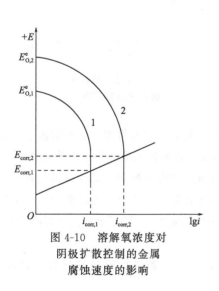

图 4-10　溶解氧浓度对
阴极扩散控制的金属
腐蚀速度的影响

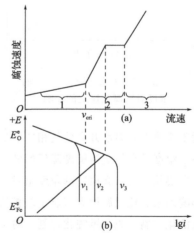

图 4-11　流速对耗氧腐蚀速度的影响
（a）流速对腐蚀速度和类型的影响；
（b）不同流速时的耗氧腐蚀图；
1—层流区全面腐蚀；2—湍流区湍流腐蚀；
3—高速流区空泡腐蚀；图中流速 v_{cri} 为引起
湍流的临界流速，且流速 $v_3 > v_2 > v_{cri} > v_1$

搅拌作用的影响与溶液流速的影响类似。扩散层厚度 δ 与溶液相对于金属（电极）表面的切向流速有关，搅拌作用会增加切向流速而使扩散层厚度减小，从而增大极限扩散电流密度，使腐蚀速度上升。搅拌作用对腐蚀速度的影响与图 4-11（b）的情形非常相似。

上述讨论是针对活化金属的，然而，溶液流速或搅拌对于有钝化倾向的金属或合金的腐蚀行为则有特殊的影响，具体详见有关金属钝化章节的介绍。

4.2.4.3 盐浓度的影响

溶液中盐浓度对金属的腐蚀速度有双重影响。一方面随着盐浓度的增加，由于溶液电导率的增大，腐蚀速度通常会有所上升；另一方面，溶液中盐浓度的增大，会使溶解氧的量减少，对于阴极为耗氧腐蚀控制的情况，腐蚀速度则会降低。这两个相反的影响作用使得腐蚀速度出现图 4-12 所示的情况，即在中性水溶液中，当氯化钠达到质量分数 3％（相当于海水中氯化钠的含量）时，铁的腐蚀速度达到最大值。随着氯化钠的浓度进一步增加时，因氧的溶解度显著降低，铁的腐蚀速度反而下降。

4.2.4.4 温度的影响

溶液温度升高将使氧的扩散过程和电极反应速度加快，因此在一定的温度范围内，腐蚀速度将随温度的升高而加快。但是对于开放系统，温度升高使溶液中氧的溶解度降低，这将导致腐蚀速度下降。所以在开放系统中，铁的腐蚀速度约在 80℃ 达到最大值，然后则随温度的升高而下降（如图 4-13 所示）。

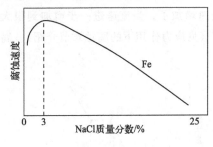

图 4-12　25℃ 下水溶液中 NaCl 的
浓度对铁腐蚀速度的影响

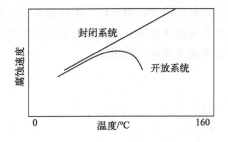

图 4-13　温度对铁在水中
腐蚀速度的影响

在封闭系统中，温度升高使气相中氧的分压增大，氧分压增大将增加氧在溶液中的溶解度，抵消了温度升高使氧溶解度降低的效应，因此腐蚀速度将随温度的升高而单调增大。

以上主要从溶液（介质）的角度出发，讨论了以氧的扩散为控制步骤的腐蚀过程中的几个主要影响因素。耗氧腐蚀大多属于氧扩散控制的腐蚀过程，但也有一部分属于氧离子化反应控制（活化控制）或阳极钝化控制。对于后面这两种腐蚀过程，除了上述几个影响因素外，还应考虑金属材料和表面状态的影响。

在讨论了析氢腐蚀与耗氧腐蚀的一般规律后，可对二者进行简单的比较，如表 4-4 所示。

表 4-4　耗氧腐蚀与析氢腐蚀的比较

比较项目	析氢腐蚀	耗氧腐蚀
去极化剂的性质	氢离子，可以对流、扩散和电迁移三种方式传质，扩散系数很大	中性氧分子，只能以对流和扩散传质，扩散系数较小
去极化剂的浓度	浓度大，酸性溶液中氢离子作为去极化剂，中性或碱性溶液中水分子作为去极化剂	浓度较小，在室温及普通大气压下，在中性水中的饱和浓度约为 $10^{-4}mol/L$，随温度升高和盐浓度增加，溶解度将下降
阴极反应产物	氢气，以气泡形式析出，使金属表面附近液得到附加搅拌	水分子或氢氧根离子，以对流、扩散或迁移离开金属表面，没有附加搅拌作用
腐蚀的控制类型	阴极控制、混合控制和阳极控制都有，阴极控制较多见，并且主要是阴极的活化极化控制	阴极控制居多，并且主要是氧扩散控制，阳极控制和混合控制的情况比较少
合金元素或杂质的影响	影响显著	影响较小
腐蚀速度的大小	在不发生钝化现象时，因氢离子的浓度和扩散系数都较大，所以单纯析氢腐蚀速度较大	在不发生钝化现象时，因氧的溶解度和扩散系数都很小，所以单纯耗氧腐蚀速度较小

思考题与习题

1.什么是析氢腐蚀？析氢腐蚀发生的必要条件是什么？析氢腐蚀有哪些特征？

2.Tafel 关系式中 a、b 值的物理意义是什么？影响析氢过电位的因素有哪些？

3.什么是耗氧腐蚀？耗氧腐蚀具有哪些特征？影响耗氧腐蚀的因素有哪些？

4.试分析比较工业锌在中性 NaCl 和稀盐酸中的腐蚀速度及杂质的影响。

5.已知 Cu、Pd、Pb 三种金属在某种酸介质中测得的 a 值分别为 0.87V、0.24V、1.56V，b 值分别为 0.12V、0.03V、0.11V。试求 $i=0.1A/cm^2$ 时各金属的 η_H 值。

6.写出下列各小题的阳极和阴极反应式：

(1) 铜和锌连接起来，且浸入质量分数为 3% 的 NaCl 水溶液中。

(2) 在 (1) 中加入少量盐酸。

(3) 在 (1) 中加入少量铜离子。

(4) 铁全浸在淡水中。

7.已知在 pH=1.0 的不含空气的 H_2SO_4 中，铂以 $0.01A/cm^2$ 的电流密度阴极极化时，其电位相对于饱和甘汞电极为 $-0.334V$；当以 $0.1A/cm^2$ 的电流密度阴极极化时，则电位为 $-0.364V$，试计算在这个溶液中 H^+ 在铂电极上释放电荷反应的 α 值和交换电流密度值。

8.铁在 25℃、无氧的盐酸（pH=3）中的腐蚀速度为 $30mg/(dm^2 \cdot d)$，已知铁上氢过电位常数 $b_c=0.1V$，交换电流密度 $i^0=10^{-6}A/cm^2$。计算铁在此介质中的腐蚀电位及 α 值（设阴、阳极面积相等）。

9.已知水以 40L/min 的速度流入钢制管道，并且水中含有 5.50mL/L 的氧（25℃，101325Pa），水离开管道时的含氧量降为 0.15mL/L。假设所有的腐蚀集中发生在面积为

$30m^2$ 的形成 Fe_2O_3 的加热区，试求腐蚀速度 [以 $g/(m^2 \cdot d)$ 为单位]。

10. 铁在中性溶液中发生耗氧腐蚀，受氧扩散控制，实验测得腐蚀速度为 $0.12mm/a$，适当搅拌溶液，其腐蚀速度增加到 $0.3mm/a$，而腐蚀电位正移 $20mV$。假设整体溶液中氧的溶解度为 $40mg/L$，氧在溶液中的扩散系数 $D=10^{-9}m^2/s$。试求铁阳极反应塔菲尔斜率 b 值及溶液搅拌前后的扩散层厚度 δ。

第 5 章

金属的钝化

本章导读

　　了解钝化现象，理解钝化理论，能运用钝化原理对金属腐蚀进行控制。掌握钝化理论中成相膜理论和吸附理论的异同点，熟悉影响金属钝化的因素。自钝化的条件、阳极钝化的极化曲线为本章的重点。

5.1 钝化原理

5.1.1 钝化现象

　　标准电位序中一些较活泼的金属，在某些特定的环境介质中会变为惰性状态。例如，铁在稀硝酸中腐蚀很快，其腐蚀速度随硝酸浓度的增加而迅速增大；当硝酸浓度增加到30%～40%时，腐蚀速度达到最大值；若继续增大硝酸浓度（＞40%），铁的腐蚀速度会急剧下降，直到反应接近停止（图5-1）。这时金属变得很稳定，即使再放在稀硝酸中也能保持一段时间的稳定。铁在浓硝酸中或经过浓硝酸处理后失去了原来的化学活性，这一现象称为钝化（passivation）。

　　当金属在溶液中发生电化学反应时，溶液的成分或是直接同电极表面的金属原子结合，或是同金属的活性阳极溶解产物结合从而形成覆盖于金属电极表面上的新相，通常称之为表面膜。如果表面形成的膜是能够抑制金属溶解的，而且膜层本身在腐蚀介质中的溶解速率又非常小，能够使金属的阳极溶解速率维持在很小的数值，则称这层表面膜为钝化膜。

　　其他金属如 Cr、Ni、Co、Mo、Ta、Nb、W、Ti 等也具有这种钝化现象。除浓硝酸外，其他强氧化剂如硝酸钾、重铬酸钾、高锰酸钾、硝酸银、氯酸钾等也能引起一些金属钝化，甚至非氧化性介质也能使某些金属钝化，如镁在氢氟酸中。大气和溶液中的氧也是一种钝化剂。应当指出，钝化的发生并不单纯取决于钝化剂氧化能力的强弱，例如，过氧化氢或高锰酸钾溶液的氧化-还原电位比重铬酸

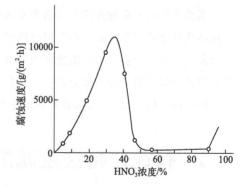

图 5-1　工业纯铁的腐蚀速度与硝酸浓度的关系

钾溶液的氧化-还原电位要正。按理说，它们是更强的氧化剂，但实际上它们对铁的钝化作用却比重铬酸钾弱。过硫酸盐的氧化-还原电位比重铬酸钾的更正，但却不能使铁钝化。这与阴离子的特性对钝化过程的影响有关。

金属处于钝态时，其腐蚀速率非常低。由活化态转入钝态时，腐蚀速率一般将减少几个数量级。这主要是由于腐蚀体系中的金属表面形成了一层极薄的钝化膜。钝化膜厚度一般在 $10 \sim 100 Å$（$1Å = 0.1 nm$），随金属而异。经同样浓硝酸处理的碳钢、铁和不锈钢表面上的钝化膜厚度分别为 $100Å$、$30Å$ 和 $10Å$ 左右。不锈钢的钝化膜最薄，但却最致密，保护作用最好。

金属材料在服役过程中受到物理或化学作用发生钝化膜破损后，原有的电化学体系动态平衡遭到破坏，在钝化膜破裂处基体暴露位置将重新出现活性阳极溶解区而再次发生钝化过程，使破裂的钝化膜发生自修复，这个过程称为金属的再钝化过程。溶液环境中发生的金属钝化或再钝化过程是一个具有电荷传递和离子传输特征的电化学过程。金属发生再钝化时，金属基体性质并没有改变，而是金属表面在溶液中的稳定性发生了显著变化。

5.1.2 化学钝化

金属受到某些化学试剂（包括空气和含氧溶液）的作用而发生钝化现象，称之为化学钝化。能使金属发生化学钝化的化学试剂，称为钝化剂。例如铬、铝、钛等金属在空气中和很多种含氧的溶液中都易被氧所钝化，故称为自钝化金属。

金属变为钝态时，金属的电极电位朝正的方向移动，钝化可使金属的电位向正移动 $0.5 \sim 2V$。例如，铁钝化后电位由 $-0.5 \sim +0.2V$ 升高到 $+0.5 \sim +1.0V$；铬钝化后电位由 $-0.6 \sim +0.4V$ 升高到 $+0.8 \sim +1.0V$。金属钝化后电极电位向正方向移动很多，这是金属转变为钝态时出现的一个普遍现象。钝化金属的电位接近贵金属的电位。因此曾有人对钝化下这样的定义：当活泼金属的电极电位变得接近于惰性的贵金属（如 Pt、Au）的电位时，活泼的金属就钝化了。由于电位升高，钝化后的金属失去它原有的某些特性，例如钝化后的铁在铜盐溶液中不能将铜置换出来。

5.1.3 电化学钝化

某些金属在一定的介质中（通常不含有 Cl^-），当外加阳极电流超过一定数值后，可使金属由活化状态转变为钝态，称为阳极钝化或电化学钝化。例如，18-8 型不锈钢在 30% 的硫酸中会发生溶解。但若外加电流使其阳极极化，当极化到 $-0.1V$（SCE）时，不锈钢的溶解速度将迅速下降至原来的数万分之一，并且在 $-0.1 \sim 1.2V$（SCE）范围内一直保持着高的稳定性。Fe、Ni、Cr、Mo 等金属在稀硫酸中均可因阳极极化而引起钝化。

5.2 有钝化特性金属的极化曲线

图 5-2 所示是用控制电位法测得的典型的具有钝化特征的金属电极的阳极极化曲线。它

揭示了金属活化、钝化的各特性点和特性区。从图中可以看出，从 A 点开始，电流随着电位变正而迅速增加，在 B 点处到达最大值。在 BC 电位范围内，随着电位的增加，电流开始大幅下降，到达 C 点后稳定在很小的数值。整个 CD 段，电流几乎不随电位的改变而发生变化，直到超过 D 点，电流又开始随着电位升高而增大。图中的整条阳极极化曲线被四个特征电位值（金属电极的开路电位 E_{corr}、致钝电位 E_{pp}、初始稳态钝化电位 E_p 及过钝化电位 E_{tp}）分成五个区段。各区段的特点如下：

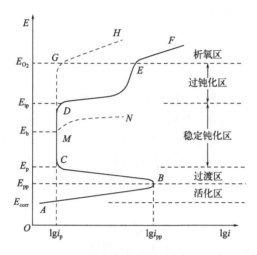

图 5-2　金属钝化过程的阳极极化曲线

① AB 区：从 E_{corr} 至 E_{pp} 为金属电极的活化区（active region）。金属按正常的阳极溶解规律进行，金属以低价的形式溶解为水化离子。

$$M + mH_2O \longrightarrow M^{n+} \cdot mH_2O + ne^-$$

对铁来说，即为：

$$Fe \longrightarrow Fe^{2+} + 2e^-$$

曲线从电位 E_{corr} 出发，电流随电极电位升高而增大，溶解速度受活化极化控制，基本上服从塔菲尔方程式。当电极电位达到 E_{pp} 时，金属的阳极溶解电流密度达到最大值 i_{pp}。

② BC 区：从 E_{pp} 至 E_p 为活化-钝化过渡区。当电极电位到达某一临界值 E_{pp} 时，金属的表面状态发生突变，金属开始钝化，这时阳极过程按另一种规律沿着 BC 向 CD 过渡，电流密度急剧下降。在金属表面可生成二价到三价的过渡氧化物：

$$3M + 4H_2O \longrightarrow M_3O_4 + 8H^+ + 8e^-$$

对于铁，即为：

$$3Fe + 4H_2O \longrightarrow Fe_3O_4 + 8H^+ + 8e^-$$

对应于 B 点的电位和电流密度分别称为致钝电位 E_{pp}（passivating potential）和致钝电流密度 i_{pp}（passivating current density）。这标志着金属钝化的开始，具有特殊的意义。此区的金属表面处于不稳定状态。从 E_{pp} 至 E_p 电位区间，有时电流密度出现剧烈振荡。其真正原因目前还不十分清楚。E_p 与 Flade 电位❶（用 E_F 表示）往往十分接近，难以区分。对已经处于钝化状态的金属来说，将电极电位从高于 E_p 电位区负移到 E_p 附近时，金属表面将从钝化状态转变为活化状态，对应转变点的电位即所谓 Flade 电位或活化电位。Flade 电位是金属钝态稳定性的度量，一般来说，Flade 电位越正，钝态越不稳定。

③ CD 区：从 E_p 至 E_{tp}，金属处于稳定钝态，故称为稳定钝化区（passive region）。金属表面生成了一层耐蚀性好的钝化膜（passive film）：

$$2M+3H_2O \longrightarrow M_2O_3+6H^++6e^-$$

对于铁，则为：

$$2Fe+3H_2O \longrightarrow \gamma\text{-}Fe_2O_3+6H^++6e^-$$

对于 C 点，有一个使金属进入稳定钝态的电位，称为初始稳态钝化电位 E_p，并延伸到电位 E_{tp}，从而形成 $E_p \sim E_{tp}$ 的维钝电位区。它们对应有一个很小的电流密度，称为维钝电流密度 i_p。金属以 i_p 速度溶解着，它基本上与维钝电位区的电位变化无关，即不再服从金属腐蚀动力学方程式。显然，在这里金属氧化物的化学溶解速度决定了金属的溶解速度。金属按上式反应来补充膜的溶解。故维钝电流密度是维持稳定钝态所必需的电流密度。因此，E_p、i_p 是钝化过程的重要参数。

④ DE 区：电位高于 E_{tp} 的区域，称为过钝化区（transpassivation region）。当电极电位进一步升高，电流再次随电位的升高而增大，金属钝化膜可能氧化生成高价的可溶性氧化物。

$$M_2O_3+4H_2O \longrightarrow M_2O_7^{2-}+8H^++6e^-$$

钝化膜被破坏后，腐蚀又重新加剧，这种现象称为过钝化。对应于 D 点，金属氧化膜破坏的电位 E_{tp} 称为过钝化电位。

⑤ EF 区：该区为氧的析出区，即当电极电位升高到氧的析出电位后，电流密度进一步增大，这是发生了下述氧的析出反应的结果：

$$4OH^- \longrightarrow O_2+2H_2O+4e^-$$

对于某些体系，不存在 DE 过渡区，直接达到 EF 的析氧区，如图中的虚线 DGH 所示，即 D 点以后的电流密度增大，纯粹是 OH^- 放电引起的，这不称为过钝化。只有金属的高价溶解（或和氧的析出同时进行）才叫过钝化。

对于有的体系虽然能发生钝化，但随着电极电位的正移，局部在尚未达到过钝化电位 E_{tp} 时，金属表面的某些点出现了钝化膜的局部破坏，此处金属发生活性溶解，由此导致阳极电流密度增大，阳极极化曲线上没有过钝化区，呈现出图 5-2 中的 $ABCMN$ 的形式。M 点对应的电位 E_b 称为点蚀电位或击穿电位，此时金属表面将萌生腐蚀点。

综上所述，阳极钝化的特性曲线至少有以下两个特点：

① 整个阳极钝化曲线通常存在着四个特征电位（E_{corr}、E_{pp}、E_p、E_{tp}）、五个特征区（活化溶解区、活化-钝化过渡区、稳定钝化区 $E_p \sim E_{tp}$、过钝化区、氧析出区）和两个特征电流密度（i_{pp}、i_p），成为研究金属或合金钝化的重要指标。

---

❶ 弗拉德（Flade）电位，即再活化电位，是在给定的试验条件下，导致金属去钝化的最大电极电位值。

② 金属在整个阳极极化过程中，由于它们的电极电位所处的范围不同，其电极反应不同，腐蚀速度也各不一样。如果金属的电极电位保持在钝化区内，即可极大地降低金属的腐蚀速度。如果控制在其他区域，腐蚀速度就可能很大。

此外，由于外加电流可促使某些金属发生阳极钝化，如果将金属的电位控制在稳定的钝化区内，就可防止金属发生活性溶解或过钝化溶解，使金属得到保护。

5.3 金属的自钝化

某些金属在一定环境中发生自钝化现象，这种钝化主要是由腐蚀介质中氧化剂（去极化剂）的还原而促成的金属钝化，即自钝化或化学钝化。为了实现金属的自钝化，介质中的氧化剂必须满足以下两个条件：①氧化剂的氧化-还原平衡电位要高于该金属的初始稳态钝化电位，即 $E_c^e > E_p$；②氧化剂的还原反应的阴极极限扩散电流密度，必须大于金属的致钝电流密度，即 $i_L > i_{pp}$。只有满足了这两个条件，才能使金属进入钝化状态。下面讨论易钝化金属在不同介质中的腐蚀行为。设金属的阳极极化曲线为图 5-3 所示的 $ABCDE$ 简化形式，金属的腐蚀状态因介质中阴极去极化剂氧化性和浓度的不同可分为 Ⅰ、Ⅱ、Ⅲ、Ⅳ 四种情况。

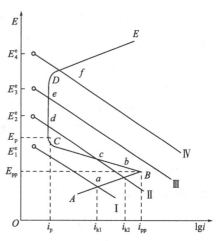

图 5-3　易钝化金属在氧化能力不同的介质中的钝化行为

① Ⅰ代表氧化剂的氧化性很弱的情况。阴、阳极极化曲线只相交于一个 a 点，该点处于金属的活化区，金属不能自发进入钝态。例如铁在稀硫酸中的腐蚀和钛在不含空气的稀盐酸和稀硫酸中的腐蚀均属于这种情况。

② Ⅱ代表氧化剂的氧化性较弱或氧化剂浓度不高时的情况。阴、阳极极化曲线相交于三个交点。b 点在活化区，c 点在活化-钝化过渡区，d 点在钝化区。若金属原先处于 b 点的活化状态，则它在该介质中不会钝化，而以 i_{k_2} 的速度进行腐蚀；如果金属原先处于 d 点钝化状态，那么它也不会活化，将以维钝电流密度 i_p 的速度腐蚀。如果金属处于 c 点过渡区，该点的电位是不稳定的，在开始时处于钝态的金属，一旦由于某种原因活化了，则金属在这种介质中不可恢复钝态。例如不锈钢在不含氧的酸中，钝化膜被破坏后得不到修复，可导致金属的局部腐蚀。

③ Ⅲ代表中等浓度的氧化剂的情况。例如中等浓度的硝酸，含有 Fe^{3+}、Cu^{2+} 的 H_2SO_4 等。此时，阴、阳极极化曲线只有一个交点 e，并且处于稳定钝化区。所以，只要将金属（或合金）浸入介质，它将与介质自然作用而成为钝态，即发生自钝化。从耐蚀性观点看，这是我们所希望的。例如铁在中等浓度的硝酸中、不锈钢在含有 Fe^{3+} 的 H_2SO_4 中以及高铬合金在 H_2SO_4、HCl 中的腐蚀行为等均属于这种情况。这种情况的发生是由于介质的氧化性强，如 HNO_3 的阴极还原反应为：

$$NO_3^- + 2H^+ + 2e^- \longrightarrow NO_2^- + H_2O$$

该反应进行较剧烈，且 NO_3^- 还原为 NO_2^- 的平衡电位又很高（pH = 0，$E_{NO_2^-/NO_3^-}^e = +0.94V$），远高于电位 E_p，微电池的作用足以使阴极极化电流密度超过致钝电流密度，即 $i_{C_3} > i_{pp}$，满足自钝化的两个条件，进入钝化区，不产生析氢腐蚀。

④ Ⅳ代表强氧化剂的情况。如碳钢和不锈钢在浓 HNO_3 中，由于 HNO_3 浓度增加，NO_3^- 还原的平衡电位移向更高值，阴极极化曲线的位置也更高，所以阴、阳极极化曲线相交于 f 点的过钝化区。此时，钝化膜被溶解，故碳钢、不锈钢不能在过浓的硝酸中使用。

由于图 5-3 所示的金属的阳极极化曲线为理想（或理论）极化曲线，而实验中实测的极化曲线是理想阳极极化曲线与介质中的去极化剂在该金属上还原反应的阴极极化曲线合成而得到的表观阳极极化曲线，实测阳极极化曲线所对应的外加阳极电流，等于理想电极阳极电流与去极化剂的阴极反应电流之差。因此金属的实测阳极极化曲线在上述几种条件下具有不同的表观形式，图 5-4 对比了上述Ⅰ、Ⅱ、Ⅲ情况下的理想极化曲线与实测极化曲线形式的异同。从图中可以看出，金属钝态的稳定性与阴极极化有密切的关系。实测阳极极化曲线的起始电位对应着腐蚀体系的混合电位（自腐蚀电位），即理想极化曲线图中阴、阳极极化曲线的交点位置。图中第Ⅰ种情况下，两种类型的阳极极化曲线形式一致；在第Ⅱ种情况中，实测极化曲线出现了负电流情况（c、d 之间），这是由于腐蚀系统的还原速度此时大于氧化速度；在第Ⅲ种情况下，阴极电流密度超过了阳极的致钝电流密度，因而金属可以自发钝化，实测阳极极化曲线从腐蚀电位 E_{corr} 开始，单调地随着电位的升高而增大。

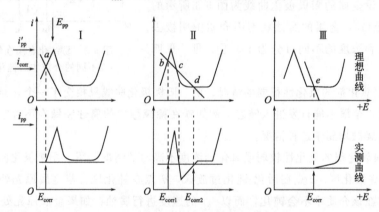

图 5-4　去极化剂还原情况对金属钝态稳定性的影响

金属在腐蚀介质中自钝化的难易程度，不仅与金属本性有关，同时还受金属电极上还原过程的条件所控制，较常见的有电化学反应控制的还原过程引起的自钝化。

这里以 Fe 或 Ni 在硝酸中的腐蚀情况（图 5-5）为例。当 Fe 在稀 HNO_3 中，因 H^+ 和 NO_3^- 的氧化能力或浓度都不够高，因而阴极还原速度（i_{c,H^+} 或 i_{c,NO_3^-}）较小，这样就不足以使 Fe 的阳极极化提高到 Fe 的阳极初始钝化电位（$E_{pp,Fe}$）和致钝电流密度（$i_{pp,Fe}$），因此腐蚀电位不能进入钝化区，只能落在位于活化区的极化曲线的交点"1"和"2"，使 Fe 遭受严重的析氢腐蚀和 NO_3^- 去极化腐蚀。如果提高硝酸浓度的话，则 NO_3^- 的平衡电位正移至 $E_{c,NO_3^-}^{'e}$，阴极还原反应电流密度升高到 i_{c,NO_3^-}' 并超过 Fe 钝化所需要的致钝电流密度 $i_{pp,Fe}$，

即 $E'^{e}_{c,NO_3^-} > E_{pp,Fe}$，$i'_{c,NO_3^-} > i_{pp,Fe}$，使阴、阳极极化曲线相交于处在 Fe 钝化区的"3"点，此时，Fe 进入钝化区，Fe 的腐蚀电流密度很小，达到 Fe 的维钝电流密度 $i_{p,Fe}$（即 i_3）。可是，在这种情况下，对于致钝电位较高的 Ni 来说，却反而交于"4"点，进入活化区，其腐蚀电流密度为 i_4。由此可见，对于金属腐蚀，不是所有氧化剂都能作为钝化剂，只有满足初始还原电位高于金属阳极初始稳态钝化电位（E_p）和 $i_c > i_{pp}$ 的氧化剂，才有可能使金属产生自钝化。

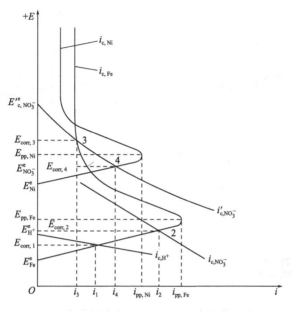

图 5-5　氧化剂浓度和金属材料对自钝化的影响

若金属的阴极过程由扩散控制，则金属自钝化不仅与进行阴极还原的氧化剂浓度有关，而且还与影响扩散的多种因素，如金属运动、介质流动和搅拌有关。由图 5-6 可见，当氧浓度不够大时，氧还原反应平衡电位较低，氧的极限扩散电流密度也小于致钝电流密度，即 $i_{L1} < i_{pp}$，因而阴、阳极极化曲线交点 1 落在活化区，金属 Fe 以 i_1 速度不断溶解；若提高氧浓度，氧的平衡电位由 $E^e_{1,O}$ 正移至 $E^e_{2,O}$，氧极限扩散电流密度增大至 i_{L2}，大于钝化所需要的致钝电流密度 i_{pp}，即 $i_{L2} > i_{pp}$。此时，极化曲线交点 2 落在钝化区，使金属 Fe 进入钝化状态，并以极小的 i_p 速度进行溶解。因此，在介质中不同浓度的氧可以产生不同的效果，一方面氧可作为去极化剂而使金属溶解；另一方面氧达到一定浓度时，又可与溶解产物结合生成相应的钝化膜，阻止金属进一步溶解，发生表面钝化，起到钝化剂的作用。同理，若提高介质同金属表面的相对运动速度（如增加搅拌），可使扩散层减薄而提高氧的传递速度，同样能达到 $i_L > i_{pp}$ 的目的（图 5-7）。此时，阴、阳极极化曲线交点由 1 变成交点 2，使金属进入钝化状态。由此可见，溶解氧具有双重作用。对非钝化金属来说，除氧可减轻金属腐蚀。但对易钝化金属，不恰当地除氧，将使像不锈钢、钛等金属的钝化膜破坏后得不到及时修补，反而会增加这些耐蚀性金属的腐蚀倾向。

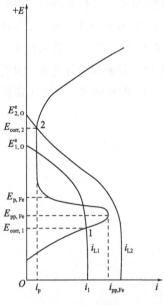

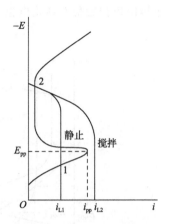

图 5-6　阴极扩散控制时氧化剂　　　　图 5-7　搅拌对钝化的影响
　　　　浓度对金属钝化的影响

5.4　钝化理论

　　金属钝化是一种界面现象，并没有改变金属本体的性能，只是使得金属表面在介质中的稳定性发生变化。金属由活化状态转变为钝态是一个相当复杂的暂态过程，其中涉及电极表面状态的不断变化、表面液层中的扩散和电迁移过程以及新相的析出过程等。前面介绍的诸多因素又都可影响上述各过程的进行。因此，直到现在还没有一个完整的理论来解释所有的金属钝化现象。目前比较为大多数人所接受的解释金属钝化现象的主要理论有两种，即所谓成相膜理论和吸附理论。

5.4.1　成相膜理论

　　成相膜理论认为，金属钝态是由于金属和介质作用时在金属表面生成一层非常薄的、致密的、覆盖性良好的保护膜，这种保护膜作为一个独立相存在，并把金属与溶液机械地隔开，使金属的溶解速度大大降低，亦即使金属转变为钝态。

　　这种保护膜通常是金属的氧化物。在某些金属上可直接观察到膜的存在，并能测定其厚度和组成。例如使用 I_2 和 KI 甲醇溶液作溶剂，便可以分离出铁的钝化膜。使用比较灵敏的光学方法（如椭圆偏振仪），可不必把膜从金属表面分离也能测定其厚度。近年来运用 X 光衍射仪、X 光电子能谱仪、电子显微镜等表面测试仪器对钝化膜的成分、结构和厚度进行了广泛的研究。一般膜的厚度在 $1\sim10nm$，具体与金属材料有关。如 Fe 在浓 HNO_3 中的钝化膜厚度为 $2.5\sim3.0nm$，碳钢为 $9\sim10nm$，不锈钢为 $0.9\sim1nm$。不锈钢的钝化膜最薄，但最致密、保护性最好。Al 在空气中氧化生成的钝化膜厚度为 $2\sim3nm$，也具有良好的保护性。Fe 的钝化膜是 $\gamma\text{-}Fe_2O_3$、$\gamma\text{-}FeOOH$，Al 的钝化膜是无孔的 $\gamma\text{-}Al_2O_3$ 或多孔的 $\beta\text{-}Al_2O_3$。除此以外，在一定条件下，铬酸盐、磷酸盐、硅酸盐、硫酸盐、氯化物和氟化物也能构成钝化膜。如 Pb 在 H_2SO_4 中生成 $PbSO_4$、Mg 在氢氟酸中生成 MgF_2 等。

应当指出，金属处于稳定钝态时，并不等于它已经完全停止溶解，而只是溶解速度大大降低而已。这一现象有人认为是因钝化膜具有微孔，钝化后金属的溶解速度是由微孔内金属的溶解速度所决定。但也有人认为金属的溶解过程是透过完整膜而发生的。在这一理论中认为膜的溶解是一个纯粹的化学过程，因而其进行速度与电极电位无关。这一结论在大多数情况下和实验结果是相符的。

但是，若金属表面被厚的保护层遮盖，如被金属的腐蚀产物、氧化层、磷化层或涂漆层等所遮盖，则不能认为是金属薄膜钝化。

然而，能够生成一种具有独立相的钝化膜的先决条件是在电极反应中能够生成固态反应产物。可以利用电位-pH 图来估计简单溶液中生成固态物的可能性。大多数金属在强酸性溶液中生成溶解度很大的金属离子，部分金属在碱性溶液中也可生成具有一定溶解度的酸根离子（如 ZnO_2^{2-}、$HFeO_2^-$、PbO_2^{2-} 等），而在近中性溶液中阳极产物的溶解度一般很小，故易于实现钝化。

5.4.2 吸附理论

吸附理论认为，金属钝化并不需要在金属表面生成固相的成相膜，而只要在金属表面或部分表面上生成氧或含氧粒子的吸附层就足够了。一旦这些粒子吸附在金属表面上，就会改变金属-溶液界面的结构，并使阳极反应的活化能显著提高而产生钝化。与成相膜理论不同，吸附理论认为金属能够呈现钝化的根本原因是金属表面本身反应能力的降低，而不是膜的机械隔离作用，钝化膜是金属出现钝化后产生的结果。这种理论首先由德国人塔曼（Tamman）提出，后为美国人尤利格（Uhlig）等加以发展。

吸附理论的主要实验依据是用测量界面电容的结果来揭示界面上是否存在成相膜。若界面上生成哪怕是很薄的膜，其界面电容值也应比自由表面上双电层电容的数值小得多。测量结果表明，在 Ni 和 18-8 不锈钢上相应于金属阳极溶解速度大幅度降低的那一段电位内，界面电容值的改变不大，它表示氧化膜并未完全形成。另外，测量电量的结果表明，在某些情况下为了使金属钝化，只需要在每平方厘米电极表面上通过十分之几毫库仑的电量，而这些电量甚至不足以生成氧的单分子吸附层，例如在 0.05mol/L NaOH 中用 $1\times10^{-5}A/cm^2$ 的电流密度极化铁电极时，只需要通过相当于 $3mC/cm^2$ 的电量就能使铁电极钝化。而在 $0.01\sim$ 0.03mol/L KOH 中用大电流密度（$>100mA/cm^2$）对 Zn 电极进行阳极极化，只需要通过不到 $0.5mC/cm^2$ 的电量，即可使 Zn 电极钝化。又如 Pt 在盐酸中，只要有 6% 的表面充氧，就可使 Pt 的溶解速度降低为 1/4，若有 13% 的 Pt 表面充氧，则其溶解速度会降低至低入 1/16。

以上实验事实都证明金属表面的单分子吸附层不一定能将金属表面完全覆盖，甚至可以是不连续的。因此，吸附理论认为，只要在金属表面最活泼的、最先溶解的表面区域上（例如金属晶格的顶角或边缘或者在晶格的缺陷、畸变处）吸附着氧单分子层，便能抑制阳极过程，使金属产生钝化。

在金属表面吸附的含氧粒子究竟是哪一种，则要由腐蚀体系中的介质条件来决定。可能是 OH^-，也可能是 O^{2-}，更多的人认为可能是氧原子。

关于氧吸附层的作用有几种解释：

① 从化学角度解释，认为金属表面原子的不饱和键在吸附了氧以后变饱和了，使金属表面原子失去了原有的活性，金属原子不再从其晶格中移出，从而出现钝化。这种观点特别适用于过渡金属（如 Fe、Ni、Cr 等），因为它们的原子都具有未填满的 d 电子层，能和有未配对电子的氧形成强的化学键，导致氧的吸附。这样的氧吸附层称为化学吸附层（chemical absorption layer），以区别低能的物理吸附层（physical absorption layer）。

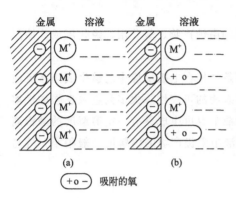

图 5-8　吸附氧前后的双电层结构
（a）金属离子平衡电位差（平衡电位）
（b）吸附氧后形成电位差（氧吸附电位）

② 从电化学角度解释，认为金属表面吸附氧之后改变了金属与溶液界面的双电层（electric double layer）结构，所吸附的氧原子可能被金属上的电子诱导生成氧偶极子，使得它正的一端在金属中，而负的一端在溶液中，形成了双电层，如图 5-8 所示。这样原来的金属离子平衡电位将部分地被氧吸附后的电位代替，结果使金属总的电位朝正向移动，并使金属离子化作用减小，阻滞了金属的溶解。

吸附理论能够解释一些成相膜理论难以解释的事实。例如，一些无机阴离子能在不同程度上引起金属钝态的活化或阻碍钝化的进程，从吸附理论出发，可认为钝化是由于电极表面吸附了某种含氧粒子所致，阴离子在足够高的阳极极化电位下与含氧粒子发生竞争吸附，排除掉一部分含氧粒子，因而阻碍了钝化。Cr、Ni、Fe 等金属和合金上的过钝化现象也可以通过吸附理论加以解释。因为增大阳极极化既可促进含氧粒子的表面吸附量，使阳极溶解的阻碍作用加强，同时还加强了界面电场对金属溶解的促进作用。这两种作用在一定电位范围内彼此基本抵消，因而出现了几乎不随电位变化的稳定电流区间。然而在过钝化电位范围内，后一因素起主导作用，由此导致在一定电位下生成可溶性、高价金属的含氧离子（如 $Cr_2O_7^{2-}$）。

5.4.3　两种理论的比较

成相膜理论和吸附理论都能较好地解释部分实验结果，然而至今无论哪一种理论都不能圆满地解释各种实验现象。下面讨论所存在的一些异同性和难以确定的问题。

两种理论的共同点是，都认为由于在金属表面上生成一层极薄的钝化层，从而阻碍了金属的进一步溶解。但该膜层的厚度、组成和性质如何，两个理论各有不同的解释，如表 5-1 所示。

吸附理论认为有实验表明在某些金属表面上不需要形成完整的单分子氧层就可以使金属钝化，但是实际上很难证明极化前电极表面上确实完全不存在氧化膜。界面电容的测量结果是有利于吸附理论的，但是对于具有一定离子导电性和电子导电性的薄膜，在强电场的作用下应具有怎样的等效阻抗值现在还不清楚。

表 5-1　两种钝化膜成形理论的对比

项目		成相膜理论	吸附理论
相同点		金属表面形成一层极薄的膜，阻碍金属的溶解	
异同点	膜厚	几个分子层厚的三维膜	单分子层厚的二维膜
	成形键	化学键	吸附键

两种理论的区别似乎不在于膜是否对金属的阳极溶解具有阻滞作用，而在于为了引起所谓钝化现象在金属表面上应出现怎样的变化。但是用不同的研究方法和对不同的电极体系的测量结果表明，不见得一切钝化现象都是由基本相同的表面变化所引起的。事实上金属在钝化过程中，在不同的条件下或不同的时空阶段，吸附膜和成相膜可以分别起主导作用。

从所形成键的性质上来看，如果生成了成相的氧化膜，则金属原子与氧原子之间的键应与氧化物分子中的化学键没有区别。若仅仅存在氧吸附，那么金属原子与氧原子之间的结合强度要比化学键弱些，然而化学吸附键与化学键之间并无质的差别。当阴离子在带有正电的电极表面吸附时更是如此。在电极电位足够高时，吸附氧层与氧化物层之间的区别很大。

成相膜理论与吸附理论之间的差别并不完全是对钝化现象的实质有着不同的看法，这还涉及钝化现象的定义及吸附膜和成相膜的定义等问题。为此有人试图将两种理论结合起来，以解释所有的钝化现象，这种观点认为：由于吸附于金属表面上的含氧粒子参加电化学反应而直接形成"第一层氧层"后，金属的溶解速度即已经大幅度地下降，然后在这种氧层基础上继续生长形成的成相氧化物层进一步阻滞了金属的溶解过程，不过这种看法目前还缺乏足够的证据。

从辩证的角度看，应该研究发生钝态的情况，并得出在该条件下哪一种因素起主要作用。从这些特殊性质中以丰富和发展对钝化现象共同本质的认识。

5.5　影响金属钝化的因素

5.5.1　合金成分的影响

不同金属具有不同的钝化趋势。部分常见金属的钝化趋势按下列顺序依次减小：钛、铝、铬、钼、铁、锰、锌、铅、铜。这个顺序并不表明上述金属的耐蚀性也是依次减小，仅表示决定阳极过程由于钝化所引起的阻滞腐蚀的稳定程度。容易被氧钝化的金属称为自钝化金属，最具有代表性的是钛、铝、铬等。它们能在空气中或含氧的溶液中自发钝化，且当钝化膜被破坏时还可以重新恢复钝态。

合金化是使金属提高耐蚀性的有效方法。提高合金耐蚀性的合金元素通常是一些稳定性的组分元素（如贵金属或自钝化能力强的金属）。例如铁中加入铬或铝，可提高铁的抗氧性，铁中加入少量的铜或铬可以抗大气腐蚀。不锈钢是使用最为广泛的耐蚀合金，铬是不锈钢的基本合金元素。一般来说，两种金属组成的耐蚀合金都是单相固溶体合金，在一定的介质条件下，具有较高的化学稳定性和耐蚀性。

在一定的介质条件下，合金的耐蚀性与合金元素的种类和含量有直接关系，并发现所加入的合金元素数量必须达到某一个临界值时，才有显著的耐蚀性。例如 Fe-Cr 合金中，只有当 Cr 的加入量超过质量分数为 11.7%（换算成原子分数为 12.5%）时，合金才会发生自钝化，其耐蚀性才有显著提高（图 5-9）。而 Cr 含量低于此临界值时，它的表面难生成具有良好保护作用的完整钝化膜，耐蚀性也无法显著提高。临界组成代表了合金耐蚀性的突跃，每一种耐蚀合金都有其相应的临界组成，临界值的大小遵从塔曼（Tamman）定律，即固溶体耐蚀合金中耐蚀（稳定）性组分恰好等于其原子分数的 $n/8$ 倍数（n 为整数从 1 至 7），当合金元素的含量达到这些临界值时，合金的耐蚀性会突然增高。合金临界组成的原因同样可以用成相膜理论和吸附理论解释，如成相膜理论认为，只有当耐蚀合金达到临界组成后，金属表面才能形成完整的致密钝化膜；而吸附理论则认为，当有水存在，并且高于临界组成时，氧在合金表面的化学吸附导致钝性，而低于临界组成时氧立即反应生成无保护性的氧化物或其他形式。

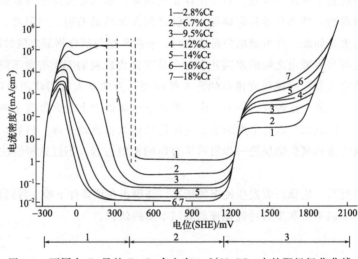

图 5-9　不同含 Cr 量的 Fe-Cr 合金在 10% H_2SO_4 中的阳极极化曲线

5.5.2　钝化介质的影响

金属在环境介质中发生钝化，主要是因为有相应的钝化剂存在。钝化剂的性质与浓度对金属钝化产生很大的影响。一般钝化介质分为氧化性和非氧化性介质。不过钝化的发生不能简单地取决于钝化剂氧化性强弱，还与阴离子特性有关。例如 $K_2Cr_2O_7$ 没有 H_2O_2、$KMnO_4$ 和 $Na_2S_2O_8$ 的氧化能力强，但 $K_2Cr_2O_7$ 的致钝化性能却比后者强。对某些金属来说，可以在非氧化性介质中进行钝化，除前面提到的 Mo 和 Nb 在盐酸中、Mg 在氢氟酸中、Hg 和 Ag 在含 Cl^- 溶液中可钝化外，Ni 在醋酸、草酸、柠檬酸中也可钝化。

各种金属在各种不同的介质中能够发生钝化的临界浓度是不同的。应注意获得钝化的浓度与保持钝化的浓度之间的区别。如钢在硝酸浓度达到 40%～50% 时发生钝化，再将酸的浓度降低到 30%，钝态仍可较长时间不受破坏。

溶液酸碱性对金属钝化产生较大影响。通常金属在中性溶液中比较容易钝化，这与离子在中性溶液中形成的氧化物或氢氧化物的溶解度较小有关。在酸性或碱性溶液中金属较难钝化。这是因为在酸性溶液中金属离子不易形成氧化物，而在碱性溶液中又可能形成可溶性的酸根离子（例如 MO_2^{2-}）。

5.5.3 活性离子对钝化膜的破坏作用

介质中的活性离子（如 Cl^-、Br^-、I^- 等卤素离子）会促进金属钝态的破坏，其中以 Cl^- 的破坏作用最大。如自钝化金属铬、铝以及不锈钢等处于含 Cl^- 的介质中时，在远未达到过钝化电位前，已出现了显著的阳极溶解电流。图 5-10 给出了不锈钢在含 Cl^- 和不含 Cl^- 的不同浓度 H_2SO_4 溶液中的阳极极化曲线。在含 Cl^- 介质中金属钝态开始提前破坏的电位称为点蚀（pitting）电位或破裂电位，用 E_b 表示。大量实验表明，Cl^- 对钝化膜的破坏作用并不是发生在整个金属表面上，而是带有局部点蚀的性质。由图 5-10 还可以看出，溶液中 Cl^- 浓度愈高，点蚀电位 E_b 愈低，即愈容易发生点蚀。溶液中各种活化阴离子，按其活化能力的大小可排列为如下次序：

$$Cl^->Br^->I^->F^->ClO_4^->OH^->SO_4^{2-}$$

视条件不同，这个次序可能会有所变化。

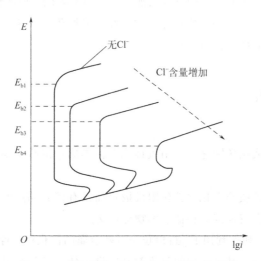

图 5-10　不锈钢在无 Cl^- 和含不同 Cl^- 浓度
的 H_2SO_4 中的阳极极化曲线

对于 Cl^- 破坏钝化膜的原因，成相膜理论和吸附理论有不同的解释。

成相膜理论认为，Cl^- 半径小，穿透能力强，比其他离子更容易在扩散或电场作用下透过薄膜中原有的小孔或缺陷，与金属作用生成可溶性化合物。同时，Cl^- 又易于分散在氧化膜中形成胶态，这种掺杂作用能显著改变氧化膜的电子和离子导电性，破坏膜的保护作用。恩格尔（Engell）和斯托利卡（Stolica）发现氯化物浓度在 3×10^{-4} mol/L 时，钝态铁电极上已产生点蚀。他们认为这是由于 Cl^- 穿过氧化膜与 Fe^{3+} 发生了以下反应。

$$Fe^{3+}（钝化膜中）+3Cl^-\longrightarrow FeCl_3$$
$$FeCl_3\longrightarrow Fe^{3+}（电解质中）+3Cl^-$$

该反应诱导时间为 200min 左右，它说明 Cl^- 通过钝化膜时有某种物质的迁移过程。

吸附理论则认为，Cl⁻破坏钝化膜的根本原因是它具有很强的可被金属吸附的能力。从化学吸附具有选择性这个特点出发，对于 Fe、Ni、Cr、Co 等过渡金属表面吸附 Cl⁻ 比吸附氧更容易，因而 Cl⁻ 优先吸附，并从金属表面把氧排挤掉。我们已经知道，吸附氧决定着金属的钝态，尤利格在研究铁的钝化时指出，Cl⁻ 和氧或铬酸根离子竞争吸附作用的结果导致金属钝态遭到局部破坏。由于氯化物与金属反应的速度大，吸附的 Cl⁻ 并不稳定，所以形成了可溶性物质，这种反应导致了孔蚀的加速。以上观点已通过示踪原子法实验得到证实。

Cl⁻ 对不同金属钝化膜的破坏作用是不同的，Cl⁻ 的作用主要表现在 Fe、Ni、Co 和不锈钢上，对于 Ti、Ta、Mo 和 Zr 等金属钝化膜破坏作用很小。成相膜理论认为，Cl⁻ 与这些金属能形成保护性好的碱性氯化物膜。吸附理论认为，这些金属与氧的亲和力强，Cl⁻ 难以排斥和取代氧。

5.5.4　温度的影响

介质温度对金属的钝化有很大影响。温度愈低金属愈易钝化。反之，升高温度使金属难以钝化或使钝化受到破坏。其原因可认为是温度升高使金属阳极致钝电流密度变大，而氧在溶液中的溶解度则下降，因而钝化的难度增加。温度的影响也可用钝化的吸附理论加以解释，由于化学吸附及氧化反应一般都是放热反应，因此，根据化学平衡原理，降低温度对于吸附过程及氧化反应都是有利的，因而有利于钝化。

思考题与习题

1.金属的自钝化（或化学钝化）与阳极钝化有何异同？试给金属的钝化、钝性和钝态下一个比较确切的定义。

2.金属的化学钝化曲线与电化学钝化阳极极化曲线有何异同点？试画出金属的阳极钝化曲线，并说明该曲线上各特征区和特征点的物理意义。

3.何谓 Flade 电位？如何利用 Flade 电位来判断金属的钝化稳定性？举例说明。

4.实现金属的自钝化，其介质中的氧化剂必须满足什么条件？试举例分析说明随着介质的氧化性和浓度的不同，对易钝化金属可能腐蚀的四种情况。

5.成相膜理论和吸附理论各自以什么论点和论据解释金属的钝化？两种理论各有何局限性？

6.什么是合金耐蚀性的"$n/8$ 定律"（或 Tamman 定律）？是否只要稳定化合金元素满足"$n/8$ 定律"就一定可以获得显著的耐蚀性？试用两种钝化理论对"$n/8$ 定律"进行解释。

7.影响金属钝化的因素有哪些？其规律是怎样的？试用两种钝化理论解释活性氯离子对钝化膜的破坏作用。

8.在氧去极化腐蚀条件下，作图说明液体的流速或搅拌溶液对易钝化金属和非钝化金属的腐蚀速度影响的原因。

9.应用钝化参数和 Flade 电位的数据，说明铬镍不锈钢的钝化稳定性。

10.试用极化图分析溶液中氧浓度对易钝化金属和非钝化金属腐蚀速度的影响原因。

11. 有哪些措施可以使处于活化-钝化不稳定状态的金属进入稳定的钝态？试用极化图说明。

12. 现有一批304L不锈钢管，拟用作运输常温下含氧的 $1mol/L$ H_2SO_4 的管材，如果氧的溶解量为 $10^{-6}mol/L$，测定不锈钢在这种酸中的致钝电流密度为 $200\mu A/cm^2$，并已知氧还原反应，$O_2+2H_2O+4e^-\longrightarrow 4OH^-$，$n=4$，氧的扩散层厚度在流动酸中为 $0.005cm$，在静止酸中为 $0.05cm$，溶解氧的扩散系数 $D=10^{-5}cm^2/s$ 时，试问304L不锈钢管在流动酸中和静止的酸中是否处于钝化状态？通过理论计算试确定该材料能否投入使用。

13. Fe在 $0.5mol/L$ H_2SO_4 中稳态钝化电流密度为 $7\mu A/cm^2$，试计算每分钟有多少层铁原子从光滑电极表面上除去。

第6章

局部腐蚀

 本章导读

　　了解局部腐蚀和全面腐蚀的区别，掌握局部腐蚀的共同特点；熟练掌握电偶腐蚀、点蚀、缝隙腐蚀、晶间腐蚀及选择性腐蚀的特点、机理和腐蚀的影响因素，能运用适当的技术手段对这些腐蚀进行有效控制；熟悉局部腐蚀敏感性试验评价方法；掌握点蚀的闭塞腐蚀电池的自催化效应、晶间腐蚀的贫化理论和阳极相沉淀理论是本章难点。

6.1　全面腐蚀与局部腐蚀的比较

　　按腐蚀破坏形态可将金属材料的腐蚀分为全面腐蚀和局部腐蚀两大类。全面腐蚀也称均匀腐蚀（uniform corrosion），是指腐蚀发生在金属材料的整个或大部分表面，造成金属的均匀减薄。局部腐蚀则是指腐蚀破坏集中发生在金属材料表面的特定位置，而其余大部分区域腐蚀十分轻微，甚至不发生腐蚀。全面腐蚀和局部腐蚀存在比较明显的区别。

　　全面腐蚀现象十分普遍，既能由电化学反应引起，如纯金属在电解质溶液中的均匀溶解，也能由纯化学反应造成，如金属材料在高温下发生的一般氧化，全面腐蚀又可根据是否生成稳定的腐蚀产物膜而分为无膜和有膜腐蚀两种。室温下的全面腐蚀大部分由电化学反应引起，其特点是腐蚀电池的阴、阳极面积都非常微小，且其位置随时间变幻不定，整个金属表面各部位随时间发生能量起伏，在电解质溶液中都处于活化反应状态，某一时刻为微阳极（高能量状态）的点位，另一时刻则可能转变为微阴极（低能量状态），从而导致整个金属表面遭受腐蚀。

　　虽然全面腐蚀会导致金属材料的大量流失，但是其易于检测和察觉，通常不会造成金属设备突发性的失效事故。特别是对于均匀性全面腐蚀，可以根据环境暴露加速试验的数据，准确估算金属设备的寿命，并在工程设计时预留充足的腐蚀余量，防止设备过早发生腐蚀失效。控制全面腐蚀的技术措施主要包括：①选择合适的材料或涂镀层；②向环境介质中添加缓蚀剂；③采取电化学保护；等。

　　局部腐蚀主要是由于电化学不均匀性形成的局部腐蚀电池，导致金属表面局部破坏，其阳极区和阴极区一般是截然分开的，并在时间空间上保持相对稳定，可根据腐蚀形貌加以区分和辨别，通常阳极面积远小于阴极面积。局部腐蚀电池主要包括异金属接触电池、介质浓差电池、活化-钝化电池及温差电池等几种类型；金属材料本身的组织结构或成分的不均匀性以及应力差异在适当介质中也会形成局部腐蚀电池。根据局部腐蚀电池的成因和特点，局部腐蚀主要分为：①电偶腐蚀；②点蚀；③缝隙腐蚀；④晶间腐蚀；⑤选择性腐蚀；⑥应力和腐蚀因素共同作用下的腐蚀（包括应力腐蚀开裂、氢脆、腐蚀疲劳、磨耗腐蚀）等。由于应力作用下的腐蚀破坏具有特殊性，为了更好地分析这类腐蚀，将其单独成章专门讨论。

与全面腐蚀相比，局部腐蚀造成的金属材料的质量损失很小，但其危害却很大，因为局部腐蚀往往比较隐蔽，在失效事故发生前没有征兆，一般为突发性破坏，通常难以预测，局部腐蚀破坏的控制也比全面腐蚀更困难。在实际工程中由于局部腐蚀导致的事故比全面腐蚀多得多，各类腐蚀失效事故的统计结果表明，全面腐蚀仅占约 20%，其余约 80% 为局部腐蚀破坏，而局部腐蚀中又以点蚀、缝隙腐蚀、应力腐蚀和腐蚀疲劳等最为常见。

表 6-1 总结了电化学因素导致的全面腐蚀和局部腐蚀的主要区别。腐蚀极化图直观表明局部腐蚀电池的阴、阳极之间存在明显的欧姆电压降 $R_L I$，造成阴极电位高于阳极电位，而全面腐蚀电池的阴、阳极则具有相同的混合电位。此外，局部腐蚀中阴、阳极面积不相等，因而稳态腐蚀状态下虽然阴、阳极通过的电流（I_{corr}）相等，但阴、阳极上的电流密度（i_{corr}）却不相等，故局部腐蚀极化图横坐标只能用电流，而不能用电流密度。对于全面腐蚀，可把整个金属表面既看成阳极，又看成阴极，故稳态腐蚀下，不但阴、阳极上流过的电流相等，电流密度也相等，因此全面腐蚀极化图的横坐标也可用电流密度表示。

表 6-1　全面腐蚀与局部腐蚀的比较

比较项目	全面腐蚀	局部腐蚀
腐蚀形貌	腐蚀遍布整个金属材料表面	腐蚀集中在特定区域，其余部分腐蚀甚微
腐蚀电池	阴、阳极在表面上变幻不定，不可辨别	阴、阳极可以分辨
电极面积	阴极面积与阳极面积相等或相近	阳极面积≪阴极面积
电位	阴极电位 E_C＝阳极电位 E_A＝腐蚀电位 E_{corr}	阳极电位 E_A＜阴极电位 E_C
极化图	（极化图：纵坐标 $+E$，E_C^e、E_{corr}、E_A^e，η_C、η_A，横坐标 i_{corr} $\lg i$）	（极化图：纵坐标 $+E$，E_C^e、E_C、E_A、E_A^e，η_C、η_A，$R_L I$，横坐标 I_{corr} $\lg I$）（图中 R_L 为溶液电阻，I 为腐蚀电流）
腐蚀产物	可能对金属基材有保护作用	对腐蚀区无保护作用
质量损失	大	小
事故率	低	高
可预测性	容易预测	难以预测
评价方法	重量法、深度法、电流密度表征法等	局部最大腐蚀深度法或强度损失法等

6.2 电偶腐蚀

6.2.1 电偶腐蚀的特征与电偶序

当两种电极电位不同的金属相互接触并放入电解质溶液中时，会发现电极电势较低的金属腐蚀加速，而电势较高的金属腐蚀速率减慢。这种在一定条件（电解质溶液或海洋大气）下产生的电化学腐蚀，即金属由于与电位更高（或更正）的另一种金属或非金属导体（石墨或碳纤维复合材料等）电连接而引起的加速腐蚀现象就称为电偶腐蚀，也称异金属腐蚀或接触腐蚀。因为机械装备常常由不同金属材料制备的零部件组装而成，工程中电偶腐蚀现象十分普遍，例如飞机上用钛合金紧固件将钛合金蒙皮与铝合金蒙皮连接在一起（图 6-1），在一定的电化学腐蚀环境中，就会发生电偶腐蚀破坏。

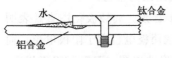

图 6-1 钛合金蒙皮与铝合金蒙皮连接后的电偶腐蚀

电偶腐蚀强调电接触导致的腐蚀加速作用（腐蚀电池作用），金属由于自身热力学不稳定性会在电解质溶液中发生自腐蚀溶解，但当不同金属电接触构成腐蚀电偶后，电位低（或负）的金属成为腐蚀电偶的阳极，其腐蚀速率较电接触前大大提高，有时会增加数百倍。而电位高的金属成为腐蚀电偶的阴极，其腐蚀速率大大降低，甚至不再发生腐蚀。电偶腐蚀实际上是宏观腐蚀电池的一种，同时具备下述三个基本条件就会引发电偶腐蚀：

① 具有不同腐蚀电位的材料 电偶腐蚀的驱动力来源于两种金属（或金属与导电非金属）接触时产生的实际电位差，电位差越大，电偶腐蚀越严重。

② 存在离子导电支路 电解质溶液必须连续地存在于接触金属之间，构成电偶腐蚀电池的离子导电支路，对多数机电产品而言，电解质溶液主要是指凝聚在零部件表面上的电解质溶液（含有氯化物、硫酸盐等杂质的水膜或海水）。

③ 存在电子导电支路 即金属与电位高的金属或非金属之间要么直接接触，要么通过其他导体实现电连接，构成腐蚀电池的电子导电支路。

在电化学腐蚀原理章节中介绍过金属的标准电极电位和电位序的概念，根据标准电极电位的高低可以从热力学上判断金属变成离子进入溶液的倾向大小，但是标准电极电位是指无膜的单质金属浸在该金属盐的溶液中且金属离子的活度为 1 时的平衡电位。

此外，标准电位序也未考虑腐蚀产物膜的作用，且没有涉及合金的排序，而含两种及以上活性成分的合金是不可能建立起标准平衡电极电位的，只能建立起稳定腐蚀电位，且环境介质中也不太可能处于并维持在标准状态。因此，标准电极电位序与金属或合金在真实环境介质中的实际电位或稳定电位相差甚远，引入了电偶序可以更方便地判断金属材料在某一特定腐蚀电解质中的电偶腐蚀倾向。

所谓电偶序就是将金属材料在特定电解质溶液中实测的腐蚀（稳定）电位值按高低（或大小）所排列成的次序。表 6-2 所示为常用材料在 25℃ 的流动海水中的电偶序。利用电偶序可以判断电偶腐蚀电池的阴、阳极极性和金属腐蚀倾向的大小。例如，低碳钢和锌在海水中组成电偶时锌受到加速腐蚀，低碳钢得到保护，原因是低碳钢在海水中的腐蚀电位约 $-0.7V$

（SCE），高于锌在海水中的腐蚀电位 [约−1.0V（SCE）]。在电偶序中两种金属的腐蚀电位差值越大，电偶腐蚀的驱动力越大，电偶腐蚀的倾向越高。然而，电偶腐蚀的速率除与电极电位差有密切关系外，还受腐蚀金属电极极化行为及电解质电阻等因素的影响。由于金属材料的腐蚀电位受多种因素影响，其值通常随腐蚀反应时间而变化，即金属在特定电解质溶液中的腐蚀电位不是一个固定值，而是有一定的变化范围（见第 3 章），因此，电偶序中一般仅列出金属稳定电位的相对关系或电位变化范围，而很少列出具体金属的稳定电位值。另外，某些材料（如不锈钢和镍基合金等）有活化和钝化两种状态，因此会出现在电偶序中的不同电位区间。

表 6-2　常用材料在 25℃ 流动海水中的电偶序

材料	自腐蚀电位(SCE)/V	材料	自腐蚀电位(SCE)/V
镁	−1.65～−1.6	Cu-10％Ni 合金	−0.31～−0.22
锌	−1.07～−0.95	Cu-20％Ni 合金	−0.28～−0.20
铍	−0.99～−0.85	430 不锈钢	活化态−0.60～−0.43
铝合金（2 系）	−1.03～−0.77	430 不锈钢	钝化态−0.29～−0.21
镉	−0.77～−0.71	铅	−0.26～−0.18
低碳钢	−0.74～−0.62	Ni-15％Cr 合金	钝化态−0.20～−0.13
低合金钢	−0.65～−0.58	Ni-15％Cr 合金	活化态−0.49～−0.35
铝青铜	−0.44～−0.33	银	−0.17～−0.1
锡	−0.36～−0.32	奥氏体不锈钢	钝化态−0.15～−0.03
紫铜	−0.4～−0.31	奥氏体不锈钢	活化态−0.59～−0.45
海军黄铜	−0.36～−0.28	钛	−0.05～0.07
410 不锈钢	活化态−0.61～−0.45	铂	0.18～0.28
410 不锈钢	钝化态−0.37～−0.25	石墨	0.2～0.33

6.2.2　电偶腐蚀的机理

电偶腐蚀的机理可用腐蚀原电池和腐蚀极化图进行分析。

由电化学腐蚀动力学公式可知，两金属偶合后的腐蚀电流与电极电位差、极化率及电路中的欧姆电阻有关。偶合金属的电极电位差是电偶腐蚀的驱动力，而电偶腐蚀速率的大小又与电偶电流成正比，其大小可表示为：

$$I_g = \frac{E_C - E_A}{p_C/S_C + p_A/S_A + R} \tag{6-1}$$

式中，I_g 为电偶电流；E_C、E_A 分别为阴、阳极金属偶接前的稳定电位；p_C、p_A 分别为阴、阳极金属的极化率；S_C、S_A 分别为阴、阳极金属的表面积；R 为欧姆电阻（包括溶液电阻和接触电阻等）。由式（6-1）可知，偶合电流随电极电位差值的增大及极化率、欧姆电阻的减小而增大，由此导致电偶阳极的加速腐蚀。

若将高电位的 M 金属和低电位的 N 金属偶接后，低电位阳极金属 N 的腐蚀电流计为 i'_N，

则 i_N' 与未偶接时该金属的腐蚀电流 i_N 之比 γ，称为电偶腐蚀效应，即：

$$\gamma = i_N'/i_N = (i_g + |i_{C,N}|)/i_N \approx i_g/i_N \tag{6-2}$$

式中，i_g 为阳极金属的电偶电流密度；$i_{C,N}$ 为阳极金属 N 上的阴极还原电流密度。后者相对于前者通常很小，可以忽略不计。式（6-2）表明，γ 值越大，则电偶腐蚀越严重。

现通过极化图进一步分析电偶腐蚀的机理。图 6-2 所示为高电位的 M 金属和低电位的 N 金属构成电偶对前、后的极化图。为使问题简化，假设两种金属面积相等，且阴极过程仅是氢离子的还原。在两金属表面各自发生的共轭电极反应分别为：

金属 M 表面上：氧化反应为 $M \longrightarrow M^{2+} + 2e^-$ $\qquad$ (i_M)

$\qquad\qquad\qquad$ 还原反应为 $2H^+ + 2e^- \longrightarrow H_2 \uparrow$ $\qquad$ ($i_{C,M}$)

金属 N 表面上：氧化反应为 $N \longrightarrow N^{2+} + 2e^-$ $\qquad$ (i_N)

$\qquad\qquad\qquad$ 还原反应为 $2H^+ + 2e^- \longrightarrow H_2 \uparrow$ $\qquad$ ($i_{C,N}$)

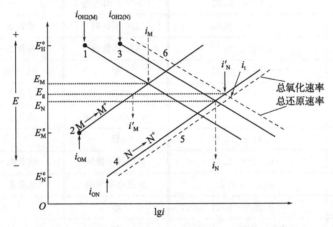

图 6-2　两种腐蚀的金属构成电偶对前后的腐蚀特性变化

由极化图可知，两金属偶接前，M 金属的自腐蚀速率 i_M 和自腐蚀电位 E_M 由金属 M 的理论阴、阳极极化曲线（曲线 1 和 2）的交点所决定；N 金属的自腐蚀速率 i_N 和自腐蚀电位 E_N 由金属 N 的理论阴、阳极极化曲线（曲线 3 和 4）的交点所决定。两金属偶接后，根据混合电位理论，电偶腐蚀电池的总阳极极化曲线 5 和总阴极极化曲线 6 的交点即总氧化速率与总还原速率相等处，对应着偶合体系的总腐蚀速率 i_t 和总混合电位（电偶电位）E_g，E_g 处于两偶接金属自腐蚀电位之间。可以看出，由于偶合作用导致自腐蚀电位低的 N 金属的腐蚀电流由 i_N 增加到 i_N'，就产生了阳极极化加速腐蚀；而自腐蚀电位高的 M 金属的腐蚀电流由 i_M 降低到 i_M'，得到了阴极极化的保护，此即电偶腐蚀的原理。通过偶接使高电位金属腐蚀速率减小甚至完全不发生腐蚀的效应，称为阴极保护效应。利用该原理，人们提出了牺牲阳极的电化学阴极保护技术。

6.2.3　电偶腐蚀的影响因素

电偶腐蚀受多种因素影响，除了金属材料自身性质外，还受环境条件、阴极与阳极面积比等因素的影响。

（1）阴、阳极面积比的影响

阴极与阳极的面积比对电偶腐蚀速率有重要影响。阴、阳极面积的比值愈大，阳极电流密度愈大，阳极金属腐蚀速率就愈快。在阴极反应为氢还原时，阴极上的氢过电位与阴极电流密度有关，阴极面积越大，电流密度越小，氢过电位也越小，越容易发生氢去极化反应，因而腐蚀速率增加。在阴极反应为氧还原时，若阴极过程由氧的离子化过电位所控制，阴极面积的增大导致氧还原过电位降低，因而腐蚀速率提高；如果阴极过程由氧扩散所控制，阴极面积增大能提供更多的氧还原反应位点，因而腐蚀电流也增大，由此导致阳极腐蚀加速。因此，生产实际中，小阳极和大阴极式的电偶结构是很危险的。例如在航空结构设计中，钛合金蒙皮使用铝合金铆钉铆接，就属于

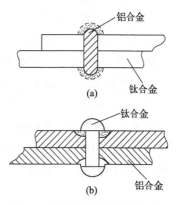

图 6-3　不同阴/阳极面积比时，
电偶腐蚀的形态差异

小阳极大阴极结构，铝合金铆钉会迅速腐蚀破坏［图 6-3（a）所示］；反之如果用钛合金铆钉铆接铝合金蒙皮，组成大阳极小阴极结构，尽管铝合金板受到腐蚀［图 6-3（b）所示］，但是整个结构破坏的速率和危险性较前者小很多。由于钛合金与铝合金在电偶序中相距较远，因此，飞机结构设计中对于小阴极（钛合金）大阳极（铝合金）的情况也力求避免，新型飞机结构中已采用钛合金紧固件真空离子镀铝的方法，使钛-铝结构电位一致。

（2）环境因素的影响与电偶极性的逆转

环境因素如介质的组成、温度，电解质溶液的电阻、pH 值，环境工况条件的变化等均对电偶腐蚀有重要的影响，不仅影响腐蚀速率，同一电偶对在不同环境条件下有时甚至会出现电偶极性的逆转现象。例如在水中金属锡相对于铁来说为阴极，而在大多数有机酸中，锡对于铁来说成为阳极。温度变化可改变金属表面膜或腐蚀产物的结构，也可能导致电偶极性发生逆转。如在一些水溶液中，钢与锌偶合时锌作为阳极受到加速腐蚀，钢作为阴极得到了保护，而当水的温度高于 80℃时，电偶的极性就发生逆转，钢成为阳极被腐蚀，而锌上的腐蚀产物使锌的电位提高成为阴极。溶液 pH 值的变化也会影响电极反应，甚至会改变电偶极性。例如镁与铝在稀的中性或弱酸性氯化钠水溶液中偶合时，铝是阴极，但随着镁阳极的溶解，溶液变为碱性，导致两性金属铝成为阳极。对于环境条件变化的实际工况，一定要注意分析接触金属表面状态的变化对电偶腐蚀敏感性的影响，不然可能会造成电偶腐蚀的隐患。

由于在电偶腐蚀中阳极金属的腐蚀电流分布不均匀，造成电偶腐蚀的典型特征是腐蚀主要发生在两种不同金属或金属与非金属导体相互接触的边沿附近，而在远离接触边沿的区域其腐蚀程度通常要轻微得多，据此很容易识别电偶腐蚀。电偶腐蚀影响的空间范围与电解质溶液的电阻大小有关。在高电导的电解质溶液中，电偶电流在阳极上的分布比较均匀，总的腐蚀量和影响的空间范围也较大；在低电导的介质中，电偶电流主要集中在接触边沿附近，总的腐蚀量也较小。

（3）金属特性的影响

偶合金属材料的电化学特性会影响其在电偶序中的位置，从而改变偶合金属的电偶腐蚀

敏感性。此处需要特别指出的是，对于像钛、铬等具有很强的、稳定的活化-钝化转变行为的材料，在某些特殊环境中，电偶偶合导致的阳极极化反而有可能使这类金属材料由活化区进入钝化区并降低腐蚀速率。例如，在非氧化性酸（稀硫酸或盐酸）中，钛的腐蚀由氢离子的阴极还原所控制，此时钛处于活化腐蚀状态，其自腐蚀电位 $E_{corr(Ti)}$ 和自腐蚀电流密度 $i_{corr(Ti)}$ 如图 6-4 所示。在这种环境中氢离子在铂、铑、钯等金属上的还原速率更高，因此，当钛与金属铂等偶接时，其电偶电位升高到 $E_{corr(Ti-Pt)}$ 进入钛的钝化区，而电偶电流 $i_{corr(Ti-Pt)}$ 低于原来的自腐蚀速率 $i_{corr(Ti)}$。即电偶合的结果不但未使低电位金属 Ti 的腐蚀速率增加，反而使其速率降低。根据这一特殊行为，通过合金化的方法在钛中加入铂、铑、钯等金属元素，可以改进钛合金的抗腐蚀性能。例如，含 0.5％ Pd 的 Ti 在 10％沸腾硫酸和 10％盐酸中的腐蚀速率较纯 Ti 低 800～1000 倍。

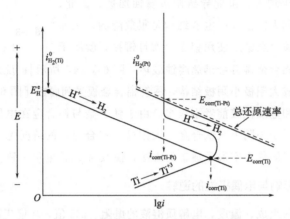

图 6-4　钛偶接铂后引发的自发钝化

6.2.4　电偶腐蚀的控制措施

如前面所述，电偶腐蚀的产生必须具备三个基本条件，因此，设法控制或排除这三个基本条件，就可达到控制电偶腐蚀破坏的目的。主要的技术措施如下。

① 在设计时尽可能选用电位差小的金属材料相接触。一般工业中，当两金属的电位差小于 50mV 时，电偶效应通常可以忽略不计；而针对安全性要求较高的航空结构，通常规定接触金属的电位差必须小于 25mV，即使这样往往还要采取其他必要的防护措施。此外，国内外均颁布了有关双金属电偶腐蚀敏感性分类的标准，如国外 ASTM G82 及我国航空标准 HB 5374 均规定了电偶腐蚀敏感性的测试及等级评定方法，在结构设计时可参考有关标准和实际工况确定相应的腐蚀控制方案。

② 采用合理的表面处理技术。例如钢零件镀锌、镀镉后才可与阳极化的铝合金零件接触；铆接铝合金板材的钛合金铆钉表面需要采用离子镀铝处理。对 06Cr17Ni12Mo2 钢制备的航空发动机压气机卡环、W 形密封环及封严蜂窝表面一般经镀镍或钝化处理，可减缓其与钛合金叶片及镍合金涡轮盘之间的电偶腐蚀。

③ 设计中应避免出现大阴极小阳极面积比的不合理结构。例如，在螺接或铆接结构中，螺栓、螺帽或铆钉材料的电极电位不应低于被连接构件材料的电极电位。

④ 在接触金属之间进行电绝缘处理，如放置绝缘衬垫（聚四氟乙烯、硬橡胶、夹布胶

木、胶黏绝缘带等）或涂绝缘胶。但是不允许用吸湿性强的棉花、毛毡、报纸及不涂漆的麻布作为绝缘材料，否则反而易使接触的金属发生强烈的腐蚀。

⑤ 设计时尽可能使作为电偶阳极的部件易于更换或加大其尺寸以延长寿命。

⑥ 采用阴极保护措施，使用更耐蚀的材料（如用 GH4169 取代 06Cr17Ni12Mo2 钢作封严环可有效降低镍合金涡轮盘与封严环间的电偶腐蚀）等。在许可的情况下，向环境介质中加入缓蚀剂，也可以达到控制接触金属电偶腐蚀的目的。

6.3 点蚀

6.3.1 点蚀的特征及产生条件

在某些环境介质中，经过一定的时间后，金属材料大部分表面不发生腐蚀或腐蚀很轻微，但表面上个别点或微小区域内出现了腐蚀孔洞或麻点，且蚀孔随着时间推移不断向纵深方向发展，这种现象称为"点腐蚀"（pitting corrosion），简称"点蚀"，也称为"小孔腐蚀"或"孔蚀"。

点蚀是一种隐蔽性强，破坏性大的局部腐蚀形式，通常因点蚀造成的金属重量损失很小，但设备常常出现穿孔破坏，造成介质泄漏，甚至导致重大危害性事故。点蚀通常发生在易钝化金属或合金表面，并且腐蚀环境中往往有侵蚀性阴离子（最常见的是 Cl^-）和氧化剂同时存在。例如，不锈钢或铝、钛及其合金，在含有氯离子或其他一些特定介质的环境中，很容易产生点蚀破坏。碳钢在含氯离子的水溶液中由于表面氧化皮或锈层存在孔隙也会发生点蚀。另外，当金属材料表面镀上阴极性防护镀层时（如钢上镀 Cr、Ni、Sn、Cu 等），如果镀层上出现了孔隙或其他缺陷而使基材部分暴露，则大阴极（镀层）-小阳极（孔隙处裸露的金属基体）腐蚀电池将导致基体金属上点蚀的发生。

从表面上看，点蚀坑多数被腐蚀产物所覆盖，呈闭口形式（如图 6-5 所示），但也有开口式的。孔口直径一般等于或小于孔的深度，大小通常在数十至数百微米。点蚀坑的纵剖面形貌一般呈现图 6-6 所示的几种类型。具体形状由金属材料的化学成分、组织结构、环境条件等因素共同决定。点蚀坑的发展通常受重力的影响，多数情况是从水平表面向下生长，少数在垂直的表面上发展，极少情况是从材料朝下的表面向上生长。

金属点蚀的产生需要在某一临界电位以上，该电位称作"点蚀电位"或击穿电位（breakdown potential，记为 E_b）。点蚀电位 E_b 的测量可以利

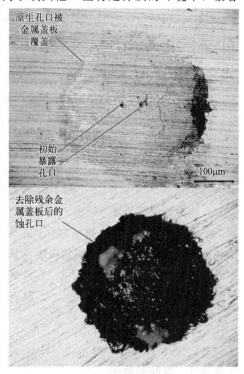

原生孔口被金属盖板覆盖

初始暴露孔口

100μm

去除残余金属盖板后的蚀孔口

图 6-5　304 奥氏体不锈钢在含 3.5% NaCl 水溶液中形成的点蚀孔形貌

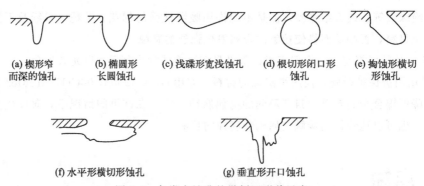

(a) 楔形窄 　　(b) 椭圆形　　(c) 浅碟形宽浅蚀孔　(d) 根切形闭口形　(e) 掏蚀形横切
而深的蚀孔 　　长圆蚀孔　　　　　　　　　　　蚀孔　　　　　形蚀孔

(f) 水平形横切形蚀孔　　　　　(g) 垂直形开口蚀孔

图 6-6　各类点蚀孔的纵剖面形貌示意

用动电位扫描法，即以较缓慢的速度使金属电极的电位升高，当电流密度达到某一预定值时，立即回扫，这样可以得到"滞后环"状阳极极化曲线（如图 6-7，易钝化金属在多数情况下表现出这种滞后现象）。点蚀电位 E_b 对应着金属阳极极化曲线上电流迅速增大的位置，即钝化遭到破坏产生了局部点蚀。正、反向极化曲线交点对应的电位 E_p 称为保护电位（也叫再钝化电位）。当金属的电位低于 E_p 而仍处于钝化区时，不会生成点蚀孔；当金属的电位处于 $E_b \sim E_p$ 之间时，不会形成新的点蚀孔，而已有的点蚀孔会继续长大；当金属的电位高于 E_b 时，不仅已形成的点蚀孔会继续长大，而且将形成新的点蚀孔。点蚀电位 E_b 越高，从热力学上讲金属的点蚀倾向越小；而 E_b 与 E_p 越接近，则表明金属钝化膜的修复能力越强。

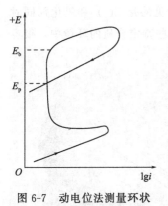

图 6-7　动电位法测量环状阳极极化曲线的示意

这里需要指出的是 E_b 与 E_p 的大小与环境介质的种类、侵蚀性离子（如 Cl^-）的浓度以及材料本身的成分、微观组织及表面状态等有关，侵蚀性强的环境往往会造成 E_b 与 E_p 值的降低，并增大 E_b 与 E_p 间的差值，甚至造成再钝化行为的消失；而钝化金属中的某些夹杂物的 E_b 与 E_p 值也会显著低于基体的值，如不锈钢中的 MnS 夹杂因为腐蚀活性很高往往成为点蚀起源点。这也解释了为何钝化金属在服役介质中的自腐蚀电位 E_{corr} 明明低于 E_b 却会发生点蚀，这是因为局部介质中的侵蚀性离子浓度由于活性反应积累和扩散条件波动达到了高于本体溶液的浓度，而此处钝化金属中又含有腐蚀活性较强的夹杂或缺陷，该局部区域的 E_b 值就会低于金属本体的 E_{corr}，此时该处就会产生点蚀。

点蚀过程包括孕育（萌生）和发展两个阶段，孕育（或诱导）期长短不一，有的情况需要几个月，有的情况则达数年之久。有时因环境条件的改变，已生成的点蚀坑会停止长大，当环境条件进一步变化时，可能又会重新发展。由于点蚀是一种破坏性和隐蔽性很大的局部腐蚀，一般很难预测，同时，点蚀孔常常是机械设备应力作用下裂纹的萌生源，因此，研究材料点蚀的行为、机理及防控技术，具有十分重要的实际意义。

6.3.2　点蚀的机理

6.3.2.1　点蚀的萌生

点蚀的发生首先是在金属表面的某些敏感位置（点蚀源处）形成点蚀核，即萌生点蚀孔。

生成第一个或最初几个蚀点所需要的时间称为点蚀诱导期（或孕育期），用 τ 表示，点蚀的孕育期 τ 的长短取决于介质中的阴离子浓度、pH 值、金属的纯度和表面完整性、外加极化电位等因素。

点蚀过程受内因（金属材料的成分、组织结构及表面状态等因素）和外因（环境介质的成分和温度等因素）的共同影响，如上章所述环境中侵蚀性阴离子（如 Cl⁻）对钝化膜的破坏常常是诱发点蚀形核的关键因素。点蚀核的萌生实质上就是钝化膜的局部破坏过程，破坏的原因有化学的或机械的作用，化学作用的模型目前尚不统一，较为经典的有穿透模型、吸附模型和钝化膜局部破裂模型等，下面仅以纯金属为对象作简要描述，对于合金、夹杂物和第二相粒子等对点蚀形核将起协同作用。

（1）穿透模型

根据氧化膜的点缺陷模型，通常金属的钝化膜是一层充满点缺陷的半导体膜，在电场及化学场的共同作用下，腐蚀性阴离子穿过钝化膜，迁移到金属/氧化物界面，促进了金属的腐蚀性溶解和钝化膜的局部破坏。或者说侵蚀性阴离子（如 Cl⁻）在氧化膜阻挡层外表面吸附和结合引起氧化膜内阳离子空位的形成，这些空位扩散到金属/氧化物界面，加速金属基体原子的溶解（形成阳离子填充阳离子空位）。如果空位流大于氧化生成的金属阳离子的填充速度，则一些空位将集结在金属/氧化膜界面上形成孔洞，导致点蚀坑萌生。

（2）钝化膜局部破裂模型

一方面由于机械应力可导致钝化膜薄弱处破裂；另一方面，当有害的阴离子吸附到钝化膜表面，由于同电性吸附离子间的静电相互排斥，降低了溶液界面处的表面张力，当应力足够大时，钝化膜破裂。有害的阴离子将促进暴露出的基体金属的局部溶解，尽管该处的膜修复仍然会存在，但溶解速率大于再钝化速率，结果导致点蚀形核。有人还将膜渗透机理与膜破裂机理结合起来说明点蚀的萌生，认为氯离子穿过钝化膜，迁移到金属/氧化物界面，形成金属氯化物相，其较大的比体积导致较大应力，撑裂外面覆盖的氧化膜。

（3）吸附模型

处于钝态的金属仍有一定的反应能力，钝化膜以很低的速度 $i_{钝化}$ 发生溶解与修复，且溶解和修复（再钝化）处于动态平衡状态。点蚀的发生是由于氯化物与氧的竞争吸附促进钝化膜局部加速溶解的结果，氯离子和钝化膜中的阳离子结合成可溶性氯化物，结果在新露出的基体金属的特定位置，因侵蚀性阴离子的吸附而持续活化溶解生成蚀孔。

对于不同的金属/环境体系，点蚀孔可能以上述某一种机理模型或混合型机理模型萌生。同时点蚀更易在金属或合金表面某些化学不均匀或物理不均匀位置萌生。

① 化学不均匀位置：金属基体与非金属夹杂物（如钢中的硫化物夹杂等）之间的界面区、化学活性大的夹杂物本身；晶界上杂质偏析或沉淀相（如铬的碳化物等）；金属间化合物（如铝、钛及其合金中的 $FeAl_3$、Ti_3Al_2 等）；合金中的相界（如钢中 δ 和 γ 相界）；等。

② 物理不均匀位置：钝化膜缺陷、机械划痕或裂纹；氧化膜裂隙；孔穴、位错露头或滑移线（位错是单晶体点蚀形核的重要原因）；等。

上述位置是电化学的活性位置，侵蚀性阴离子更容易在这些部位吸附，促进钝化膜的溶解、破裂，形成大阴极（钝化膜完整区）-小阳极（钝化膜局部破坏区）的腐蚀电池加速局部溶解并导致点蚀形核。

在大多数情况下，点蚀核将继续长大，当长大至一定临界尺寸（一般孔径 $20\sim30\mu m$）时，金属表面出现宏观蚀坑。在外加阳极极化时，环境介质中只要含有一定量的氯离子便可使点蚀核发展成蚀孔。在自然条件下，含氯离子的介质中若还含有溶解氧或离子氧化剂（如 Fe^{3+}），也可使点蚀核长大成蚀孔，因为氧化剂可使金属的腐蚀电位上升至临界点蚀电位 E_b 以上，蚀孔形成后点蚀的发展会很快。

6.3.2.2　点蚀的发展

点蚀的发展机理也有多个模型，被普遍接受的是闭塞腐蚀电池（occluded corrosion cell）的自催化效应。下面以不锈钢在充气的含 Cl^- 的中性介质中的腐蚀过程为例，讨论点蚀孔的发展过程。

如图 6-8 所示，点蚀孔一旦形成，孔内金属处于局部活化状态（电位较低），为阳极，点蚀孔外大片表面仍处于钝化状态（电位较高），为阴极，于是蚀孔内外构成了大阴极-小阳极的活化-钝化腐蚀电池，使蚀孔加速发展。

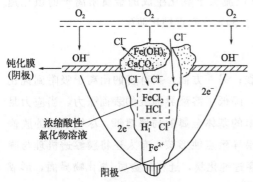

图 6-8　不锈钢在充气含 Cl^- 中性介质中的点蚀发展机理图

活化蚀孔内部发生金属的阳极溶解，主要生成 Fe^{2+}，此外还会有 Cr^{3+}、Ni^{2+} 等金属离子。反应为：

$$Fe \longrightarrow Fe^{2+} + 2e^- \tag{6-3}$$

$$Cr \longrightarrow Cr^{3+} + 3e^- \tag{6-4}$$

$$Ni \longrightarrow Ni^{2+} + 2e^- \tag{6-5}$$

而在相邻的孔口外表面上，发生氧的阴极还原反应：

$$O_2 + 2H_2O + 4e^- \longrightarrow 4OH^- \tag{6-6}$$

孔口处 pH 值的增高和孔内金属离子 Fe^{2+} 的外迁，产生二次反应：

$$Fe^{2+} + 2OH^- \longrightarrow Fe(OH)_2 \tag{6-7}$$

$$4Fe(OH)_2 + 2H_2O + O_2 \longrightarrow 4Fe(OH)_3 \downarrow \tag{6-8}$$

$Fe(OH)_3$ 在点蚀孔口处沉积形成多孔的蘑菇状硬壳层，使点蚀孔内形成一个闭塞区，限制了孔内外物质的交换，孔内介质相对孔外介质呈滞留状态。孔内缺氧，孔外富氧，从而形成氧浓差电池，进一步加速孔内金属的离子化过程。孔内金属阳离子 Fe^{2+} 等浓度不断增大，为保持孔内电中性，蚀孔外阴离子 Cl^- 向孔内迁移，造成孔内 Cl^- 浓度增高（如 $06Cr_{19}Ni_{10}$ 不锈钢点蚀孔内 Cl^- 浓度可达 $4\sim12mol/L$，高出孔外一个数量级以上），并与孔内 Fe^{2+} 等形成高浓度的氯化物 MCl（$FeCl_2$、$NiCl_2$、$CrCl_3$ 等）。Fe^{2+} 和氯化物在蚀孔内发生水解反应：

$$Fe^{2+} + H_2O \longrightarrow FeOH^+ + H^+ \tag{6-9}$$

$$MCl + H_2O \longrightarrow MOH \downarrow + H^+ + Cl^- \tag{6-10}$$

由此导致蚀孔内 pH 值降低（通常使 pH 值降低到 3 以下，甚至低于 0），加之 Cl^- 的活化作用，促使孔内保持活化并加速阳极溶解。这种由闭塞电池引起孔内酸化加速腐蚀的作用，称为"自催化酸化作用"。自催化作用可使孔内-孔外电池的电极电位差达 100mV 量级，加上重力的作用，使蚀孔具有快速深挖的能力。而孔外大片区域处于钝化状态，同时又受到蚀孔内阳极过程所释放的电子的阴极保护作用，因而抑制了蚀孔周围的全面腐蚀。

综上所述，大阴极-小阳极电池、孔内外氧浓差电池、"闭塞电池自催化酸化作用"等构成了点蚀发展过程的推动力。

铝的点蚀成长机理与不锈钢类似，蚀孔周围的钝化区域起到大阴极的作用。铝表面若有铜沉积或 Al_2O_3 嵌入晶格内，能起有效的阴极作用，加快在它上面的溶解氧的阴极还原，因此，当水中含有微量铜离子时，铝的点蚀就能迅速发生。金属间化合物类阴极相如 $CuAl_2$ 或 $FeAl_3$ 等也能加快氧的还原动力学，从而加速局部钝化膜的破裂和点蚀孔的持续生长。

6.3.3　点蚀的影响因素

点蚀受材料因素（金属的本性、化学成分、表面状态、冷加工、热处理、显微组织等）和环境条件（介质成分、pH 值、温度、介质流速、极化电位等）的共同影响。

6.3.3.1　材料因素

（1）金属本性与化学成分的影响

通常具有自钝化特性的金属或合金，对点蚀的敏感性较高。表 6-3 列出了几种常见材料在 25℃、0.1mol/L NaCl 水溶液中的点蚀电位。材料的点蚀电位越高，说明耐点蚀能力越强。可以看出在以上环境中对点蚀最为敏感的是铝，抗点蚀能力最强的是钛。

表 6-3　在 25℃、0.1mol/L NaCl 水溶液中某些材料的点蚀电位 E_b

金属	Al	Fe	Ni	Zr	Cr	Ti	12%Cr-Fe	18Cr-8Ni	30%Cr-Fe
E_b(SHE)/V	−0.45	0.23	0.28	0.46	1.0	12	0.20	0.26	0.62

铝及其合金易在含卤素离子的电解质环境中遭受点蚀，其点蚀敏感性与氧化膜的状态、第二相的存在、合金的退火温度及时间等因素有关。固溶状态的 Al-Cu 合金的点蚀电位随 Cu 含量的增加而朝正方向移动，但当合金中有 $CuAl_2$ 相析出时，点蚀倾向则会显著增大。采用真空溅射或离子注入制备含 Cr、Mo、Ti、Ta、Nb 等元素的非平衡铝合金改性层，其抗点蚀能力显著提高。钛及其合金除氟元素以外的卤素离子均具有很好的点蚀抗性，仅在沸腾的高浓度氯化物溶液中及某些非水溶液（如含有少量水的甲基溴）中表现出一定的点蚀敏感性，Al 元素降低钛的抗点蚀能力，而 Mo 元素则增加钛的点蚀电位。

铁如果处于钝态，且环境介质中含有 Cl^-、Br^-、ClO_4^- 或 I^- 等阴离子，它就会遭受点蚀。增加不锈钢抗点蚀能力最有效的合金元素是 Cr 和 Mo，其次是 Ni。钢中 Cr 含量增加，提高了表面钝化膜的稳定性。Mo 的作用有多种解释，通常认为是 Mo 形成可溶性钼酸盐，吸附在金属表面的活性位置，从而抑制了金属的溶解。另外，V、Si、N、Re 等元素对提高不锈钢在氯化物溶液中的抗点蚀性能也是有益的，而 Mn、S、Ti、Nb、Te、Se 等是有害元素，

B、C、Cu 的影响则视在钢中的状态而定。

（2）表面状态与加工硬化的影响

当金属表面存在均匀致密的钝化膜时，点蚀抗力随着钝化膜厚度增加而提高。孔隙率高的钝化膜容易萌生点蚀。金属表面存在 n 型氧化膜时，其点蚀敏感性较高，而当被 p 型氧化膜覆盖时，其点蚀敏感性则较低。

表面精整处理也对点蚀有影响。电解抛光或机械抛光能够提高钢的抗点蚀能力，一般光滑、清洁的表面抗点蚀能力高，而积有灰尘或颗粒物杂质的表面，易产生点蚀。

位错在金属材料表面露头处，容易萌生点蚀坑，因此增加位错密度的冷加工变形处理一般会增加点蚀形核数量，增大点蚀趋势。

（3）热处理与组织结构的影响

奥氏体不锈钢敏化热处理会促进富 Cr 碳化物 $M_{23}C_6$ 沿晶界析出，导致邻近区域贫 Cr，从而增大其点蚀敏感性，σ 相和 δ 铁素体对不锈钢的点蚀抗力也是有害的。对奥氏体不锈钢进行固溶处理后，可提高其抗点蚀能力。

含 Cu 和 Mg 的铝合金经时效处理，会析出 Al_2CuMg 相，导致合金表面上生成有缺陷的钝化膜，点蚀核容易在这些有沉积相的氧化膜缺陷处形成，因此点蚀的敏感性增大。

金属材料中的夹杂物（如钢中的硫化物、Al_2O_3 及 Cr_2O_3 等夹杂）与沉淀相是点蚀容易形核的地点。晶界因存在晶界吸附的不均匀性和结构的不均匀性，点蚀形核的趋势通常也较大。

6.3.3.2 环境因素

（1）环境介质成分的影响

多数金属材料的点蚀破坏易发生于含有卤素阴离子（特别是 Cl^-）的溶液中。铁、镍、铝、钛、锆及其合金在含 Cl^- 的溶液中，均可能产生点蚀。对于铁和铝基合金而言，Cl^- 的侵蚀性高于 Br^- 和 I^-，对于钛和钽而言，情况刚好相反。ClO_4^- 可以引起铁、铝和锆的点蚀，$S_2O_3^{2-}$ 也会诱发不锈钢点蚀。单独的 SO_4^{2-} 引起铁的点蚀，却能抑制 Cl^- 的点蚀活性。铜对 SO_4^{2-} 的点蚀敏感性高于对 Cl^- 的。

含侵蚀性卤素离子的介质中若含有去极化能力较强的阳离子如 Fe^{3+}、Cu^{2+}、Hg^{2+} 等，可以加速点蚀，如在 10%$FeCl_3$ 溶液中 304 不锈钢几小时内就会产生严重的点蚀。

点蚀在卤素离子浓度等于或超过某一临界值（临界浓度）时才能发生，因此，一般采用产生点蚀的最小卤素离子浓度作为评定点蚀趋势的一个参量。临界卤素离子浓度值的大小与金属或合金的本性、热处理、介质温度、其他阴离子（如 OH^-、SO_4^{2-}）和氧化剂（如 O_2、H_2O_2 等）的特性有关。许多含氧的非侵蚀性阴离子，例如 NO_3^-、CrO_4^{2-}、SO_4^{2-}、OH^-、CO_3^{2-}、CH_3COO^- 等，添加到含 Cl^- 的溶液中时，都可起到点蚀缓蚀剂的作用，使点蚀电位正移、诱导期延长、孔蚀率减少。例如，对于 304 不锈钢，缓蚀效果按下列顺序递减：

$$OH^- > NO_3^- > CH_3COO^- > SO_4^{2-} > ClO_4^-$$

非侵蚀性阴离子的作用可用竞争吸附学说解释，即在异性电荷及范德华力的吸引下，这些阴离子在金属氧化物表面与 Cl^- 发生竞争性吸附，置换出表面的 Cl^- 而使点蚀受到抑制。

（2）溶液 pH 值的影响

在溶液的 pH 值低于 9～10 时，对于二价金属，如铁、镍、镉、锌和钴等，其点蚀电位与 pH 值几乎无关，在高于此 pH 值时，点蚀电位随 pH 值增大而升高。各类不锈钢的点蚀电位与 pH 值的关系也有类似的情况，在 pH 值高于 10～11.5 的碱性溶液中，点蚀电位明显正移，不锈钢点蚀的临界 Cl^- 浓度随 pH 值的提高而增加。强碱性溶液中点蚀电位升高是 OH^- 的钝化能力所致。在弱酸性溶液中，pH 值影响较小，如 304 不锈钢点蚀电位在 pH＝4～8 内变化很小。在强酸性溶液中，金属易发生严重的全面腐蚀，而不是点蚀。对于三价金属，例如铝，发生点蚀的条件及点蚀电位受溶液 pH 值的影响较小，这是由铝离子水解的各步骤的缓冲作用所致。

（3）环境温度和介质流动性的影响

温度升高时，Cl^- 等侵蚀性离子在金属表面的积聚和化学吸附增加，导致钝态破坏的活性点增多，点蚀电位降低，点蚀密度增加。温度过高（如对 316 不锈钢，温度大于 150～200℃）时，点蚀电位又升高，这可能是温度升高，参与反应的物质的运动速度加快，使蚀孔内反应物的积累减少以及氧溶解度下降的缘故。

一般来讲，溶液的流动对抑制点蚀具有一定的益处。通常认为介质的流速对点蚀的减缓起双重作用，一方面流速增大有利于溶解氧向金属表面输送，使钝化膜易于形成，另一方面可减少沉积物在金属表面沉积的机会，抑制局部点蚀的发生。流速通常对点蚀电位影响不大，但是对点蚀密度和深度有明显的影响，但流速过高则可能会引起冲击腐蚀。

6.3.4　点蚀的控制措施

针对点蚀发生发展的机理，可从以下几个方面对点蚀进行防控：

（1）合理选择耐蚀材料

对于不锈钢材料，适当增加合金元素如 Cr、Mo、N、Si 等，同时降低 Mn、S 等有害杂质元素，可以有效提升其在含 Cl^- 介质中的抗点蚀性能，因此成本允许时尽量选用高耐蚀不锈钢。对于铝合金，减少能生成沉淀相的金属元素（如 Si、Fe、Cu 等），以减少局部阴极，或加入 Mn、Mg 等能与 Fe、Si 反应生成电位较负的活泼相的合金元素，均能提高抗点蚀能力。钛及其合金在一般富 Cl^- 环境中具有优异的抗点蚀性能，在其他性能和成本许可的情况下应尽可能选用。

（2）降低环境的侵蚀性

如降低环境中 Cl^-、Br^- 等侵蚀性阴离子的浓度，尤其是避免其局部浓缩；避免氧化性阳离子；降低环境温度；使溶液处于一定速度的流动状态；等等。对于相对封闭的循环体系添加合适的缓蚀剂是十分有效的防点蚀方法，如对于不锈钢可以选硫酸盐、硝酸盐、钼酸盐、铬酸盐、磷酸盐、碳酸盐等缓蚀剂，需要注意的是，铬酸盐、亚硝酸盐等阳极钝化型缓蚀剂用作控制点蚀时是危险型缓蚀剂，其用量应严格控制，或应与其他缓蚀剂复配。

（3）采取电化学保护

对于金属设备采用电化学保护措施（外加电源或牺牲阳极），将设备电极电位降低到保护电位 E_p 以下，使金属材料处于稳定的钝化区或阴极保护电位区，是最有效的点蚀防控手段。

（4）表面处理和改善热处理制度

钝化处理和表面镀镍可以提高不锈钢的抗点蚀性能；包覆纯铝可以提高铝合金的抗点蚀性能；在金属表面注入铬、氮离子也能明显改善合金的抗点蚀能力。对于不锈钢应避免敏化热处理；对于铝合金，应避免在 500℃ 左右退火，以防止过多的阴极性沉淀相析出。

6.4 缝隙腐蚀

6.4.1 缝隙腐蚀的特征及产生条件

金属材料表面由于狭缝或间隙的存在，腐蚀介质的扩散受到了很大限制，由此导致狭缝内金属腐蚀加速的现象，称为缝隙腐蚀。

造成缝隙腐蚀的狭缝或间隙的宽窄程度必须足以使腐蚀介质进入并滞留其中。所以，缝隙腐蚀通常发生在 0.025~0.1mm 宽的缝隙中，而对于那些扩散条件良好的宽沟槽或宽缝隙，因腐蚀介质畅流一般不发生缝隙腐蚀损伤，但只要缝隙深宽比足够大（一般＞10），即使缝隙宽度达到 2~3mm，仍会有缝隙腐蚀的风险。缝隙腐蚀是一种很普遍的局部腐蚀，因为在许多设备或构件中缝隙往往不可避免，如板材之间的搭接处、法兰连接面之间、螺母压紧面之间，以及铆钉头、焊缝气孔、焊渣、溅沫、锈层、污垢等与金属的接触面上（如图 6-9 所示）。

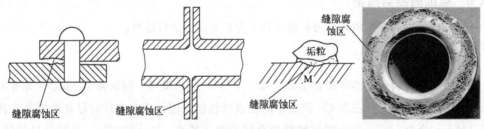

图 6-9　缝隙腐蚀示意及腐蚀后的水管法兰盘

缝隙腐蚀表现出如下主要特征。

① 不论是同种或异种金属的接触还是金属与非金属（如塑料、橡胶、玻璃、陶瓷等）之间的接触，只要存在满足缝隙腐蚀的狭缝和腐蚀介质，都会发生缝隙腐蚀，其中以具有钝化-活化特性的金属材料更容易发生。

② 几乎所有的腐蚀介质（包括淡水）都能引起金属的缝隙腐蚀，而含有 Cl^- 的溶液通常是缝隙腐蚀最为敏感的介质。

③ 针对同一种金属或合金，与点蚀相比，缝隙腐蚀更易发生。通常，缝隙腐蚀的电位比点蚀电位低。

④ 遭受缝隙腐蚀的金属表面既可表现为全面性腐蚀，也可表现为以点蚀为主的局部腐蚀。耐蚀性好的材料通常表现为点蚀型，而耐蚀性差的材料则为全面腐蚀型。

⑤ 缝隙腐蚀存在孕育期，其长短因材料、缝隙结构和环境因素而不同。缝隙腐蚀的缝口常常被腐蚀产物所覆盖，由此增强缝隙的闭塞电池自催化效应。

缝隙腐蚀的结果会导致部件强度的降低，配合的吻合程度变差。缝隙内腐蚀产物体积的增大会引起局部附加应力，不仅使装配困难，而且降低构件的承载能力。

6.4.2　缝隙腐蚀的机理

目前较公认的缝隙腐蚀机理是氧浓差电池和闭塞电池自催化效应的协同作用。现以铆接金属（如铁或钢）板材在充气海水中发生的缝隙腐蚀过程（图6-10）为例介绍这一机理模型。

在腐蚀初期，金属材料缝内外整个表面都与含氧溶液相接触，所以电化学腐蚀的阴极和阳极反应均匀地发生在缝隙内部及外部的整个表面上［图6-10（a）］，阳极反应为金属的离子化：

$$M \longrightarrow M^{n+} + ne^- \qquad (6\text{-}11)$$

阴极反应为氧还原：

$$O_2 + 2H_2O + 4e^- \longrightarrow 4OH^- \qquad (6\text{-}12)$$

金属阳极溶解产生的电子，随即被氧的还原反应消耗掉。然而，由于缝隙几何因素的限制，缝内溶液中的氧只能以扩散形式进入，补充十分困难，随着腐蚀过程的进展，缝内的氧很快耗尽，从而中止了缝内氧的还原反应。缝外的氧随时可以得到补充，所以氧还原反应继续进行，由此导致缝隙内外形成了宏观氧浓差电池。缺乏氧的区域（缝隙内）电位较低成为阳极区，氧易到达的区域（缝隙外）电位较高而成为阴极区。结果缝内金属加速溶解，且缝隙结构限制了金属离子向外扩散，金属离子 M^{n+} 在缝内不断积累、过剩，从而吸引缝外溶液中负离子（如 Cl^-）迁入缝内，以维持电荷平衡，造成 Cl^- 在缝隙内富集（缝内 Cl^- 含量可比缝外溶液高出 $3\sim10$ 倍）。缝隙内，由于金属离子的浓缩和 Cl^- 的富集，生成可溶性金属氯化物。金属氯化物在水中水解成不溶的金属氢氧化物和游离酸。以二价金属为例，有如下反应：

$$MCl_2 + 2H_2O \longrightarrow M(OH)_2 \downarrow + 2H^+ + 2Cl^- \qquad (6\text{-}13)$$

结果使缝隙内溶液 pH 值下降，可达 $2\sim3$，即造成缝隙内溶液酸化。这种含高浓度 Cl^- 的酸性溶液进一步促进了缝内金属的阳极溶解。阳极的加速溶解又引起更多的 Cl^- 从缝外向缝内迁入，氯化物的浓度增加，氯化物的水解又使介质酸化。如此循环往复，形成了一个闭塞电池自催化过程，导致缝内金属的腐蚀溶解持续进行。且缝内金属离子向外扩散，氧还原产生的 OH^- 向缝内扩散，在缝隙开口处相遇形成金属氢氧化物沉淀，进一步加重缝隙内部的闭塞程度，维持了缝隙内部的高侵蚀性环境。当缝隙内腐蚀增加时，使缝隙口邻近表面的阴极过程（氧的还原）速度增加［图6-10（b）］，因此外部表面得到了一定程度的阴极保护。

对于具有自钝化特性的不锈钢和铝合金等材料，在含 Cl^- 的中性介质中，其缝隙腐蚀的敏感性比铁、碳钢高。其原因除上述腐蚀机理外，还有如下两种可能。一种是闭塞电池自催化效应造成的缝内溶液 pH 值下降，将导致金属的 Flade 电位（即金属由钝态转变为活化状态

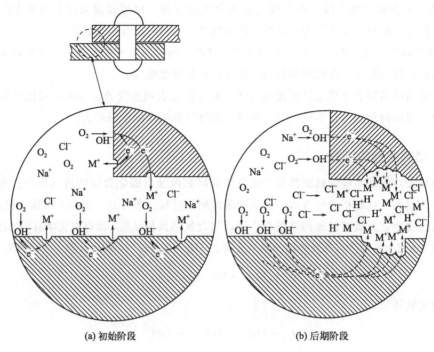

(a) 初始阶段　　　　　　　(b) 后期阶段

图 6-10　金属在充气海水中发生缝隙腐蚀的示意

时的电位）的上升，这意味着原来的钝化态可能转化为活化状态，即缝内金属表面钝化膜全部破坏，发生全面活性腐蚀。缝内活化阳极和缝外钝化态的阴极构成了小阳极-大阴极的电偶电池，电极电位差通常为 50～100mV，但有时可高达数百毫伏（如 1Cr13 不锈钢在氯化物溶液中缝内外电位差达 600mV），由此导致缝内金属的严重加速腐蚀，这种缝隙腐蚀称为活化型缝隙腐蚀。

另一种可能是缝隙腐蚀是从点蚀起源的，在这种腐蚀过程中，缝隙内溶液中金属盐（尤其是可溶氯化物）的浓缩，使钝化金属的点蚀电位降低，以致腐蚀电位超过点蚀电位，使缝隙内金属钝化膜遭到破坏，产生点蚀型缝隙腐蚀。钝性金属究竟是发生活化型缝隙腐蚀还是点蚀型缝隙腐蚀，要依具体条件而定，对于不锈钢一般可依据表 6-4 所列的各方面因素进行综合分析。

表 6-4　活化型与点蚀型缝隙腐蚀产生条件的比较

比较项目	介质特性	腐蚀电位所处电位区	决定性临界条件	钢种耐蚀性	孕育期或腐蚀时间
活化型	还原性介质	低电位区	去钝化 pH 值	差	长
点蚀型	氧化性介质（如充气海水）	较高电位区	临界 Cl^- 浓度	好	短

6.4.3　缝隙腐蚀与点蚀的比较

从以上讨论可以看出，缝隙腐蚀与点蚀有密切的关系，二者之间有许多相似之处，特别是两者腐蚀发展阶段的机理是基本一致的，均以形成闭塞电池为前提，为此，有人认为点蚀只是一种特殊形式的缝隙腐蚀，与一般缝隙腐蚀唯一的差别是点蚀的扩散通道较短。事实上，在发生机理、发生难易程度以及在发展的电位区间等方面，两者仍存在较大差异。

从腐蚀发生的条件来看，点蚀是通过腐蚀逐渐形成蚀孔（即闭塞电池），而后加速腐蚀。而缝隙腐蚀是在腐蚀前就已存在缝隙，腐蚀一开始就是闭塞电池作用，而且缝隙腐蚀的闭塞程度一般比孔蚀更大。另外，点蚀一定在含有 Cl^- 等活性阴离子的介质中才发生，而缝隙腐蚀即使在不含活性阴离子的介质中亦可发生。

从循环阳极极化曲线上的特征电位来看，不锈钢等钝性金属材料缝隙腐蚀的发生与发展电位范围比点蚀的要宽，萌生电位也比点蚀电位低，说明缝隙腐蚀更易发生，在实践中，缝隙腐蚀的危害性也比点蚀更大。例如，在氯化物溶液中，钛不发生点蚀，但在浓度较高的 NaCl 热溶液中，钛及其合金易遭受缝隙腐蚀的破坏。

点蚀通常发生在易钝化的金属表面，而缝隙腐蚀既可造成钝性金属加速腐蚀，也可促进活性金属的腐蚀破坏。从腐蚀形态上看，缝隙腐蚀既可呈现均匀的全面活化腐蚀，也可呈现局部点蚀型腐蚀，即使对于后一种情况，点蚀坑也宽而浅，而一般点蚀的蚀孔则窄而深。

6.4.4 缝隙腐蚀的影响因素

（1）缝隙的几何因素

缝隙的几何形状、宽度和深度以及缝隙内外面积比等，决定着缝内外腐蚀介质及产物交换或转移的难易程度、电位的分布和宏观腐蚀电池的反应效能等。图 6-11 所示为铁素体不锈钢在 0.5mol/L NaCl 水溶液中缝隙宽度与腐蚀深度和腐蚀速率的关系。可以看出，缝隙宽度增大，腐蚀失重降低，但在缝隙宽度为 0.10～0.12mm 时，腐蚀速率最大，即此时缝隙腐蚀的敏感性最高。缝隙的宽度和深度影响了缝隙的闭塞程度，闭塞程度大有利于维持缝隙内部的活化腐蚀状态，但也造成金属离子的堆积而增高了金属离子化的平衡电位，会降低阳极过电位（腐蚀驱动力），进而降低金属腐蚀的速率；而闭塞降低到一定程度，则孔内闭塞环境难以维持，缝隙内部可能会再钝化而显著降低腐蚀速率，因此缝隙腐蚀敏感性与缝隙宽度呈抛物线关系。

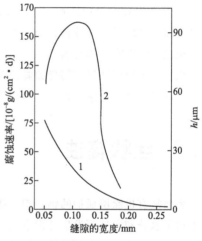

图 6-11 铁素体不锈钢在 0.5mol/L NaCl 溶液中腐蚀速率与缝隙宽度的关系
1—总腐蚀速率；2—腐蚀深度

（2）环境因素

溶液中的溶解氧量、液体流速、温度、pH 值和 Cl^- 浓度等均会影响缝隙腐蚀。通常随溶液中 pH 值降低、Cl^- 浓度和 O_2 浓度升高，使缝隙腐蚀加重。溶液的流速和温度对缝隙腐蚀的影响较为复杂，流速增大，缝外溶液的溶解氧量增加，增大缝隙腐蚀速度。但当缝隙腐蚀是由缝隙开口处的沉积物引起时，流速增大，缝口沉积物难以沉积，则缝隙腐蚀的倾向降低。通常温度升高，反应活化能增加，缝隙腐蚀加速，但溶解氧量随温度升高而降低，温度过高时，开放系统中的缝隙腐蚀速率反而会下降。

（3）材料因素

合金成分显著影响着材料缝隙腐蚀敏感性，对于不锈钢，Cr、Ni、Mo、Cu、Si、N等元素可提高其抗缝隙腐蚀性能，而Ru、Pd等则增大缝隙腐蚀敏感性。合金元素对缝隙腐蚀的影响作用会随金属基体种类及环境介质组成的变化而改变。

6.4.5　缝隙腐蚀的控制措施

控制缝隙腐蚀的常用措施如下。

① 优化结构设计　在设计和制造工艺上尽可能避免缝隙结构。如尽量用焊接取代铆接或螺栓连接，采用连续焊取代点焊，且与腐蚀介质接触的一侧要消除孔洞和缝隙；金属连接或搭接部位（如法兰）如需要安装垫圈应采用非吸水性材料（如聚四氟乙烯），金属容器内部应尽量避免死角褶皱等便于液体积存的结构。

② 选择合适的耐蚀材料　选择合适的耐缝隙腐蚀材料是控制缝隙腐蚀的有效方法之一。具有较好的抗缝隙腐蚀性能的材料有合金元素Cr、Mo、Ni、N含量较高的不锈钢和镍基合金，钛及钛合金，某些铜合金，等。可在缝隙腐蚀敏感性较高的结构上采用以上材料。选材时既要考虑耐蚀性能，同时还要尽量降低成本。

③ 采取电化学保护措施　采用外加电源或牺牲阳极的方法，将缝隙部位的电位阴极极化到自腐蚀电位以下，对钝态金属还能将其电位阳极极化到Flade电位以上保护电位以下，均能起到减缓缝隙腐蚀的目的。

此外，采用缓蚀剂控制缝隙腐蚀时要谨慎，通常需要采用高浓度的缓蚀剂才能有效，因为缓蚀剂进入缝隙时常受阻，其消耗量较大。若缓蚀剂用量不当，很可能会加速腐蚀。

6.5　丝状腐蚀

表面被有机涂层保护的钢、铝、镁、锌等金属材料处于一定湿度的大气环境中，由于漆膜渗透了水分和空气而发生的形态呈细丝状的腐蚀（如图6-12）被称为丝状腐蚀，由于丝状腐蚀多发生在漆膜与金属基体之间的缝隙处，很多研究者将其归类为一种特殊形式的缝隙腐

图6-12　带环氧树脂涂层的A3钢丝状腐蚀形貌

蚀，也称为膜下腐蚀，属于大气腐蚀的一种。虽然丝状腐蚀造成的金属质量损失轻微，但它损害金属制品的外观，有时可发展成为晶间腐蚀、点蚀的起源点，甚至引发应力腐蚀破坏。

6.5.1 丝状腐蚀的特征及产生条件

在透明涂层下的金属表面，丝状腐蚀形成密集的网络花纹，使金属表面上的涂层出现无明显损伤的隆起，隆起部位的涂层往往含有微裂纹，失去保护膜的作用。腐蚀细丝在金属与涂层之间掘出了一条可觉察的细沟，深度通常为几微米至十几微米，对于钢铁材料，腐蚀细丝的宽度约为 0.2mm，而对于铝合金，其宽度在 0.5～1mm。腐蚀细丝是由一个活性的头部和一个非活性的尾部构成（图 6-12 中的深色坑状圆点为头部，蠕虫状曲线为尾部）。对于钢铁材料来讲，活性头部呈蓝绿色（主要为亚铁离子显色），非活性躯体或尾部为红棕色。丝状腐蚀通过它的头部持续发展，丝状腐蚀起源于涂层的缺陷处或结构棱边。腐蚀细丝的生长和发展通常按一定的规则进行：一条细丝的头部不会穿过另一细丝的非活性的尾部（即细丝不发生相互交叉），当一个发展着的活性头接近一个非活性的尾时，就会发生转折；如果活性头垂直接近一个非活性的尾，它可能变为非活性而中止发展，或分成两个新细丝而折回，折回角度大约为 45°；如果两根细丝的活性头以锐角相遇时，它们可能结合为一根新细丝；有时还会出现细丝陷入一个内螺旋路径而消亡的情况。

丝状腐蚀的产生，通常需要具备如下一些基本条件。

① 相对湿度较高　金属发生丝状腐蚀的相对湿度范围为 60%～95%，相对湿度在 80%～85% 时通常最易引发丝状腐蚀。如果相对湿度低于 60%，则丝状腐蚀难以发生，相对湿度高于 95% 时，腐蚀丝充分宽化，以致造成涂层鼓泡。

② 涂（镀）层存在缺陷　丝状腐蚀通常起源于涂（镀）层的针孔、机械缺陷、气泡或较薄的边缘处。

③ 有氧气存在　氧气的存在是维持丝状腐蚀阴极反应的必要条件。

④ 合适的温度条件　室温下丝状腐蚀通常就会发生，但温度升高一般会加快其发展速度。

6.5.2 丝状腐蚀的机理

丝状腐蚀的机理较为复杂，迄今人们对丝状腐蚀的发展过程理解较为清晰，对丝状腐蚀萌生的机理仍存在争议，而对细丝间的相互作用则认识尚浅。

引发丝状腐蚀需要依靠腐蚀介质的渗透，因此，丝状腐蚀往往萌生于漆膜的破损处、边缘棱角及较大的针孔等缺陷或薄弱部位，在以上部位，大气中的少量腐蚀介质（如氯化物、硫酸盐、氧和水分等）通过渗透或毛细作用进入表面膜层下，激发丝状腐蚀点的形成（活化源）。在活化源处盐浓度最高，随着活化源腐蚀对氧气及水汽的消耗，以及高浓度金属盐的吸湿作用，使氧、水等不断地渗入，而氧渗透的不均匀性，导致氧浓差电池的形成，氯离子的存在破坏了金属表面钝化膜的修复，促进金属离子的水解与溶液的酸化，进而促进膜下腐蚀的发展。

图 6-13 给出了以铁基材料为例的被普遍接受的丝状腐蚀发展示意图。氧浓差电池是丝状腐蚀萌生和发展的重要推动力。在细丝发展过程中，由于其活性的头部溶解有高浓度的 Fe^{2+}（$Fe \longrightarrow Fe^{2+} + 2e^-$），使周围大气中的水借渗透及吸湿作用而不断渗入，在非活性的尾部，

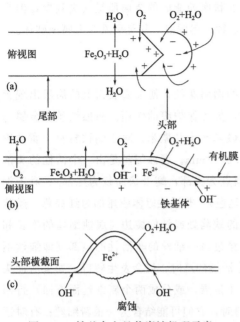

图 6-13　铁基合金丝状腐蚀机理示意

由于锈蚀产物 [$Fe_2O_3 \cdot H_2O$ 或 $Fe(OH)_3$] 的沉积，Fe^{2+} 浓度低，游离水被腐蚀产物固定，吸湿作用变弱，即尾部趋于变干。大气中的氧可以从膜的各个方位扩散进入膜下活性头部，但由于侧面和干的尾部遗留的腐蚀产物多孔疏松，扩散条件更好，因此在尾部和头部之间"V"型界面处氧的浓度较高，而头部中心氧的浓度较低，形成了氧浓差电池，头部中心及头的前端为阳极，金属发生腐蚀溶解，生成 Fe^{2+} 的浓溶液为蓝绿色流体。在活性头部，还可能由于腐蚀产物的水解使溶液酸化（pH 值可低至 1 左右），造成闭塞电池自催化加速腐蚀效应。在头部边缘腐蚀作用使膜/金属的界面结合变弱，丝状腐蚀向前发展。另外，"V"型界面后的细丝的躯干和尾部相对于活性的阳极头部来说，成为较大面积的阴极，这种大阴极小阳极的电偶腐蚀效应也是推动活性细丝头部向前发展的推动力之一。由此可见，丝状腐蚀的发展好似自行延伸的缝隙。氧浓差电池、闭塞电池水解酸化及大阴极小阳极等特征共同促进了丝状腐蚀的持续发展。

对于铝和镁的丝状腐蚀，人们发现在活性的头部有小的氢气泡形成，这是头部附近高浓度 H^+ 二次阴极还原的结果（$2H^+ + 2e^- \longrightarrow H_2$），也可能是头部钝态完全消失造成水直接被还原出氢气。铁基材料丝状腐蚀中未发现氢气泡，可能是析出的 H_2 量太少。

6.5.3　丝状腐蚀的影响因素和控制措施

丝状腐蚀的发生与发展，受环境因素（相对湿度、温度、腐蚀介质等）、涂层特性、活化剂、表面处理状态、金属基体性质的共同影响，大气中的相对湿度是最为重要的影响因素。此外，大气中的 SO_2、NaCl、尘埃等常作为丝状腐蚀的引发剂，如较高的 Cl^- 浓度，可以使丝状腐蚀发生所需的临界相对湿度降低。涂层性质对丝状腐蚀有一定的影响作用，透水率低的涂层，可以阻止或延缓丝状腐蚀的发生。丝状腐蚀迹线倾向于跟随材料表面磨痕和抛光方向发展。热处理和冷加工处理也会影响材料的丝状腐蚀行为，主要通过表层组织结构，尤其是第二相粒子及其分布特征影响丝状腐蚀的发展路径。合金成分是影响丝状腐蚀的重要因素之一，如 Cu、Fe、Pb、Mg 或 Zn 含量的增加降低了铝合金抗丝状腐蚀的性能。合金元素主要是通过第二相粒子的析出与分布影响丝状腐蚀行为，第二相粒子的析出及其不均匀分布均会加速丝状腐蚀。

降低大气环境中的相对湿度是抑制丝状腐蚀最为有效的方法。严格控制材料表面的预处理工艺，选用渗透性低、不吸水的涂料，降低涂层孔隙率等可有效地控制丝状腐蚀。对于铝及镁合金，涂漆前进行阳极氧化处理，对控制丝状腐蚀是十分有效的。依据美国材料试验学会标准 ASTM D2803 可以评价表面处理和材料因素等对丝状腐蚀的影响作用，该标准主要包括涂层缺陷的人工制备、氯离子的引入及环境温度、湿度的控制。

6.6 晶间腐蚀

6.6.1 晶间腐蚀的特征

晶间腐蚀（intergranular corrosion）是金属在特定腐蚀介质中沿着或紧挨着晶界或相界发生和发展的局部腐蚀破坏形态（图6-14）。晶间腐蚀一般起源于金属表面，沿着晶界向内部发展，使晶粒间的结合力丧失，以致材料的强度几乎完全消失。经受严重晶间腐蚀的不锈钢及超高强铝合金等材料表面看起来基本光亮完整，但一旦承受载荷就会破碎断裂。

不锈钢、镍基合金、铝合金以及铜合金等均会遭受晶间腐蚀的破坏，晶间腐蚀不仅导致材料的承载能力降低，而且诱发晶间型应力腐蚀开裂，或引发点蚀。

产生晶间腐蚀的根本原因是晶界及其附近区域与晶粒内部存在化学成分及组织差异导致的电化学不均匀性，这种不均匀性是金属材料在熔炼、焊接和热处理等过程中造成的，包括：①晶界沉淀相造成的合金元素贫化区；②晶界较连续的沉淀相本身；③杂质与溶质原子在晶界区较为连续的偏析；④晶界区原子排列杂乱、高密度位错等晶体缺陷；⑤晶界处相变（新相析出或转变）导致的晶界内应力。

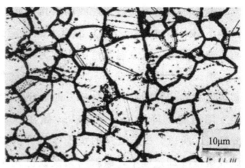

(a) 304不锈钢晶间腐蚀表面图

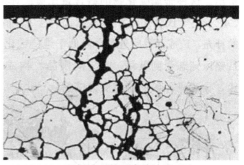

(b) 304不锈钢晶间腐蚀截面图
图6-14　奥氏体不锈钢
晶间腐蚀金相

晶间腐蚀的形式很多，奥氏体不锈钢的焊缝区域，由于部分热影响区的温度处于敏化温度区间，导致焊缝的部分区域产生晶间腐蚀，而母材晶间腐蚀现象并不明显，这种晶间腐蚀也称为焊缝区腐蚀。有时含有Ti及Nb元素并进行稳定化处理的不锈钢在焊接后，晶间腐蚀出现在邻近焊缝的窄带上，是焊缝区腐蚀的一种，也称"刀线腐蚀"。而具有晶间腐蚀倾向的铝合金经轧制或锻压成型后常面临一种较为特殊的晶间腐蚀破坏——剥离腐蚀。铝合金由于经过多次轧制，晶粒呈拉长的纤维状形态，晶界也呈现层状形貌，在某些腐蚀介质中，晶间腐蚀产生的腐蚀产物［如 $AlCl_3$ 或 $Al(OH)_3$ 等］溶解度较小而沉积在晶界部位，这些腐蚀产物的体积远远大于消耗的铝的体积，体积膨胀会沿着晶界产生张应力，造成晶粒向外鼓起，使合金表面鼓泡，严重时会使铝合金表面呈层状翘起或产生剥落，故称之为剥离腐蚀，也称层状腐蚀。

6.6.2 晶间腐蚀的机理

针对不同的金属材料，晶间腐蚀的机理模型较多，但共同点均认为晶界区域形成了连续的微观阳极区。根据阳极区产生原因、分布特征，比较有代表性的机理模型有贫化理论、阳极相沉淀理论和晶界吸附理论等。

（1）贫化理论

贫化主要是指合金元素溶质原子在晶界区的贫化，对不锈钢、镍基合金等是贫铬。现以奥氏体不锈钢为例介绍晶间腐蚀的贫化理论。

奥氏体不锈钢在氧化性或弱氧化介质中产生的晶间腐蚀，主要是热处理不当造成的。奥氏体不锈钢经过 450～850℃ 温度范围保温或缓慢冷却处理，就会在一定的腐蚀介质中呈现晶间腐蚀敏感性，这个温度范围也称为敏化温度（危险温度）。

奥氏体不锈钢经过 1050～1150℃ 加热保温 1～2h 及淬火处理（固溶热处理），获得 C 元素过饱和的均相固溶体（1050℃时奥氏体中碳的固溶度约为 0.2%）。C 元素在奥氏体中的固溶度随温度的降低而显著减少，如在 500～700℃ 下，奥氏体中 C 元素的固溶度就降为约 0.02%，所以，固溶处理的奥氏体不锈钢在常温下是碳过饱和的，当其在 450～850℃ 加热保温或缓慢冷却过程中，碳就与铬及铁优先在晶界部位结合形成复杂的碳化物 $(Cr,Fe)_{23}C_6$ 并析出。这种金属碳化物的铬含量比奥氏体基体高得多，必然大量消耗晶界区的 Cr 元素，加之 C 原子在奥氏体中的扩散速度远大于 Cr 原子的扩散速度，晶界区消耗的 Cr 元素得不到及时的补充，造成晶界附近铬含量低于维持钝化所需的最低含量（12%）而形成贫铬区（如图 6-15），贫铬区钝态受到破坏，并与周围晶粒构成了活化-钝态微电池，且具有大阴极-小阳极的面积比，导致晶界区的快速腐蚀溶解。

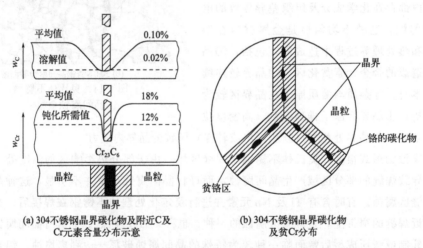

（a）304不锈钢晶界碳化物及附近C及　　　　　　（b）304不锈钢晶界碳化物
　　Cr元素含量分布示意　　　　　　　　　　　　　及贫Cr分布

图 6-15　奥氏体不锈钢晶界碳化物致贫 Cr 区形成机制

虽然铁素体不锈钢中的 C 和 N 元素含量比奥氏体不锈钢更低，产生晶间腐蚀的热处理及介质条件也存在差异，但二者的晶间腐蚀机理是类似的，因为 C、N 元素在铁素体中的固溶度比在奥氏体中低得多，且 Cr、Ni、Mo 等致钝元素在铁素体中的扩散速度比在奥氏体中快两个数量级，因此在热处理过程中铬的碳或氮化物还是会在晶界处优先析出，并形成一定的合金元素贫化区，铁素体不锈钢中造成晶间腐蚀的碳化物主要为 $(Cr,Fe)_7C_3$ 型，对于铁素体不锈钢可通过中温退火加速晶粒内 Cr 元素向晶界区的扩散而消除贫铬区。

（2）阳极相沉淀理论

根据贫化理论，C元素是奥氏体不锈钢产生晶间腐蚀的重要条件，人们通过改进冶炼工艺已经可以生产低碳及超低碳不锈钢，大大减少了碳化物析出引起的晶间腐蚀。但超低碳不锈钢，特别是高Cr、Mo元素含量不锈钢在650~850℃加热保温或缓冷后，处于强氧化性介质中时仍会发生晶间腐蚀。

此时产生晶间腐蚀的主要原因是晶界处形成了主要由FeCr及MoFe等金属间化合物构成的σ相，在过钝化条件下，σ相发生了严重的选择性溶解。σ相作为金属间化合物引发的晶间腐蚀只能用65%的浓HNO_3才能检验出来。通过测定σ相的阳极极化曲线（图6-16），与奥氏体γ相的极化曲线相对比，在γ相的钝化电位区间内，将发生σ相的选择性溶解，σ相阳极活性电流密度会急剧增大，沿晶界的连续的σ相持续溶解造成晶界区腐蚀。对于7系铝合金，会沿晶界析出连续的η相（$MgZn_2$）、Mg_2Al_3及Mg_2Si等二次相，这些增强相比于晶粒

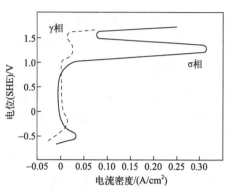

图6-16　不锈钢γ相和σ相的阳极极化曲线
（H_2SO_4-$CuSO_4$介质）

内部是阳极相，在腐蚀介质中会发生优先溶解，溶解产生的缝隙中金属离子浓度远高于本体溶液，并且水解会使缝内溶液局部酸化阻碍阳极相邻近区域的再钝化，导致阳极相周围区域也发生腐蚀溶解，造成铝合金晶界的持续腐蚀，以上均是晶界阳极相析出导致的晶间腐蚀。

（3）杂质偏聚吸附理论

经过固溶处理的超低碳奥氏体不锈钢在"浓硝酸＋重铬酸盐"这种强氧化介质中也会发生晶间腐蚀，而经过敏化处理的不锈钢此时则不易发生晶间腐蚀，这与非氧化或弱氧化介质中的晶间腐蚀不同，不能用合金元素贫化及阳极析出相解释。

研究表明，当固溶体中杂质P元素的含量达到0.01%，或杂质Si元素达到0.1%时，它们就会显著偏聚在晶界上，这些杂质在强氧化性介质作用下便发生溶解，导致晶界腐蚀。而且温度越高，P、Si等杂质原子越容易在晶界部位偏析。研究表明，不锈钢经过敏化处理后，C可以和P生成（MP)$_{23}$C$_6$，且C原子的扩散速度快于P原子，C的首先偏析限制了P向晶界的扩散和偏析，这两种情况均能减轻杂质原子在晶界处的偏析，结果反倒消除或减弱了不锈钢在强氧化性介质中的晶间腐蚀敏感性。

上述三种晶间腐蚀理论模型各自适用于一定的合金组织和介质组合，不是相互抵触，而是相互补充的，由于晶间腐蚀的复杂性，及微观表征手段特别是原位微观表征手段的局限，目前的机理仍有进一步发展和细化的空间。

6.6.3　晶间腐蚀的影响因素

（1）合金成分的影响

合金成分是影响晶间腐蚀的重要因素。以不锈钢为例，无论是奥氏体不锈钢还是铁素体

不锈钢，其晶间腐蚀敏感性均随碳含量的增加而增大，主因是碳含量越高，晶间沉淀的碳化物越多，晶间贫铬程度越严重。Cr、Mo元素作为常用的致钝元素，其含量增大可降低C原子的活度，从而降低不锈钢的晶间腐蚀倾向；而Ni、Si元素则能增加C原子的活度，从而增加不锈钢的晶间腐蚀倾向。向不锈钢中加入与C亲和力强的Ti、Nb等合金元素，可以优先与C结合成TiC、NbC从而消耗C元素，减小C对Cr元素的消耗和贫化，可显著降低晶间腐蚀敏感性。材料组织也对晶间腐蚀有重要影响，如奥氏体不锈钢中含有5%～10%的δ铁素体时，奥氏体晶界的碳化铬析出量减少，可减轻晶间腐蚀倾向；粗晶晶界处的碳化物尺寸更大、数量更多，贫化区更宽，有比细晶组织更大的晶间腐蚀倾向。

（2）热处理的影响

从晶间腐蚀的机理看，金属材料的热履历（加热温度、加热时间、温度变化速率等）直接影响着晶间腐蚀。热处理影响着晶间碳化物的沉淀行为（尺寸、成分），进而影响晶间腐蚀敏感性。图6-17显示了奥氏体不锈钢晶间腐蚀敏感性与加热温度及保温时间的关系，晶间沉淀开始的温度及保温时间范围与晶间腐蚀开始的温度及保温时间范围并不一致，说明晶界沉淀的开始并不意味着晶间腐蚀敏感性的开始。在较高温度下（高于750℃），晶界处形成的铬的碳化物是孤立的颗粒，且高温下Cr原子的扩散速度也较快，合金元素贫化区形成不明显，晶间腐蚀趋势较小，甚至没有晶间腐蚀；而在温度较低时（450～700℃），晶界

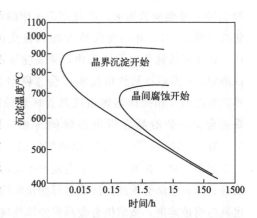

图6-17　304奥氏体不锈钢晶界$Cr_{23}C_6$沉积与晶间腐蚀之间的关系
（0.05%C，1250℃固溶，$CuSO_4\text{-}H_2SO_4$溶液）

处易形成连续的网状铬的碳化物，且此时Cr原子扩散速度较慢，形成了明显的合金元素贫化区，晶间腐蚀敏感性大增；而温度低于450℃时，由于C和Cr原子的扩散速度都减慢，铬的碳化物需要很长时间才能形成，晶间腐蚀就难以产生。

（3）环境因素的影响

凡是能促使晶粒表面钝化，同时又使晶界活化的介质，或者可使晶界处的沉淀相发生严重的阳极溶解的介质，均能诱发金属发生晶间腐蚀。如不仅强氧化性的浓HNO_3溶液能引起Cr-Ni不锈钢的晶间腐蚀，弱氧化或无氧化性的稀硫酸，甚至海水也能引起晶间腐蚀；工业大气、海洋大气或海水则可引起Al-Cu、Al-Cu-Mg、Al-Zn-Mg及含Mg大于3%的Al-Mg合金产生晶间腐蚀。那些可使晶粒、晶界都处于钝化状态或活化状态的介质，因为晶粒与晶界的腐蚀速度无太大差异，不会导致晶间腐蚀发生。温度等因素的影响主要是通过影响晶粒、晶界或沉淀相的极化行为（过电位）来影响晶间腐蚀敏感性。

6.6.4　晶间腐蚀的控制措施

根据晶间腐蚀发生发展的机理，可采取对应措施防控晶间腐蚀，针对不同种类的合金材料，具体措施会有所差异。

（1）不锈钢的晶间腐蚀控制

首先提升冶金工艺，降低钢中 S、P、Si 等有害元素的含量，提高钢的纯净度，避免杂质在晶界区的偏析；其次是发展超低碳不锈钢，碳含量低于 0.002％的超低碳不锈钢可有效避免碳化物析出型晶间腐蚀的发生；再次是加入固碳元素，对钢进行稳定化处理，加入强碳化物形成元素如 Ti 或 Nb，与 C 优先生成 TiC 或 NbC，能够避免或减少 $(CrFe)_{23}C_6$ 的生成和在晶界的析出，Ti 和 Nb 元素的加入量应控制在 C 含量的 5～10 倍，并进行稳定化热处理，促进 Ti 或 Nb 和 C 生成稳定化合物，避免 $(CrFe)_{23}C_6$ 的生成；再次是进行固溶热处理，将钢加热到 1050～1150℃使析出的 $(CrFe)_{23}C_6$ 重新溶解，并淬火防止其再次析出；最后可以适当细化晶粒，对晶界结构、成分进行调控。

（2）其他合金的晶间腐蚀控制

针对铁基高镍耐蚀合金，可以通过降低 C 元素含量，添加稳定化元素（如 Ti）和细化晶粒降低其晶间腐蚀敏感性。针对镍基耐蚀及高温合金，可以通过降低 C、P、Si 等杂质元素含量，提高 Cr 元素含量并添加 V 元素降低晶间腐蚀敏感性，也可以制定合理的热处理制度，抑制贫化区的出现或使析出相球化转变避免连续，也可抑制晶间腐蚀的发生。

抑制铝合金晶间腐蚀的方法包括：降低 Fe 等有害元素的含量；选择恰当的热处理工艺，如采用固溶＋过时效热处理，可以有效避免晶界形成连续网状的沉淀相；添加能够阻止晶界析出沉积相的元素或改变沉积相性质的元素；合理细化晶粒，使沉积相细小弥散、不连续。

6.7　选择性腐蚀

6.7.1　选择性腐蚀的现象特征

合金在腐蚀过程中，活性较强的组元（某种元素或某一相）优先溶解或溶解速度明显大于其他组元，这种类型的腐蚀就称为"选择性腐蚀"（selective corrosion）。

选择性腐蚀多发生于二元或多元固溶体合金中，电位较低的组元（元素或相）为阳极优先腐蚀溶解，电位较高的组元为阴极保持基本稳定或腐蚀后重新沉积。最典型的选择性腐蚀是黄铜脱锌和铸铁的石墨化腐蚀，其他合金体系在酸性介质或其他典型介质中，也会发生选择性腐蚀，如双相铝青铜及海军黄铜，选择性腐蚀发生的本质是合金中各组分的电化学稳定性或电化学活性不同。容易发生选择性腐蚀的合金-介质体系如表 6-5 所示。

表 6-5　易发生选择性腐蚀的合金/环境体系

合金	环境	脱除的元素
黄铜	多种水溶液（滞积条件）	锌
灰口铸铁	土壤，多种水溶液	铁
铝青铜	氢氟酸，含氯离子的酸	铝
硅青铜	高温蒸汽和酸性物质	硅
锡青铜	热盐水或蒸汽	锡

合金	环境	脱除的元素
铜镍合金	高的热负荷和低水流（精炼厂的冷凝器管、海水）	镍
铜金合金	三氯化铁	铜
Monel 合金	氢氟酸和其他酸	某些酸中脱铜，另一些酸中脱镍
金铜或金银合金	硫化物溶液，人体唾液	铜，银
铝锂合金	氯化物溶液，海水	锂
高镍合金	熔融盐	铬、铁、钼和钨
铁铬合金	高温氧化性气氛	铬
镍钼合金	高温下的氧	钼
中碳钢和高碳钢	氧化性气氛，高温下的氢	碳
铍青铜	卤族气体	铍

6.7.2 黄铜脱锌

黄铜是典型的 Cu-Zn 二元合金，Zn 元素的加入显著增强了合金的强度和耐冲击韧性，但当 Zn 的含量超过 15% 时，就会加剧选择性脱锌腐蚀，黄铜脱锌最常见于海水中，是海水热交换器中黄铜冷凝管的主要破坏原因。除海水环境外，在含盐的水及淡水中，或酸性环境、大气和土壤中，也会发生黄铜脱锌腐蚀。脱锌易于用肉眼加以判断，脱锌后的黄铜由黄色变为紫红色，其总尺寸变化不大，但变为多孔海绵状（往往还含有 10% 左右的铜氧化物），强度韧性基本完全丧失。

从腐蚀形态上看，黄铜脱锌有两种形式：一种是均匀的层状腐蚀，另一种是不均匀的带状或塞状腐蚀（如图 6-18 所示）。一般含锌量较低的黄铜在弱酸性、中性及碱性介质中易发生塞状脱锌；而含锌量较高的黄铜则易在低盐含量的酸性或弱酸性介质中发生层式脱锌。塞状脱锌的特点是腐蚀沿着局部区域向深处发展，构件呈针孔状腐蚀特征，局部腐蚀速率可达每年数毫米，而针孔周围的区域却没有明显的腐蚀迹象，这种腐蚀易导致黄铜管穿孔或引起突发性脆性断裂。层状脱锌则是在铜合金材料的整个表面上发生 Zn 元素的优先脱除，构件整

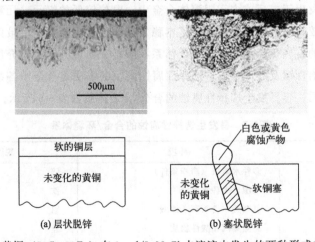

图 6-18　黄铜（70Cu-30Zn）在 1mol/L NaCl 水溶液中发生的两种形式的脱锌腐蚀

体减薄，强度逐渐减弱，通常塞状脱锌的破坏性更大。

不仅含锌量，组织结构对黄铜的脱锌也有重要影响。由铜锌二元合金组成的简单黄铜包括α黄铜（含锌量＜36%）、α+β双相黄铜（含锌量36%～47%）和β黄铜（含锌量47%～50%）。β相含锌量高，腐蚀电位比含锌量低的α相低，因此，β黄铜脱锌腐蚀的倾向较大。α+β双相黄铜的脱锌倾向比单相α黄铜严重，并且因β相阳极性高，脱锌往往从β相开始（图6-19），待β相被腐蚀至几乎消失，腐蚀就会发展到α相。

脱锌与黄铜的其他腐蚀形式有密切关系，如脱锌能够促进黄铜应力腐蚀裂纹的萌生与扩展，成为诱发黄铜应力腐蚀开裂的主要因素之一。

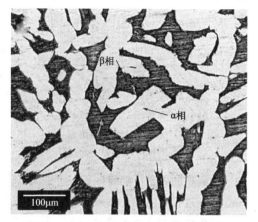

图 6-19　60Cu-40Zn 黄铜在氧化性
介质中的选择性腐蚀形态

6.7.3　铸铁的石墨化腐蚀

灰口铸铁中的石墨以网络状形式分布在铁素体内，在一定的环境介质中铁素体作阳极发生腐蚀溶解，石墨为阴极被保留，铁的选择性腐蚀会留下一个多孔的石墨骨架，故称为石墨化腐蚀（graphitic corrosion）。石墨化腐蚀会形成以铁锈、孔隙和石墨为主体的海绵状多孔体，使灰铸铁丧失原有的强度和金属性能。石墨化腐蚀通常发生在较为缓和的环境中，如盐水、矿水、土壤或极稀的酸性溶液等，是一个缓慢进行的过程。船舶的冷凝器、地下管道等设施中使用的灰铸铁常常发生石墨化腐蚀。

石墨化腐蚀通常仅发生在有石墨网存在的灰口铸铁中，不能保持连续石墨残留物的可锻铸铁及球墨铸铁，则不发生石墨化腐蚀，而没有自由碳的白口铸铁同样也不发生石墨化腐蚀。

6.7.4　选择性腐蚀的机理

被广泛接受的选择性腐蚀机理有两种：一是选择性溶解理论（或剩余理论），二是溶解再沉积理论。选择性溶解理论认为低电势组元（贱组元）作为腐蚀电池阳极优先腐蚀溶解，而高电势组元（贵组元）作为阴极不腐蚀或腐蚀很轻微成为剩余骨架。溶解再沉积理论则认为选择性腐蚀发生时高电势与低电势组元一同溶解到腐蚀介质中，高电势的组元发生再沉积（或反镀），形成疏松多孔的骨架结构。大量研究已经表明，两种机理是共同存在共同作用的，因此有综合作用机理一说，选择性溶解或者溶解再沉积在共同起作用，只是在选择性腐蚀的不同阶段某一机理的作用权重不同，由于事物的多样性，不同的体系遵从不同的选择性腐蚀机理是完全可能的。由于黄铜脱锌是最为普遍、研究最多的选择性腐蚀形式，因此以其为例进行机理介绍。

贱组元的选择性溶解：该理论模型认为黄铜表层的锌发生选择性溶解，合金内部的锌通过表层上的复合空位迅速扩散并到达溶解反应的位点，保持继续溶解，由此导致表层留下疏松的铜层。利用该理论也能较好地解释灰口铸铁的石墨化腐蚀、Cu-Au 合金的脱铜等现象。但这种说法也存在争议，因为溶液离子和贱组元的金属离子通过复杂曲折的空位较为困难，

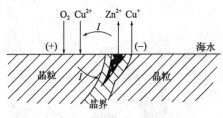

图 6-20 黄铜选择性腐蚀溶解-
再沉积机理示意

不易使腐蚀深度达到相当的程度，或者选择性腐蚀应该变得极为缓慢。

溶解-再沉积理论认为黄铜的脱锌由黄铜的整体溶解、锌离子留在溶液和高电位铜离子反镀回基体等步骤组成。下面以黄铜在海水中的脱锌过程为例（图 6-20 所示）加以说明。

① 黄铜的整体溶解：

阳极过程：$Cu\text{-}Zn \longrightarrow Cu^{2+} + Zn^{2+} + 4e^-$ (a)

阴极过程：$O_2 + 2H_2O + 4e^- \longrightarrow 4OH^-$ (b)

黄铜中的铜也可能腐蚀成一价铜离子即

阳极过程：$Cu\text{-}Zn \longrightarrow Cu^+ + Zn^{2+} + 3e^-$ (c)

而生成的 Cu^+ 会形成 Cu_2Cl_2，并分解为 Cu 单质和 $CuCl_2$。

② 铜的反镀（或再沉积）：由于 Zn/Zn^{2+} 平衡电位比 Cu/Cu^{2+} 低，阳极溶解出的 Zn^{2+} 留在水溶液中，而富集在基体表面的 Cu^{2+} 将产生如下的置换反应（阴极），沉积在基体上：

$$Cu^{2+} + Cu\text{-}Zn \longrightarrow 2Cu + Zn^{2+} \tag{d}$$

式（a）及式（d）中的 Cu-Zn 表示铜锌合金，Cu 与 Zn 原子之间存在结合力。式（a）～式（d）相加的总反应：

$$O_2 + 2H_2O + 2Cu\text{-}Zn \longrightarrow 2Zn^{2+} + 4OH^- + 2Cu \tag{e}$$

式（e）表明，黄铜总的腐蚀结果是锌腐蚀溶解，铜保留。

6.7.5 选择性腐蚀的影响因素与控制措施

选择性腐蚀受合金成分、组织结构、介质状况、温度及电化学极化条件等诸多因素的影响，合理地控制这些因素，可以有效控制选择性腐蚀的发生发展。

一般来说合金中低电势组元的含量越高，选择性腐蚀的倾向就越大。因此，为了控制选择性腐蚀，方法之一就是尽可能选择低电势活性组元含量低的合金。此外，向合金中加入一些能够抑制选择性腐蚀的辅助合金元素，也会对选择性腐蚀产生抑制作用。例如，在 α 黄铜中加入少量 As、Sb、Sn、P、Ni 和 Al 元素均可有效地抑制其脱锌腐蚀，As 可以提高 Cu 重新析出时的过电位，其他元素可以增加 Zn 组元的耐蚀性，有效降低其脱锌速度。从综合效果和经济成本上考虑，则以加入 As 和 P 最为有利，但 P 量过多会加剧黄铜的晶间腐蚀。

合金组织结构对选择性腐蚀也有重要影响，如对于铝铜二元合金，脱铝腐蚀的严重程度从小到大排序为 α 相＜含铝少的马氏体＜含铝高的马氏体＜γ_2 相，通过恰当的热处理工艺，可以获得选择性腐蚀倾向更低的微观组织，这是解决选择性腐蚀破坏的另一个途径。

选择性腐蚀的发生也与介质状况密切相关，特定合金仅在某些介质中有选择性腐蚀现象（见表 6-5）。对于黄铜来说，介质中氯化物浓度高、含氧量大、流速低或合金表面存在有利于缝隙形成的结垢层及沉积物时，均会增大脱锌腐蚀敏感性。合理地控制这些因素即可降低黄铜脱锌腐蚀。向环境介质中加入缓蚀剂是控制选择性腐蚀的最常用方法和重要手段。如苯并三氮唑（BTA）、甲基苯并三氮唑（TTA）和 2-巯基苯并咪唑（MBI）可以在多种环境介质中抑制多种合金材料的选择性腐蚀。

由于选择性腐蚀通常发生在特定的电极电位范围内，通过对金属材料施加阴极保护，将被保护合金的电位极化到最活泼（电势最低）合金组元的溶解电位以下，可以有效防止选择性腐蚀的发生。但是因该措施通常成本较高，所以在实际工程中应用不广泛。

6.8 局部腐蚀敏感性试验评价方法

6.8.1 点蚀敏感性的试验评定方法

由于点蚀具有隐蔽性、突发性和难以预测的特点，常采用试验加速的方法评价金属材料的点蚀敏感性，以便为工程设计提供参考。点蚀敏感性的试验评定方法主要包括三类：化学浸泡法、电化学测量法和现场试验法。

化学浸泡法是将所测材料的板材磨光（指定粗糙度）、除油、清洗、干燥、称重后浸泡到腐蚀溶液中，一定时间后取出试样进行评定。耐点蚀性能（或点蚀敏感性）评定的判据包括点蚀坑深度、点蚀（数量）密度、腐蚀率（失重）等指标。将腐蚀率和蚀孔特征（分布、密度、形状、尺寸、深度等）综合起来，并借助统计学的方法评定材料的点蚀敏感性则更为全面和科学。点蚀对金属材料的贯穿程度可以用点蚀系数（也称点蚀因子）来表示：

$$点蚀系数＝最大腐蚀深度/平均腐蚀深度 \qquad (6\text{-}14)$$

点蚀系数越大说明材料点蚀敏感性越高。化学浸泡法所选用的腐蚀溶液可根据材料的种类确定。三氯化铁腐蚀溶液常被用于检验不锈钢及含铬的镍基合金在含氯介质中的耐点蚀性能。国家标准"GB/T 17897—2016《金属和合金的腐蚀 不锈钢三氯化铁点腐蚀试验方法》及美国材料试验学会标准"ASTM G48"中都对该方法做了具体规定。而 ASTM G46 标准中则对点蚀密度、大小和深度进行了分级，并给出了判定标准图谱。

电化学测量法是利用电化学测试仪器测量点蚀特征电位（E_b 和 E_p）、电化学噪声（电极电位及电流密度的随机波动现象）等特征，用以评价材料的点蚀敏感性。用于测量点蚀电位的方法有控制电位法（如动电位法、恒电位下的电流-时间记录法）和控制电流法（动电流法、恒电流下的电位-时间记录法），其中较为常用的是控制电位法。需要强调的是：点蚀特征电位的值与测量方法有关，为便于比较和应用，测量时，应采用相同的测量参数和技术规范。动电位扫描法测量临界点蚀电位应用最为广泛，国家标准"GB/T 17899—1999《不锈钢点蚀电位测量方法》中对测量方法及判定标准做了详细规定：

将打磨好的不锈钢试片置入已经过高纯氮或氩脱氧处理的质量分数 3.5％的 NaCl 水溶液中，介质温度控制为（30±1）℃。从自腐蚀电位开始，以 20mV/min 的电位扫描速度进行阳极极化曲线测量，直至所测阳极电流密度达到 500～1000μA/cm^2 为止。点蚀电位对应阳极极化曲线上电流急剧增加的位置（图 6-7），实际中这一位置较难准确地确定，因此，通常的做法是以阳极极化曲线上对应于电流密度为 10μA/cm^2 或 100μA/cm^2 的电位值中，取其最高的电位值来表示点蚀电位（并分别用符号 E'_{b10} 或 E'_{b100} 表示）。试验中所测不锈钢作为工作电极，其封装十分关键，必须排除电偶腐蚀和缝隙腐蚀的影响。

6.8.2 缝隙腐蚀敏感性的试验评定方法

为了快速评价某种材料或某些结构的缝隙腐蚀敏感性，也可在实验室环境下进行缝隙腐蚀加速试验，主要包括化学浸泡法和电化学测量法。

化学浸泡法是将待测金属材料设计、制造成合理的缝隙试样，并磨光、除油、清洗、干燥、称重，按要求组装成缝隙腐蚀组件后，浸泡到特定的腐蚀溶液中，一定时间后取出试样进行评定，评定内容包括：腐蚀形态、重量变化、腐蚀深度及腐蚀面积等。缝隙腐蚀化学浸泡法的关键是设计合理的缝隙试样，需要考虑缝隙的几何形状、尺寸、缝隙内外的面积比以及配对材料等因素，图 6-21 给出了浸泡试验中几种简单的缝隙试样。由于人工缝隙试样的几何形状不易重现，因此，有时需要从统计学角度设计试样和处理试验结果。国家标准"GB/T 10127—2002《不锈钢三氯化铁缝隙腐蚀试验方法》"及美国材料试验学会标准"ASTM G48"中明确规定了浸泡试验方法的适用范围、试样的制备和要求、试验装置、试验溶液、试验条件和步骤、试验结果的评定等内容，可用于评定不锈钢、含 Cr 的镍基合金等材料在氧化性含氯介质中对缝隙腐蚀的耐受性。

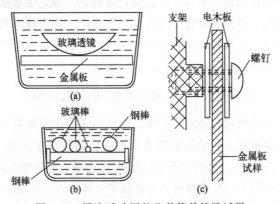

图 6-21 浸泡试验用的几种简单缝隙试样

电化学测试方法则是以某些电化学参数作为判据，以判断金属材料对缝隙腐蚀的相对敏感性。通常电化学测试方法可显著缩短缝隙腐蚀的诱导期而达到加速腐蚀试验的目的。临界（再钝化）电位测试法是最常用的一种缝隙腐蚀电化学试验方法，如国家标准"GB/T 13671—1992《不锈钢缝隙腐蚀电化学试验方法》"中推荐的就是该方法。其原理是将规定的人工缝隙试样在恒温的 NaCl 溶液中，用恒电位法使其阳极极化到 0.8V（SCE），此电位远高于不锈钢在该溶液中的自腐蚀电位，从而快速诱发缝隙腐蚀。然后，立即将电位降至某一预选钝化电位，如果在该预选电位下，材料对缝隙腐蚀敏感，腐蚀将继续发展，反之试样将发生再钝化。以缝隙腐蚀试样表面能够再钝化的最高电位为判据，评价材料的缝隙腐蚀敏感性，即再钝化电位越高，抗缝隙腐蚀性能越好。此外，采用类似测量点蚀电位 E_b 和保护电位 E_p 的方法，测定缝隙腐蚀试样的差值（$E_b - E_p$）及循环阳极极化曲线也是评定缝隙腐蚀敏感性的一种电化学方法。差值（$E_b - E_p$）愈大，材料的缝隙腐蚀敏感性也愈大。

6.8.3 晶间腐蚀敏感性的试验评定方法

晶间腐蚀敏感性的试验评定方法也是主要包括了化学浸蚀法和电化学腐蚀法，通常要根据不同的金属材料和试验目的来选择。针对不同金属材料的晶间腐蚀试验方法，国内外均已形成大量标准，如国家标准"GB/T 7998—2005《铝合金晶间腐蚀测定方法》"、"GB/T 4334—2020《金属和合金的腐蚀 奥氏体及铁素体-奥氏体（双相）不锈钢晶间腐蚀试验方法》"及美国材料试验协会标准"ASTM 262"等。其中关于不锈钢晶间腐蚀的相关测试标准最为详尽，国标 GB/T 4334—2020 中就详细介绍了包括草酸浸蚀法、沸腾 65％硝酸法、硫酸-硫酸铁法、硫酸-硫酸铜法、铜-硫酸铜-35％硫酸法以及 40％硫酸-硫酸铁法等。而国家标准"GB/T 29088—2012《金属和合金的腐蚀 双环电化学动电位再活化测量方法》"也可用于指导电化学腐蚀法测定不锈钢的晶间腐蚀敏感性。

无论是化学浸蚀法还是电化学腐蚀法，其原理是基本一致的，即选用合适的化学浸蚀条件或电化学腐蚀条件，使晶界区以比晶粒更快的腐蚀速度进行腐蚀或促使晶界区沉淀相发生优先腐蚀。图 6-22 所示为用于不锈钢晶间腐蚀试验的电化学原理图。图中的低 Cr 钢 10Cr-10Ni 用于模拟不锈钢中的晶界贫铬区，而固溶的 18Cr-10Ni 钢模拟不锈钢晶粒本体。不同浸蚀法的腐蚀电位处于极化曲线的不同位置，但具有相对恒定的电位区间，即各种浸蚀剂构成了所谓"化学恒电位计"。草酸浸蚀法仅使 $Cr_{23}C_6$ 发生选择性溶解腐蚀，因此不能检验由于 σ 相、TiC 在晶界析出而引起的晶间腐蚀。沸腾的 65％硝酸溶液既可以检测晶界析出的 σ 相和 TiC 的腐蚀，也可以使贫 Cr 晶界区以远高于正常成分晶粒本体的速度进行腐蚀溶解，从而显示晶间腐蚀倾向。沸腾硫酸-硫酸铁法可以使贫铬的晶界区及晶界析出的 σ 相发生选择性溶解而呈现晶间腐蚀。硫酸-硫酸铜法使不锈钢晶粒本体处于钝态，使贫铬区加速溶解而引起易于分辨的晶间腐蚀。可根据材料特性及方便程度选择具体的晶间腐蚀浸泡方法。

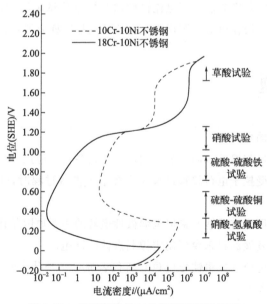

图 6-22　晶间腐蚀的电化学测试试验原理

电化学腐蚀法有恒电流阳极电解浸蚀法、恒电位浸蚀法以及双环电化学动电位再活化法等。如恒电位浸蚀法首先根据极化曲线判断易引起晶间腐蚀的电位区间，然后利用电化学工作站将试件在此电位值下进行长时间的恒电位侵蚀，以获得电位与晶间腐蚀的关系，从而评定不锈钢的晶间腐蚀敏感性及研究其机理。

晶间腐蚀试验后，材料晶间腐蚀敏感性的判据包括：金相组织改变、试样弯曲后表面开裂状况、试件失重、试件电阻变化、承载强度改变、声频变化等，也可以用超声波法、涡流法、声发射法等对试件进行无损检测和评定。

6.8.4 选择性腐蚀的试验评定方法

关于选择性腐蚀的试验评定方法主要包括：化学浸泡法和电化学试验法。针对不同的合金材料可以选取特定的敏感介质进行选择性腐蚀加速试验。如国家标准"GB/T 10119—2008《黄铜耐脱锌腐蚀性能的测定》"及国际标准"ISO 6509《金属与合金的腐蚀 黄铜耐脱锌性能的测定》"中均明确规定了采用75℃的1%氯化亚铜水溶液对黄铜试样进行24h的化学浸泡处理，再用金相显微镜观察材料纵剖面，以脱锌层深度作为材料脱锌敏感性的评价判据。

此外，常选用恒电位极化法和恒电流极化法作为选择性腐蚀的电化学试验方法。恒电位极化试验的理论依据是：选择性腐蚀是合金中两组元在一定介质中稳定性差异的表现，选择性腐蚀发生在一定的电极电位和介质 pH 值下。因此，在选定的介质条件下，用电化学工作站将试样的电极电位控制在最适宜脱除合金元素的电位区间内，即可快速而准确地取得试验结果。选择性腐蚀的电极电位范围和介质的 pH 值通过试验研究加以确定，如 α 黄铜在0.5mol/L NaCl 溶液中进行选择性腐蚀电化学加速试验时，溶液 pH 值取 3，电位可恒定在−100～+150mV 范围内，试验周期约 3～10h，可以快速评价黄铜脱锌敏感性。对试验后的溶液进行化学分析计算脱合金元素系数（即试验后溶液中贱、贵元素离子质量比值，除以合金原有成分中贱、贵元素的质量比值），可以评价选择性腐蚀敏感性。利用金相法测定选择性腐蚀深度，是更加便捷的判定方法。恒电流试验法与恒电位试验法所用试验装置相同，不过此时控制的是合金的阳极极化电流，阳极极化电流的选择同样要通过试验进行确定。

思考题与习题

1. 试概括局部腐蚀的本质。
2. 试比较标准电位序与腐蚀电偶序的异同，并总结各自的应用。
3. 试分析阴极反应受控于电荷转移过程及受控于氧扩散过程时，阴、阳极面积比对电偶效应的影响。
4. 电偶腐蚀的影响因素有哪些？造成电偶极性逆转的主要原因是什么？
5. 根据点蚀萌生和发展的机理模型制定控制点蚀的措施。
6. 点蚀电位与保护电位（或再钝化电位）所代表的意义是什么？它们是如何确定的？其数值与测定方法是否有关？
7. 阐述缝隙腐蚀的机理及影响因素，并比较缝隙腐蚀与点蚀的异同点。
8. 哪些金属材料更易发生点蚀、缝隙腐蚀和晶间腐蚀？这三者的腐蚀机理中是否存在相同的作用因素和联系？
9. 产生选择性腐蚀的根本原因是什么？哪些合金材料易产生选择性腐蚀？
10. 试分析比较选择性腐蚀与晶间腐蚀的异同点。

第 7 章

应力作用下的腐蚀

了解应力作用下腐蚀的含义及常见类型；掌握应力腐蚀开裂的定义、特征与机理，熟悉应力腐蚀开裂的控制方法，了解应力腐蚀开裂试验方法；掌握氢致损伤的定义，熟悉氢致损伤中氢的来源及氢致损伤的特征，了解氢致损伤的机理及控制方法；掌握腐蚀疲劳的定义，熟悉腐蚀疲劳的特征，了解腐蚀疲劳的机理及控制方法；了解磨耗腐蚀中微动腐蚀及冲击腐蚀的定义及特征。

7.1 应力腐蚀开裂

材料在应力（外加的、残余的、化学变化或相变引起的）和腐蚀性环境介质协同作用下发生的开裂或断裂现象称为材料在应力作用下的腐蚀。材料、应力和腐蚀环境是发生应力作用下腐蚀的三要素。材料在应力因素和腐蚀环境因素单独或联合作用下造成的破坏类型及彼此间的关系可用图 7-1 表示。

图 7-1　材料及结构破坏定义范畴示意

应力作用下的腐蚀破坏主要包括：应力腐蚀、腐蚀疲劳、氢致断裂、微动腐蚀（或微振腐蚀）、冲击腐蚀（或湍流腐蚀）和空泡腐蚀等。

应力作用下的腐蚀导致的工程结构破坏危害到航空、航天、能源、国防、石油、化工、海洋开采、船舶、交通、建筑等诸多行业，造成了巨大的经济损失和灾难性后果，这方面的例子不胜枚举，仅在航空和化工领域就曾造成了众多起灾难性事故，例如，1988 年 4 月 28 日美国一架波音 737-200 客机在夏威夷上空因机身蒙皮发生应力腐蚀和腐蚀疲劳等破坏，造成机体上部大面积蒙皮和结构飞掉，一名女性乘务员被吸出机身，多名机上人员受重伤。自 1994 年 5 月锦州石化公司 80 万吨每年催化裂化装置再生系统设备发生开裂以来，上海高桥石化公司、茂名石化公司、大连石化公司、哈尔滨炼油厂等炼厂再生系统相继出现开裂。2011 年，吉林省松原石油化工股份有限公司的"11·6"爆炸事故造成 4 人死亡，1 人重伤，6 人轻伤，就是由于硫化氢应力腐蚀导致设备发生爆炸所引起的。

因此，研究材料、机械设备和结构在应力作用下腐蚀破坏的特征、规律、机理和分析与诊断的方法，在此基础上提出和实施合理而有效的预防技术措施，对于确保机械装备的安全性和可靠性意义重大。

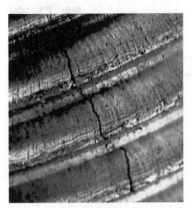

图 7-2　黄铜季裂

应力腐蚀开裂（stress corrosion cracking，SCC）是指受应力的材料在特定腐蚀环境下产生滞后开裂，甚至发生滞后断裂的现象。发生 SCC 的材料不受应力的作用时，其腐蚀非常轻微，当承受的应力超过某一临界值后会在腐蚀并不严重的情况下发生开裂或断裂。

人们较早对应力腐蚀破坏的认识可追溯到 19 世纪后期黄铜弹壳的"季裂"现象，即黄铜弹壳在夏季季风期贮存过程中，因潮湿空气中含有腐蚀性氨离子和弹壳制造过程中引入的残余应力联合作用导致弹壳的应力腐蚀开裂破坏。黄铜季裂见图 7-2。应力腐蚀开裂在力学、环境、材料、断裂形态学等方面表现出一些独特的性质。

7.1.1　应力腐蚀的条件及特征

7.1.1.1　力学条件

（1）应力性质

通常认为应力腐蚀只有在拉应力条件下才能发生，这种应力可以是加工（机加工、焊接、热处理、表面处理、磨削、装配等）引入的残余应力；可以是服役过程中外部环境（自身结构、负载、高压等）带来的加载应力；也可以是腐蚀产物的楔入作用而引起的扩张应力。另外，宏观压应力在某些情况下也可以产生应力腐蚀裂纹，其可能原因有两种：①由于压应力能够引起金属产生滑移变形，以金属阳极溶解为控制过程的 SCC 可以发生；②结构或试样所受宏观应力为压应力，但微观上表现为局部张应力。

SCC 是一种低应力（应力水平通常为材料屈服强度的 50％～90％）脆性断裂，断裂前无大的塑性变形，常常导致无先兆的灾难性事故。据统计 80％的应力腐蚀事故起源于残余应力，因此设备破坏分析中一定要注重对残余应力的分析。

（2）存在临界应力

应力腐蚀开裂是一种与时间有关的滞后破坏，材料所受应力愈小，断裂时间 t_F 愈长。当应力小于某一临界值后，t_F 趋于无穷，此应力值称为应力腐蚀的临界应力（σ_{scc}），对于存在预裂纹的试样或构件则存在一临界应力强度因子（裂纹发生失稳扩展的最小应力强度因子，K_{ISCC}）。

（3）应变速率对应力腐蚀敏感性的影响

应力腐蚀敏感性是材料在破坏过程中的一种应力腐蚀特征。阳极溶解型 SCC 体系材料的应力腐蚀敏感性随应变速率的增加呈现先增大后减小的趋势。

可以用材料塑性（延伸率或缩颈率）损失率、应力-应变曲线积分面积损失率、断裂时间损失率来呈现。以塑性损失率 $I_\psi = (\psi_{空白} - \psi_{SCC})/\psi_{空白} \times 100\%$ 为例，图 7-3 给出了低碳钢在碳酸钠中应力腐蚀敏感性随应变速率的变化规律曲线。当应变速率 ε 小于 ε_1（大于 ε_2）某一临界值时，其塑性损失不明显，表明应力腐蚀敏感性较低（应变速率过低，拉伸使金属表面膜破裂的速率低于新鲜金属重新形成钝化膜的速率，此时不发生应力腐蚀开裂；而应变速率过高，断裂时间太短，应力腐蚀裂纹来不及形核就发生机械过载断裂）。

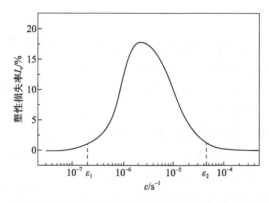

图 7-3　低碳钢在碳酸钠溶液中应力腐蚀敏感性随应变速率的变化

7.1.1.2　环境条件

（1）特定的环境

对某一种金属材料，只有在特定的介质中才能发生应力腐蚀，因此，可以以环境特点命名一些金属材料的应力腐蚀。如锅炉钢在碱性溶液中的"碱脆"、低碳钢在硝酸盐溶液中"硝脆"、奥氏体不锈钢在含有 Cl^- 溶液中的"氯脆"、黄铜在带有氨气氛中的"氨脆"、奥氏体不锈钢在含有连多硫酸溶液中的"硫脆"、高强度钢在酸性或中性 NaCl 水介质中的"氢脆"。表 7-1 为部分材料发生应力腐蚀的环境特征。

表 7-1　产生应力腐蚀的特定材料/环境介质体系

材料	介质
低碳钢	NaOH，$CO-CO_2-H_2O$，硝酸及碳酸盐溶液
高强度钢	水介质，氯化物，含痕量水的有机溶剂，HCN 溶液
奥氏体不锈钢	沸腾盐溶液，高温纯水，含 Cl^- 的水溶液，含 Na^+ 的盐溶液，连多硫酸，H_2S 溶液，$H_2SO_4+CuSO_4$ 溶液，苛性碱溶液
铝合金	湿空气，含 Cl^- 的水溶液，高纯水，有机溶剂
钛和钛合金	水溶液，有机溶剂，热盐，发烟硝酸，N_2O_4
镁和镁合金	湿空气，高纯水，$KCl+K_2CrO_4$ 溶液
铜和铜合金	含 NH_4^+ 溶液或蒸气，$NaNO_2$、醋酸钠、酒石酸钾、甲酸钠等水溶液
镍和镍合金	高温水，热盐溶液，卤素化合物，HCl，$H_2S+CO_2+Cl_2$，NaOH
锆和锆合金	水溶液（含 $FeCl_3$，$CuCl_2$，硝酸，卤素化合物），热盐溶液，甲醇（含 I^-，Br^-，Cl^-），CCl_4，$CHCl_3$，卤素蒸气

不同的材料/环境体系的 σ_{scc} 或 K_{ISCC} 可能有很大差异，如在室温 3.5% NaCl 水溶液中，用于制备飞机起落架的 30CrMnSiNi2A 超高强度钢的 K_{ISCC} 只有 17MP·$m^{1/2}$，而用于制备飞

机发动机压气机叶片和盘的 TC4（Ti6Al4V）钛合金的 K_{ISCC} 高达 $60MP \cdot m^{1/2}$，但后者的屈服强度 σ_s 只有前者的 64%。

（2）特定的电位范围

金属材料 SCC 往往发生在电化学极化曲线的活化-阴极保护过渡区、钝化-活化过渡区或钝化-过钝化过渡区（如图 7-4 所示）。在这种条件下，表面膜处于不稳定状态，局部易出现活化的点蚀核心，而大部分区域处于钝化状态，从而构成大阴极-小阳极电化学腐蚀结构，为局部应力腐蚀裂纹萌生提供了必要的条件。

特定的材料/环境介质组合使材料的自腐蚀电位处于上述"钝化-活化过渡区或钝化-过钝化过渡区"，材料的 SCC 敏感电位范围除与介质的类型和浓度有关外，还受环境温度的影响（如图 7-5 所示），温度愈高，其 SCC 敏感的电位范围愈大。

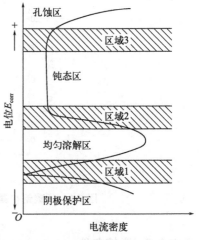

图 7-4　应力腐蚀断裂电位区（阴影）

（3）局部环境与整体环境间的差异

发生 SCC 的体系，金属表面的均匀腐蚀倾向小（低于 $0.125 \sim 0.250mm/a$），具有一定的钝化能力，以发生局部腐蚀为特点。因此，应力腐蚀与点蚀、缝隙腐蚀的发展过程有一个共同点：均以"闭塞电池"机制为推动力，局部化学环境与整体溶液的化学环境之间存在很大的差别。

① 局部酸性。在模拟海水环境的 3.5%NaCl（pH=5）水溶液中，铁、铝、钛合金和奥氏体不锈钢裂纹尖端的 pH 值分别约为 4、3.5、2 和 0.7，即裂尖为局部酸性，为阳极溶解提供了条件。

② 离子浓度差异。裂纹内 Cl^- 浓度较其外部提高了 10 倍左右，其他离子（如金属离子、NO_3^-、SO_4^{2-} 等）在裂纹内与裂纹外也有明显的差异。

③ 这种差异反映在电化学上则是裂纹尖端与裂纹外的电极电位的不同。图 7-6 所示为 Pourbaix 对铁在含 Cl^- 的溶液中根据热力学计算的裂纹内 pH 值和电位的分布，裂纹内部电位较外部电位通常低数十到数百毫伏，即裂尖是局部阳极区。

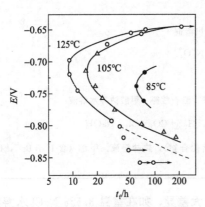

图 7-5　低碳钢在 3.5%NaCl 溶液中外加电位与断裂寿命的关系

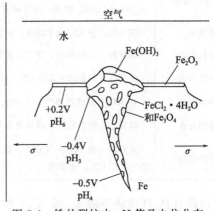

图 7-6　铁的裂纹内 pH 值及电位分布

7.1.1.3 材料条件

（1）材料成分

合金成分的变化会影响材料的组织结构，能够影响材料表面的电化学均匀性和稳定性，进而影响在特定介质中的电化学行为，不同的合金元素对材料的 SCC 影响不同。如加入适当的 Cr 或 Al 元素可以提高奥氏体不锈钢的 SCC 抗力，Ni 对 Fe-Ni-Cr 合金 SCC 的影响则呈非单调的变化规律；而 C、N、S、P 等易于在金属晶界上析出，构成活性通路，促进 SCC 的发生。

（2）组织结构

材料的显微组织结构取决于材料成分、热处理制度，因此显微组织对 SCC 的影响与材料成分、热处理制度的相关，如面心立方的奥氏体不锈钢在氯化物溶液中很容易产生 SCC，但体心立方的铁素体不锈钢则对该环境有很高的 SCC 抗力。如相同成分而显微组织不同的碳钢或低合金钢，在 H_2S-H_2O 环境中，对 SCC 抗力按下列顺序递减：铁素体中球状碳化物组织→完全回火后的淬火显微组织→正火和回火后的显微组织→正火后的显微组织→淬火后未回火的马氏体组织。敏化热处理使奥氏体不锈钢晶界 Cr 贫化，成为 SCC 的活化通道，因此促进 SCC 的发生。

晶粒大小的影响：粗晶粒比细晶粒对应力腐蚀开裂更敏感，多数金属的 SCC 开裂时间 t_F 与晶粒直径 d 的关系如下式：

$$\lg t_F = ad^{-\frac{1}{2}} + b \tag{7-1}$$

式中，a 为材料和环境决定的常数；b 是由初始力学因素决定的常数。

材料强度的影响：对于高强度钢来说，强度愈高，其 SCC 敏感性愈大，当屈服强度大于 1400MPa 时，其 SCC 敏感性很高。因此在航空、化工等领域为了控制 SCC 而对钢的强度、硬度提出了专门的要求，如国际上为防止在 H_2S 环境中发生 SCC，要求低合金钢的硬度值必须小于洛氏硬度 HRC22。

晶粒取向的影响：晶粒取向与应力方向的关系也是影响 SCC 敏感性的一个重要因素，当应力方向与轧制板材中晶粒长轴方向一致时，SCC 敏感性低，当二者垂直时，SCC 敏感性高。

7.1.1.4 应力腐蚀的裂纹扩展特征

SCC 的发生与发展可分为裂纹的孕育期和扩展期两个阶段。SCC 的裂纹孕育期的长短取决于 SCC 三要素（材料性能、环境状况和力学条件），可以从几分钟到几十年不等。

依据外加应力与裂纹面的取向关系，带裂纹试样可分为三类，如图 7-7 所示：拉开型（Ⅰ型），滑开型（Ⅱ型）和撕开型（Ⅲ型）。从断裂力学角度分别对应有三类应力强度因子 $K_Ⅰ$、$K_Ⅱ$ 和 $K_Ⅲ$。对于Ⅰ型裂纹，$K_Ⅰ = \sigma Y\sqrt{a}$，式中 σ、a 分别表示远离裂纹的均匀拉应力和裂纹长度，而形状因子 Y 是与裂纹形状、加载方式以及试样几何有关的量。根据裂纹扩展速率（da/dt）与裂纹尖端应力场强度因子 $K_Ⅰ$ 的关系，可以将 SCC 裂纹扩展过程分为图 7-8 所示的三阶段。

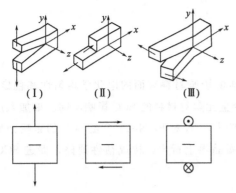

图 7-7　三种裂纹方式

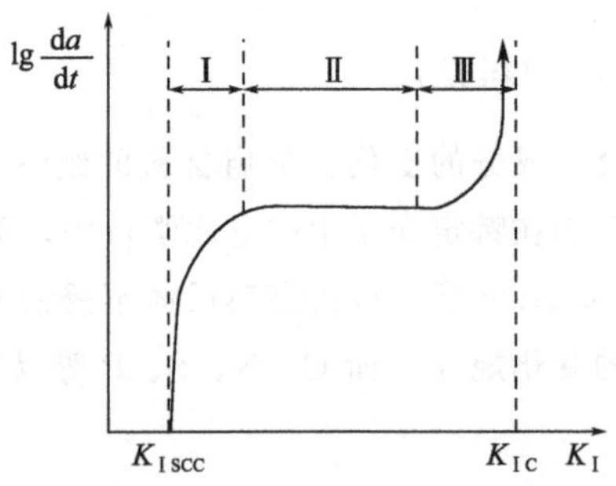

图 7-8　裂纹扩展速率 $\mathrm{d}a/\mathrm{d}t$ 与 K_{I} 之间的关系

第一阶段：当 $K_{\mathrm{I}} > K_{\mathrm{ISCC}}$ 时，裂纹以低速率扩展，这时力学因素起主要作用，$\mathrm{d}a/\mathrm{d}t$ 随着 K_{I} 的增大而迅速增加。K_{ISCC} 即为临界应力强度因子。第二阶段：当 K_{I} 增大到一定数值后，$\mathrm{d}a/\mathrm{d}t$ 保持恒定，即裂纹扩展速率不随力学因素变化而改变，原因是化学或电化学因素起主要作用（如裂纹尖端反应物质的传质过程为裂纹扩展的控制步骤）。第三阶段：K_{I} 继续增大，力学因素又起着主要作用，当达到机械断裂的裂纹临界应力强度因子 K_{IC} 时，则在机械力的作用下发生快速失稳断裂。

应力腐蚀裂纹稳定扩展速率（第一、二及第三阶段快速扩展前）一般为 $10^{-8} \sim 10^{-4}\,\mathrm{mm/s}$，远低于机械作用下的快速断裂；有时又比点蚀等局部腐蚀速率快得多，如高强度钢在海水中 SCC 的速率比点蚀速率快 10^6 倍。

应力腐蚀试样或构件的寿命是孕育期与裂纹稳定扩展时间的总和。

7.1.1.5　应力腐蚀的形态学特征

（1）SCC 的宏观形态特征

应力腐蚀断裂破坏属于脆性损伤，其特征为：断口平直，并与正应力垂直，没有明显的塑性变形，颈缩也不明显。腐蚀产物覆盖着断口表面，并且离源区越近，腐蚀产物越多，一般存在腐蚀坑。应力腐蚀与机械断裂过渡区断口上常出现放射性花样或人字纹，最后失稳断裂（机械断裂）区为银灰色。宏观断口上，放射性花样或人字纹收敛的方向即 SCC 裂纹萌生区（裂纹源），如图 7-9 所示。

（2）SCC 的微观形态特征

应力腐蚀断口的微观形态与应力腐蚀机理、环境条件、材料性质、电化学状态、力学因素等有重要关系。

从电化学角度可将 SCC 机理分为阳极溶解型和氢致开裂型。如图 7-10 所示，对于阳极溶解型的 SCC，将获得脆性沿晶、穿晶（解理或准解理）、混合或相间 SCC 断口，显微断口呈多分枝特征。对氢致开裂型的 SCC，如高强度钢在水介质中，其断口形貌和钢的强度 σ_{s} 以及外加应力（或 K_{I}）有关，当 σ_{s} 较低、K_{I} 较高时，获得韧窝断口，随 σ_{s} 升高或 K_{I} 降低，可变为准解理、解理或沿晶断口，通常为单一裂纹。

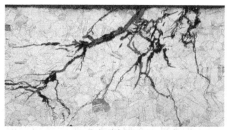

(a) 阳极溶解型SCC

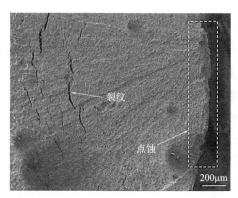

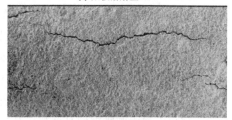

(b) 氢脆型SCC

图 7-9　ZK60 合金在 3.5％NaCl 水溶液中
慢应变速率拉伸断口

图 7-10　阳极溶解型 SCC 和
氢脆型 SCC 裂纹的显微形貌

航空用超高强度钢在含 Cl⁻ 水溶液乃至纯水中都能表现出很高的 SCC 敏感性，其 SCC 过程以氢脆机制为主，微观断口特征为冰糖块状沿晶脆性断裂形态（图 7-11）。

面心立方结构的铝合金和奥氏体不锈钢等 SCC 断口上常可见到图 7-12 所示的河流花样或扇形准解理的形貌特征。如 Mo 含量对 16Cr-15Ni 不锈钢 SCC 断口形貌的影响是随 Mo 含量的增高，断口由穿晶破坏向晶间断裂模式转变，金属的阳极溶解作用减弱，即 Mo 增加了不锈钢的耐 Cl⁻ 腐蚀抗力。

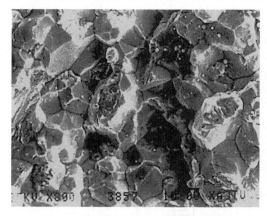

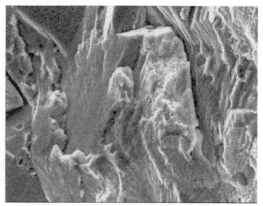

图 7-11　40CrMnSiMoVA 超高强度钢
在室温蒸馏水中的 SCC 沿晶断口形貌

图 7-12　300 不锈钢在沸腾 MgCl₂
溶液中的准解理断口形貌

7.1.2　应力腐蚀的机理

7.1.2.1　应力腐蚀机理的类型

应力腐蚀涉及材料、环境和力学等多种因素，其过程较为复杂，目前所提出的十多个机理模型均存在一定的局限性。比较有代表性的是阳极溶解机理和氢致开裂机理，居于中间的即为混合型。最明显的阳极机理就是材料简单活性溶解并脱离裂纹尖端，最明显的阴极机理是氢的析出、吸附、扩散和致脆。

（1）阳极溶解（APC）型 SCC 理论

应力腐蚀要经过膜破裂-溶解-断裂三个阶段。

① 膜破裂　金属被表面膜完整覆盖时具有热力学稳定性。但当某些化学原因或机械原因使膜遭受局部破坏后，在应力作用下，可在点蚀坑根部诱发应力腐蚀裂纹。

化学原因：对于某些材料/环境组合，如果材料的腐蚀电位比点蚀电位还高，钝化膜会发生局部破坏形成点蚀，可在点蚀坑根部诱发应力腐蚀裂纹。若腐蚀电位处于活化-钝化或钝化-过钝化的过渡电位区间，则钝化膜处于不稳定状态，应力腐蚀裂纹容易在膜的薄弱部位形核。

机械原因：材料在受力变形时往往造成其表面膜的局部破坏。裂纹的尖端由于应力、应变集中，所以金属表面膜更容易破裂。晶界缺陷及杂质较多，表面膜往往不完整，裂纹易于沿晶界形核和扩展，导致沿晶应力腐蚀开裂。

② 溶解　阳极溶解控制的活性通道腐蚀型应力腐蚀断裂（APC-SCC）的裂纹是通过裂纹尖端的阳极溶解过程而推进的，阴极过程除了与阳极过程所产生的电子发生反应外，对 SCC 裂纹扩展并无其他影响，裂纹扩展模型如图 7-13（a）。裂纹扩展的可能途径有两个，即预先存在活性通道和应变产生的活性通道。预存活性通道的电化学机理认为，发生 SCC 需要两个基本条件：首先是材料中预先存在着对腐蚀敏感的、多少带有连续性的通道，这种通道在特定环境下相对于周围组织是阳极。其次是要有足够大的、基本上垂直于活性通道的拉应力。对于第二种可能的途径有一种观点认为，应力的作用不仅是造成膜的破裂，更重要的是使裂纹尖端局部区域迅速屈服，出现很多的化学活性点，或降低了溶解的活化能，即应变造成新的活性溶解途径。

③ 断裂　应力腐蚀裂纹扩展达到临界尺寸，便会在机械力作用下发生失稳快速断裂。

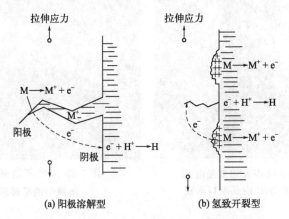

(a) 阳极溶解型　　(b) 氢致开裂型

图 7-13　SCC 的阳极溶解型和氢致开裂型机理模型

（2）氢致开裂（HIC）型 SCC 理论

如果阳极金属溶解腐蚀所对应的阴极过程是析氢反应，而且原子氢能扩散进入金属并控制了裂纹的形核与扩展，这一类的应力腐蚀即称为氢致开裂型应力腐蚀，阳极过程仅为阴极反应提供电子，对裂纹扩展并无直接影响，裂纹扩展模型如图 7-13（b）。HIC-SCC 是氢脆的一个特例，氢脆的具体机制详见 7.2 节。

（3）混合型 SCC 理论

在实际构件的 SCC 事件中，两种机理可能会同时起作用，即为混合型作用机理。

7.1.2.2　应力腐蚀的机理类型的区分方法

由于电化学保护技术或金属镀层方法对阳极溶解型 SCC 和氢致开裂型 SCC 有截然不同的影响，所采取的预防措施也就不同，因此分析和诊断 SCC 机理属于阳极溶解型还是氢致开裂型十分重要。具体区分两种机理可以综合参考下述方法和途径。

① 电化学方法　一般来说，阳极极化可加速阳极溶解型 SCC 破坏，而减缓氢致开裂型 SCC 破坏；阴极极化则加速氢致开裂型 SCC 过程，而减缓阳极溶解型 SCC 破坏。但由于 SCC 过程的复杂性，上述情况存在例外，如对高强度钢在水溶液中发生阳极极化，则加速氢在钢中的渗透，从而促进 HIC 的作用，另外，若阳极极化使局部腐蚀减轻而全面腐蚀加速，同样可缓解 SCC 过程。钛合金对 HIC 十分敏感，但是阴极极化可导致裂纹尖端 pH 值从 1.8 升至 11，析氢减缓，SCC 敏感性反而降低。

② 断口特征　详见 7.1.1.5 中应力腐蚀机理对 SCC 微观形态特征的影响部分。

③ 应力状态的作用　宏观压应力能引起阳极溶解型应力腐蚀开裂，其孕育期较拉应力情况高 1～2 个数量级，门槛值高 3～5 倍，但不会引起氢致开裂型的 SCC。

④ 裂纹扩展的连续性　裂纹扩展在时间上或空间上出现不连续情况时，通常是氢致开裂型 SCC；相反，如果为连续性扩展，则为阳极溶解型 SCC。但近年来的研究表明，实际中是有例外情况出现的。

因此，具体区分 SCC 机理必须结合多种方法和途径进行综合判断。同时还要注意，有些情况下两种机理可能会同时起作用（即混合型 SCC 机理）。

7.1.3　应力腐蚀的控制方法

（1）改善材质

①结合具体使用环境进行选材是最常用的方法；②改进冶金工艺可提高材料的纯度、减少材料中的杂质，通过适当的热处理可以改变材料的组织、消除有害杂质的偏析、细化晶粒等；③开发耐应力腐蚀的新材料。

（2）降低或消除应力

①按照断裂力学改进结构设计，避免或减少局部应力集中；②在加工、制造、装配中应尽量避免产生较大的残余应力，其中退火是消除应力最重要的手段；③应尽量避免缝隙和可能造成腐蚀液残留的死角；④通过机械形变强化（如喷丸、冷挤压等）在材料表面引入残余压应力。

（3）控制环境

①每种合金都有其敏感的环境介质，可以通过介质处理除去危害性大的介质组分；②在条件允许情况下避开 SCC 敏感的温度范围；③降低氧含量、提高 pH 值可以提高许多材料的抗应力腐蚀性能；④在腐蚀环境中加入缓蚀剂，通常能够抑制或减缓应力腐蚀；⑤使用有机涂层或对环境不敏感的金属镀层；⑥通过电化学保护技术，将电位控制在 SCC 非敏感区。

7.1.4　应力腐蚀的试验方法

在进行 SCC 试验时，根据应力腐蚀试验的目的不同，需要设计不同类型的试样，选择不同的加载方式和腐蚀环境条件，确定合理的评定方法。下面对 SCC 常用试验方法作简要介绍。应力腐蚀试验的加载方式主要有恒载法、恒变形法和慢应变速率加载法等。应力腐蚀试验的环境条件主要涉及现场环境、模拟工况环境和实验室加速腐蚀环境等。

① 弯曲加载法　利用均匀厚度的矩形横截面试样，通过两支点、三支点、四支点方式进行恒变形加载。具体制样及应力计算详见 GB/T 15970.2—2000《金属和合金的腐蚀　应力腐蚀试验　第 2 部分：弯梁试样的制备和应用》。

② C 形环加载　通过紧固一个位于环直径中心线上的螺栓而在环外表面造成拉伸应力 [图 7-14（a）]，也可以扩张 C 形环在内表面造成拉伸应力 [图 7-14（b）]，这两种均为恒变形试样；也可以采用经过校准的弹簧在螺栓上加载为恒载荷 C 形环试样 [图 7-14（c）]。具体制样及应力计算详见 GB/T 15970.5—1998《金属和合金的腐蚀　应力腐蚀试验　第 5 部分：C 型环试样的制备和应用》。

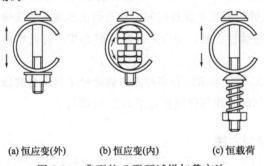

(a) 恒应变(外)　　　　(b) 恒应变(内)　　　　(c) 恒载荷

图 7-14　典型的 C 形环试样加载方法

③ U 形弯曲加载　将矩形板材以一定夹具弯曲成规定半径的 180°U 形试样，这种恒变形试样包含弹性变形和塑性变形，是试验条件十分苛刻的 SCC 光滑试样。具体制样及应用详见 GB/T 15970.3—1995《金属和合金的腐蚀　应力腐蚀试验　第 3 部分：U 型弯曲试样的制备和应用》。

④ 恒载荷或位移预裂纹试样加载　缺口试样一是用于模拟金属材料中的宏观裂纹和各种加工缺口效应，二是为了缩短试验时间（缩短孕育期），而人为地在试样上开一几何缺口，造成应力集中（图 7-15）。恒载荷试样可以分为应力强度随裂纹长度的增加而增加型（适于测定裂纹扩展速率）和应力强度实际上与裂纹长度无关型（适于研究应力腐蚀机理）。恒位移法可同时获得临界应力腐蚀强度因子和裂纹扩展速率数据。这两种加载试验方法具体制样和应用详见 GB/T 15970.6—2007《金属和合金的腐蚀　应力腐蚀试验　第 6 部分：恒载荷或恒位移下的预裂纹试样的制备和应用》。

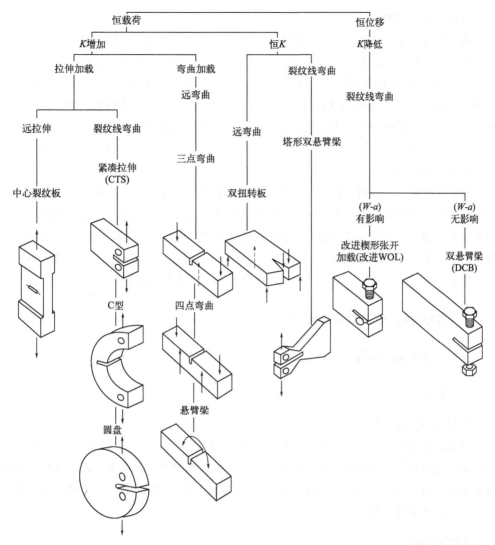

图 7-15　预裂纹试样的几何形状

⑤ 慢应变速率加载系统　慢应变速率 SCC 试验属于动载荷加速试验方法，通过慢应变速率试验机控制处于腐蚀介质中的试样产生恒定速率的缓慢变形。加载方式多为拉伸方式，也有弯曲、扭转等方式，试样可为圆棒式、平板式、锥形式、缺口式、预裂纹式等。该方法以最大拉伸应力、断面收缩率、延伸率、断裂能等作为参量评定应力腐蚀敏感性。通过设计合适的锥形试样等特殊的试样形式，还可以测量 SCC 萌生应力、萌生寿命等参数。具体试验方法可参考 GB/T 15970.7—2017《金属和合金的腐蚀　应力腐蚀试验　第 7 部分：慢应变速率试验》。

7.2　氢脆

氢脆（hydrogen embrittlement，HE）或氢损伤是指进入材料内部的氢导致材料性能的退化现象，包括氢压引起的微裂纹、高温高压氢腐蚀、氢化物相或氢致马氏体相变、氢致塑性损失及氢致开裂或断裂等。

金属材料在冶炼、加工及使用过程中，经常会有氢进入材料中，使材料产生氢（致）损伤，也称氢脆。常见的氢脆有：氢压引起的微裂纹（如焊接冷裂纹、H_2S 或酸中浸泡裂纹等）、氢致鼓泡、高温高压氢腐蚀、氢致相变、氢致塑性损失以及氢致开裂或断裂。早在 1817 年人们就发现钢制品经酸洗后其延性降低，Hughes 于 1880 年明确将这种现象归于酸洗中析氢的后果。氢脆是石油、天然气、化工、冶金、航空、航天、核工业、能源等部门机械失效的主要原因之一，因此倍受人们的重视，对其行为、规律、机理和控制进行了广泛的研究，并取得了丰富的成果。

金属的氢致损伤，可用不同的方法进行分类：根据氢的来源不同可分为内部氢脆（金属内部原有的氢）和环境氢脆（金属在环境中渗入的氢）；根据应变速率与氢脆敏感性的关系可分为第一类氢脆（随着应变速率增加，氢脆敏感性增加）和第二类氢脆（随着应变速率增加，氢脆敏感性降低）；根据经过低速率变形后，去除载荷，静止一段时间再进行高速变形时其塑性能否恢复，又可分为可逆性氢脆（塑性可恢复）和不可逆性氢脆（塑性不可恢复）。

7.2.1　氢的来源、运输及存在形式

7.2.1.1　材料中氢的来源

（1）内氢来源

设备服役使用前，材料内部存在的氢。

①冶炼锻造过程中：冶炼、铸造、焊接、热处理等过程中空气、原料、器壁所含水分、铁锈或碳氢化合物等可分解出氢进入金属中。②表面处理过程中：渗氮、渗碳或碳氮共渗中用含氢还原介质（如 H_2、NH_3）分解出的氢进入金属内部；金属在酸洗、电镀、化学镀过程中的还原氢进入金属内部。

（2）外氢来源

设备服役使用过程中，外界环境引入的氢。

①含 H_2、H_2S 气体或溶液：当金属材料与环境中的 H_2、H_2S 等接触时，物理和化学方式吸附在金属表面上，发生分解产生活化氢原子，通过内表面去吸附而成为溶解在金属中的氢。②水溶液或湿空气：金属在水溶液（湿空气）中发生电化学腐蚀时，阴极发生析氢反应，水化质子（H_3O^+）在金属表面上还原成原子氢，一部分进入金属内部。③含氢的物质（酸或氢化碱金属）：含氢物质与金属表面发生反应，产生的活化氢原子部分吸附在金属表面后通过扩散进入金属内部。

7.2.1.2　氢在材料中的输运与富集

金属中氢的输运方式主要有点阵扩散、应力诱导扩散和氢的位错迁移等。

（1）点阵扩散

氢处在金属点阵的间隙位置，它从一个间隙位置跳到另一个间隙位置的过程。氢扩散的

推动力之一是浓度梯度，氢扩散的难易程度可以用扩散系数 D 表示：

$$D = D_0 \exp[-Q/(RT)] \tag{7-2}$$

式中，D_0 是扩散常数；Q 是扩散激活能。氢在金属内部的扩散受金属的晶体结构、纯度、晶粒大小、晶体的缺陷种类及数量等因素影响。

金属中能够捕获氢的缺陷或第二相称为氢陷阱（trap）。其中氢陷阱对于氢的扩散有显著的影响。深陷阱：如相界面、晶界，对氢的约束能力强，氢一旦被深陷阱捕获则难以逃逸，因此这类陷阱也称为不可逆陷阱。反之，对氢的约束能力弱、容易导致氢逃逸的陷阱，则称为浅陷阱或可逆陷阱。温度升高可以使深陷阱对氢的约束能力变弱或使陷阱变浅。无论深陷阱还是浅陷阱，均对氢的扩散起阻碍作用，使扩散系数下降。

对于钢，马氏体与下贝氏体的 D 很小，珠光体或高温回火马氏体的 D 最大。体心立方（bcc）的 Q 最小，因而 D 很大，而面心立方（fcc）或密排六方（hcp）的 Q 极大，从而 D 很小（见表7-2）。

另外扩散系数还受到材料中氢陷阱的影响。

表 7-2 氢的扩散系数

结构	金属	$D_0/(cm^2/s)$	$Q/$ (kJ/mol)	D(室温)/ (cm^2/s)	结构	金属	$D_0/(cm^2/s)$	$Q/$ (kJ/mol)	D(室温)/ (cm^2/s)
bcc	α-Fe	2.0×10^{-3}	6.9	1.3×10^{-4}	fcc	Ni	4.8×10^{-3}	39.4	6.1×10^{-10}
	β-Ti	2.0×10^{-3}	27.8	3.0×10^{-8}		Al	2.1×10^{-1}	70.6	2.6×10^{-10}
hcp	α-Ti	1.8×10^{-2}	51.8	1.9×10^{-11}		304钢	4.7×10^{-3}	53.5	2.2×10^{-12}
	Ti-Al	1.7×10^{-2}	54.8	4.7×10^{-12}		316钢	1.7×10^{-2}	52.5	1.2×10^{-11}

（2）应力诱导扩散

在应力梯度作用下通过应力诱导扩散，氢将向高应力区富集，经过足够长的时间，氢浓度分布将达到稳定值，在应变场是球对称的条件下，三向应力区的氢平均浓度可用下式表示：

$$c_\sigma = c_0 \exp[\sigma_h \bar{V}_H/(RT)] \tag{7-3}$$

式中，σ_h 为流体静压力，$\sigma_h = (\sigma_x + \sigma_y + \sigma_z)/3$；$\bar{V}_H$ 为氢的偏摩尔体积；c_0 为 $\sigma_h = 0$ 时的氢浓度或金属中的平均氢浓度。由上式看到，三向应力 σ_h 愈高，该处的氢富集程度愈大。

位错是氢的一种陷阱，因此位错周围通常存在氢气团。实验证明，发生塑性变形时，位错的运动能够迁移位错周围的氢（即位错能带着氢气团一起运动），因而位错密度高的地方（或塑性应变大的地方），氢浓度也高，即应变也能够引起氢的富集，该类富集用 c_ε 表示，则局部氢浓度应为应力引起的氢富集 c_σ 和 c_ε 之和，即：

$$c = c_\varepsilon + c_\sigma \tag{7-4}$$

材料中缺口或裂纹尖端存在应力集中，有很大的应力梯度，同时缺口顶端受力足够大时，出现局部屈服，应变也较大，因此缺口后裂纹尖端的氢富集严重。图7-16所示的缺口顶端氢富集的双峰特征测试结果即是应变致氢富集（缺口顶端）与应力致氢富集（缺口前方最大三

向应力 σ_h 处）引起的。

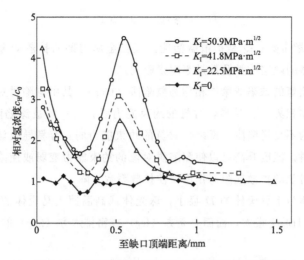

图 7-16　不同加载条件下缺口顶端氢浓度分布

7.2.1.3　氢在材料中的存在形式及作用

氢在金属内部可以以 H_2、固溶氢、化合物等不同形式存在，并产生不同的影响作用。

① 氢分子　氢含量超过固溶度时，将会从过饱和固溶体中析出氢气。析出的氢气易于在位错区、晶界、相界、微裂纹、孔洞等内部缺陷处集聚，使金属产生鼓泡、白点、裂纹等。

② 氢化物　氢与稀土金属、钛、钴等可生成一定的氢化物，如氢与 α-Ti 生成 TiH_x（$x=1.53\sim1.99$），导致金属塑性和韧性下降；氢与 Si、C 在适当的条件下，可以形成硅烷（SiH_4）、甲烷（CH_4）气体，这些都会造成材料的裂纹。氢在碱金属（Li、Na、K 等）、碱土金属（Mg、Ca 等）中也能形成氢化物，如 NaH 等，Na^+ 和 H^- 以离子键方式结合在一起，氢以 H^- 的形式存在。

③ 固溶体　氢以 H^-、H、H^+ 的形态固溶于金属中。H 进入金属后其 1s 电子会进入导带或过渡金属（Fe、Ni、Pd 等）的 d 带从而形成 H^+。d 电子层的电子密度增加，使原子间的斥力增大，导致晶格结合强度的降低。氢原子是所有元素中几何尺寸最小的，其半径仅为 0.046nm，因而易于扩散进入金属，并占据金属晶格的间隙位置。固溶氢可导致晶格畸变、增加晶体空格浓度、促进金属位错的发射和运动、促进裂纹尖端局部塑性变形、促进室温蠕变等后果。

7.2.2　氢脆的特点

7.2.2.1　第一类氢脆

第一类氢脆的敏感性随应变速率的增加而增高，属于这一类氢脆的有氢腐蚀、氢鼓泡、氢致开裂、氢化物型氢脆等。其共同特点是：

① 这种氢脆裂纹都是由于金属内部氢含量过高，在钢中氢含量超过了 $5\sim10mg/dm^3$；

② 在材料承受载荷之前金属内部已经存在某些缺陷（断裂源），在应力作用下加快了这些缺陷形成裂纹及扩展；

③ 这类氢脆造成金属永久性破坏，使材料塑性和韧性降低，即使采用加热等驱除氢的方法，也不能使材料塑性和韧性恢复，故为不可逆氢脆。

（1）氢腐蚀

在高温（约 200℃以上）高压氢（压力高于 30MPa）环境中，氢进入金属，产生化学反应，如在钢中与渗碳体（Fe_3C）反应：$Fe_3C + 2H_2 \longrightarrow 3Fe + CH_4$，生成甲烷气体，结果导致材料脱碳，并在材料中形成裂纹或鼓泡，最终使材料力学性能下降，这种现象称为氢腐蚀。氢腐蚀是化学工业、石油炼制、石油化工和煤转化工业等部门中所用的一些临氢装置经常遇到的一种典型损伤形式。

氢腐蚀过程一般包括如下三个阶段：

① 孕育期　此阶段腐蚀率极低，材料机械性能和显微组织无变化，晶界碳化物及其附近有大量亚微型充满甲烷的鼓泡形核。

② 迅速腐蚀期　此时钢中脱碳十分迅速，CH_4 气泡核在钢的晶界上快速长大、互相连接，当其压力大于材料的强度时，气泡转化为裂纹，导致材料的体积膨胀，力学性能下降。

③ 饱和期　随着材料内部碳的耗尽，腐蚀速率降低，材料的体积不再变化。

温度和氢偏压是影响钢发生氢腐蚀的重要因素。随温度升高、氢压增大以及工作应力提高，氢腐蚀速度增大。因为氢腐蚀属于化学腐蚀，反应速度、氢吸收、碳化物分解或碳的扩散都随温度升高而加快，会使孕育期缩短，腐蚀加速。在一定的氢压条件下，钢发生氢腐蚀存在一最低温度；在一定温度条件下，氢腐蚀的发生需要一定的氢分压。即发生氢腐蚀需要温度和压力的一个组合条件，如图 7-17 Nelson 经验曲线。根据该曲线帮助用于高温高压下 H_2 环境中工作的压力容器的选材。碳化物的球化处理，可使界面能降低而有助于孕育期的延长，如钢中添加形成稳定碳化物的元素（Cr、Mo、Ti、V、Nb 等）抑制 CH_4 的生成，有助于钢抗氢腐蚀性能改善。

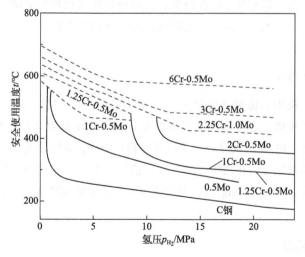

图 7-17　氢介质中使用钢界限的 Nelson 曲线

（2）氢鼓泡与氢致阶梯型开裂

由于氢扩散到金属的孔洞及缺陷处，特别是夹杂物与基体的交界处，形成氢分子，在局部产生压力很大的高氢压，引起表面氢鼓泡（hydrogen blistering，HB）和（或）氢致内部裂纹。当裂纹沿板（或管）材轧制方向扩展，相邻的裂纹相互连接，形成横截于厚度方向的、形似阶梯的一种特殊形状的裂纹，此即氢致阶梯型开裂（hydrogen induced stepwise cracking，HISC）。氢原子往往在微隙端部聚积，并由此引发裂纹；硅酸盐、串链状氧化铝及较大的碳化物、氮化物也能成为裂纹的起始位置。如图 7-18 所示，MnS 夹杂物与基体膨胀系数不同，热轧过程变成扁平状，夹杂与基体界面存在微隙，氢原子易在此处聚集，形成裂纹。图 7-19 所示为 16MnR 钢焊接材料在 70℃ 10％NH$_4$NO$_3$ 溶液中的氢致阶梯开裂裂纹显微形貌。

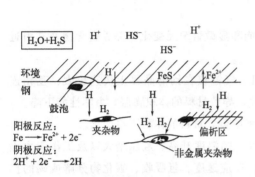

图 7-18　氢诱发氢鼓泡与阶梯开裂示意

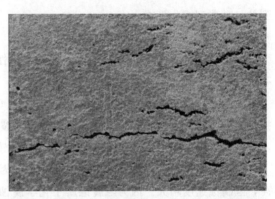

图 7-19　16MnR 钢焊接材料在 70℃ 10％NH$_4$NO$_3$ 溶液中的氢致阶梯开裂裂纹显微形貌

（3）氢化物型氢脆

氢与 Ti、Nb、Zr、Hf、V、Ta 等元素亲和力较大，当材料中的氢超过溶解度时（室温时氢在 α-Ti 及其合金中的溶解度约为 0.002％），将与这些金属元素结合生成金属氢化物而导致材料塑性和韧性下降，甚至发生脆性断裂，这种现象即氢化物型氢脆。氢化物相引起的氢脆和氢的扩散、富集过程无关，因此即使以高速加载（如冲击）或低温试验也能表现出氢化物引起的氢脆。

（4）氢致马氏体相变

对于不稳定型奥氏体不锈钢（如含 Ni、Cr 相对低的 304、321、316 钢等），在室温时是塑性和韧性很好的奥氏体。这种不锈钢在电解充氢时会发生氢致马氏体相变，形成 hcp 的 ε 相或 bcc 的 α′ 相（脆性相），由此导致钢的塑性和韧性下降。原因是充氢时钢的表层会产生很高的压应力，这个局部应力的作用类似冷加工，能够诱发马氏体相变。同时，氢能够使奥氏体的堆垛层错能下降，例如 274mg/dm³ 的氢使 304 钢的层错能降低 37％，这也有利于马氏体相变的发生。

7.2.2.2　第二类氢脆

第二类氢脆的敏感性随应变速率的降低而增高，具有以下特点：①变形速率对氢脆影响很大，变形速率增加，金属的氢脆敏感性下降；②裂纹的生成是应力和氢交互作用下逐步形成的，加载之前并不存在裂纹源；③有些氢脆是可逆的，有些是不可逆的。

（1）不可逆氢脆

含有过饱和状态氢的金属在应力作用下形成氢化物（如钢中形成 CH_4）而造成脆断。这类氢脆对应力是不可逆的，一旦应力促进氢化物形成，当去除载荷后再进行变形时，塑性则不能恢复，因此此类氢脆为不可逆氢脆。不可逆氢脆实际上是一种氢化物氢脆，其脆断形式与氢化物型氢脆完全相同。

（2）可逆氢脆

含固溶氢的金属在缓慢的变形过程中逐渐形成裂纹源，裂纹扩展后产生脆断。如果没有在形成裂纹前去除载荷，静置一段时间之后再进行高速变形，金属的塑性可得到恢复。这种内部氢脆和环境氢脆均属可逆氢脆，只是氢的来源和氢脆历程及裂纹扩展速率的影响因素有所不同。可逆氢脆的过程主要是，金属中的氢在应力梯度作用下向高的三向拉应力区富集，当偏聚氢浓度达到临界值时，便会在应力场的联合作用下导致开裂。即使在初始氢含量很低（或环境致氢能力很弱）的情况下，通过应力诱导扩散，氢能逐渐富集，进而也可引起材料的塑性损失和脆性断裂。因此，此类氢脆对三向应力非常敏感。可逆氢脆的影响因素主要有以下几点。

① 温度的影响　可逆性氢脆一般发生在 $-100 \sim 100℃$ 的温度范围内，在室温附近（$-30 \sim 30℃$）氢脆的敏感性最高。温度过高，氢易扩散，但不易富集；温度过低，氢不易扩散。因此，氢脆发生前，通过适当加热处理使氢从材料中溢出可以达到消除氢脆的目的。

② 材料强度的影响　一般来说，材料的抗拉强度 σ_b 愈高，其氢脆敏感性愈高。通常碳钢材料的硬度低于 HRC22 时，不发生氢脆断裂而产生鼓泡。

③ 应变速率的影响　通常只有应变速率低于某一值时，氢脆敏感性才显著，应变速率过高，固溶氢的扩散与富集跟不上，氢脆敏感性降低。

7.2.2.3　应力腐蚀与氢脆的关系

金属在电解质水溶液中的应力腐蚀开裂（SCC）与氢脆或氢致开裂（HIC）有联系但又不是完全相同的现象，二者的逻辑关系可用图 7-20 表示。若电化学腐蚀的阴极析氢对断裂过程起主要或主导作用，则这种系统的 SCC 机理是 HIC 机理，这种 SCC 也是一种 HIC，位于图中的重叠区 2；若应力作用下的阳极溶解对 SCC 起决定性作用，则这种系统的 SCC 机理为阳极溶解型，这种 SCC 位于图中的 1 区；导致氢脆的氢除来自腐蚀的阴极反应外，还有内氢或其他外氢来源，这些 HIC 位于图中的 3 区。

7.2.2.4　氢脆断裂的形态学特征

氢脆断口宏观形貌主要特征是：断口附近无宏观塑性变形，断口平齐，结构粗糙，氢脆断裂区呈结晶颗粒状，色泽为亮灰色，断面干净，无腐蚀产物。非氢脆断裂区呈暗灰色纤维状，并伴有剪切唇边。裂纹源（氢脆断裂起始区）通常在表层下的三向拉应力最大处，对于缺口构件，缺口半径大或外应力小时，裂纹源远离缺口根部。一般只有当表面存在尖角或截面突变等应力集中时，氢脆断裂源才有可能产生于表面。但需要指出的是在水溶液中氢脆型开裂机理的 SCC 破坏，其裂纹可能起源于最初的腐蚀坑，此时裂纹源在表面，断口上也会看到较轻的腐蚀迹象（裂开后腐蚀所致）。在氢脆断裂宏观断口上，粗大棱线收敛方向即氢脆裂纹萌生区（图 7-21）。

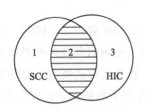

图 7-20　SCC 和 HIC 之间的关系

图 7-21　GC-4 超高强度钢在 3%NaCl 水溶液中阴极极化－1250mV 时的宏观断口形貌

氢脆的微观断口随氢脆类型、氢含量、合金成分、晶粒度、应力大小、温度及应变速率等的不同而有一定变化，但最基本的断口特征是沿晶断口与准解理断口。

7.2.3　氢脆的机理

对于氢脆导致材料各种形式的性能退化，现有多种理论模型，所提出的理论模型颇多，但目前尚无形成统一的认识。

可用氢压理论解释钢中白点、H_2S 诱发裂纹、充氢导致的氢鼓泡和裂纹等不可逆氢脆；由于对裂纹形核起控制作用的并不是氢压，因此无法仅用氢压理论解释氢致可逆型损伤、氢致滞后开裂等。

弱键理论模型认为，在应力诱导下，氢富集在缺口或裂纹尖端的三向拉伸应力区，使此处金属原子间的键合力下降，在较低的外应力下可使材料断裂。这一理论直观、简明，因而得到了较为广泛的认可，但是目前该理论模型还缺乏有力的实验证据。对某些非过渡族金属的合金（如铝合金、镁合金）的可逆性氢脆，用此理论就难以解释。

氢吸附降低表面能理论，直观上能够较好地说明部分氢脆过程，但仅仅认为氢吸附降低表面能，而对塑性变形无影响，则与实际情况相去甚远。

分析各类氢脆机理模型，可以把它们分为三类，从如下三个方面认识氢脆。

① 推动力理论　化学反应所形成的气体（CH_4、H_2O）和沉积反应所析出的氢气团造成的内压，氢致马氏体相变应力，都可以与外加的或残余的应力叠加，引起开裂。

② 阻力理论　氢引起的相变产物如马氏体、氢化物，固溶氢引起的结合能及表面能下降，都可降低氢致开裂的阻力，促进开裂。

③ 过程理论　氢在三向应力梯度下的扩散和富集，表面膜对氢渗入和渗出的影响，氢在金属缺陷的陷入和跃出，氢对裂纹尖端位错的发射、运动和塑性区的影响等，都是从过程来

阐述氢脆机理。

图 7-22 较系统地描述了氢致损伤的原理，从相图中含氢相所导致的各种变化来理解现有各种氢脆模型的系统概貌，能够使我们对氢脆有一个整体认识。现有的各种氢脆机理模型并不是孤立或相互矛盾的，而是有联系或相辅相成的。对于具体的体系，应从氢致变化去确定起决定性作用的机理。

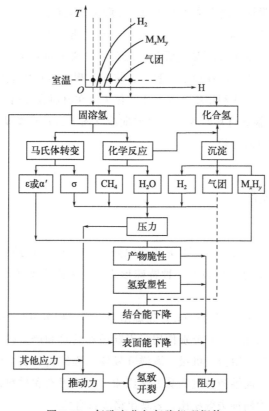

图 7-22　氢致变化与氢脆机理概貌

7.2.4　氢脆的控制措施

在实际工作中，对于不同形式的氢脆的控制，应该首先明确起决定性作用的机理，然后采取恰当的技术措施。控制氢脆的一般途径有以下几种。

① 提高金属或合金自身的抗氢脆能力　在设计中尽可能选择强度较低的材料；在钢中加入能形成稳定碳化物的元素，如 Cr、Mo、V、Nb、W 等是控制氢腐蚀的有效措施；钢中加入合金元素 Cu 生成的 Cu_2S 可以阻碍氢进入钢中，提高钢在 H_2S 环境中的抗氢脆性能；在钢中加入能够捕获氢且使之均匀分布的"陷阱型合金元素"（如 Si、La、Ca、Ta、K、Nd、Pd、Hf 等）或碳化物和氮化物形成元素（如 Ti、V、Zr、Nb、B、Al、Th 等）也能降低氢脆敏感性；降低钢中 S 含量，减轻宏观和微观偏析以及使 MnS 夹杂球化可提高管线钢抗 H_2S 腐蚀能力。

② 抑制外氢进入金属　a. 通过金属镀层（如 Cu、Mo、Al、Ag、Au、W 等）、表面热处理生成的致密氧化层、有机涂层、塑料或橡皮衬里等，防止金属材料与氢或致氢环境接触；b. 通过加入某些合金元素延缓腐蚀反应或生成的产物有抑制氢进入基体的作用，也可通过在

液体介质中添加某些阳离子，使其在金属表面生成低渗透性的膜，阻碍氢的进入；c.在气相的 H_2S 或 H_2 中加入氧，或在液相中加入适当的缓蚀剂抑制阴极析氢，或者加入某些促进氢原子复合的物质，降低氢的活性。

③ 降低内氢含量　a.冶炼时采用干料，采用真空熔铸、热处理技术，采用低氢焊条；b.选用缓蚀剂或制定合理的工艺路线减弱酸洗和电镀时氢的进入，以真空镀技术取代传统湿法镀；c.对氢脆敏感的高强钢和高合金铁素体钢，在酸洗或电镀后，必须严格烘烤除氢，例如，采用松孔镀镉、电镀镉-钛，镀后在 $180\sim200℃$ 下加热 20h 左右除氢。

④ 降低和消除应力　a.在机械装备设计时应避免或减小局部应力集中，保证材料的应力水平低于氢脆的应力临界值。b.在加工、制造、装配过程中尽可能避免引入或者采用合理的退火工艺消除残余张应力，或利用喷丸等形变强化手段在材料表面引入有益的残余压应力。

⑤ 控制环境温度　根据材料的 Nelson 经验曲线（图 7-17）选择设备工作温度，但需要注意高温下的蠕变和低温时的冷脆。

7.3 腐蚀疲劳

腐蚀疲劳（corrosion fatigue，CF）是指腐蚀介质与交变应力协同作用引起材料破坏的现象。腐蚀疲劳可以看作是应力腐蚀的一种特殊形式（应力是交变的），也可看成是特殊环境（腐蚀介质）下的疲劳。

腐蚀疲劳的概念是 1917 年由 Haigh 首先提出的。腐蚀疲劳引起的破坏比单独由腐蚀和机械疲劳（即惰性环境中的纯疲劳）分别作用时引起破坏的总和严重得多，它不仅是航空、船舶、石油、天然气、化工、冶金、机械、海洋开发等工程结构的安全隐患，而且是人体植入关节等的重要失效形式。腐蚀疲劳过程受力学因素、环境因素和材料因素交互影响，与一般腐蚀、纯机械疲劳和应力腐蚀失效相比，表现出诸多自身的特征。

7.3.1 金属疲劳的基本概念

正弦波交变应力是疲劳载荷 σ 随时间 t 的简单变化规律之一（如图 7-23）。图中各符号所代表的意义如下。

最大应力：$\sigma_{max}=\sigma_m+\sigma_a$；

最小应力：$\sigma_{min}=\sigma_m-\sigma_a$；

应力比：$R=\dfrac{\sigma_{max}}{\sigma_{min}}$；

应力振幅：σ_a；

应力范围：$\Delta\sigma=2\sigma_a$；

平均应力：$\sigma_m=\dfrac{1}{2}(\sigma_{max}+\sigma_{min})=\dfrac{1-R}{1+R}$

在交变载荷下，金属承受的最大交变应力 σ_{max} 愈大，则致断裂的应力交变次数 N 愈少；反之，σ_{max} 愈小，则 N 愈大。如果将所加的应力 σ_{max} 和对应的断裂周次 N 绘成图，便得到如

图 7-24 所示的曲线，通过实验测得的这种曲线称为疲劳曲线（即应力-寿命曲线，或 S-N 曲线）。图 7-24 中的曲线（1）表示，当应力低到某值时，材料或构件等承受无限多次应力循环而不发生疲劳断裂，这一应力值称为材料或构件的真正疲劳极限，通常以 σ_R 表示（对应循环应力比为 R），就是说，疲劳极限是指一定的材料或构件可以承受无限次应力循环而不发生破坏的最大应力。发生破坏时的应力循环次数或从开始承受应力直至断裂所经历的时间称为疲劳寿命，通常以 N_f 表示。通常横轴用对数坐标表示寿命，纵轴用均匀坐标或对数坐标表示最大应力或应力振幅来绘制应力疲劳试验中获得的 S-N 曲线。

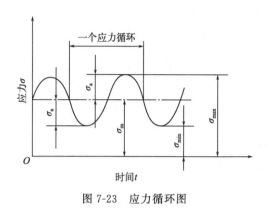

图 7-23　应力循环图

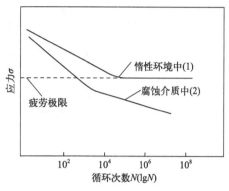

图 7-24　钢的机械疲劳和腐蚀疲劳曲线

7.3.2　腐蚀疲劳的特征

7.3.2.1　力学特征

（1）不存在腐蚀疲劳极限

铁基合金在真空中的疲劳（机械疲劳）有真正的疲劳极限，而非铁基合金（如铝、镁）的机械疲劳和多数金属材料/环境体系的腐蚀疲劳均没有与应力完全无关的水平线段，即只要循环载荷周次足够大，材料总会发生断裂［图 7-24 中的曲线（2）］，对于这种情况可采用条件疲劳极限作为评定指标，实际中通常规定交变载荷循环周次在 10^7 次时，材料所能承受的最大循环应力或应力幅为其条件疲劳极限。

腐蚀疲劳的条件（或表观）疲劳极限与材料的抗拉强度没有直接的相关关系，这一点与纯机械疲劳也不相同。如抗拉强度在 275～1720MPa 范围的碳钢和低合金钢，其腐蚀疲劳条件极限仅在 85～210MPa 范围内变化。

（2）裂纹扩展特征曲线

疲劳裂纹扩展速率（da/dN）随裂纹尖端应力强度因子幅（$\Delta K = K_{max} - K_{min}$）的变化规律（da/dN～$\Delta K_I$ 曲线）通常具有三种典型的情况（如图 7-25）。

① 真腐蚀疲劳：在图 7-25（a）情况下，腐蚀与疲劳载荷的协同作用使疲劳裂纹扩展的临界应力强度因子幅 ΔK_{th} 显著降低，当裂尖应力强度因子 $K \rightarrow K_{Ic}$ 时，腐蚀介质中的疲劳行为与惰性环境中的情况趋于一致。在真腐蚀疲劳情况下，即使循环载荷的最大应力强度因子 K_{max} 小于应力腐蚀的临界应力强度因子 K_{ISCC}，腐蚀对疲劳开裂行为也有一定的影响。

② 应力腐蚀疲劳：在图 7-25（b）情况下，只有当 $K_{max} > K_{ISCC}$ 时，腐蚀环境才起作用，裂纹扩展速率 da/dN 明显增大，在 K_{ISCC} 以下，腐蚀的作用可以忽略。

③ 混合型腐蚀疲劳：在图 7-25（c）情况下，为（a）与（b）两者的叠加，在很大范围内，da/dN 都显著提高，ΔK_{th} 下降。铝合金在水溶液中通常为（a）情况，低碳钢在含氢环境中通常为（b）情况，高强度钢在纯水或水蒸气中通常为（c）情况。

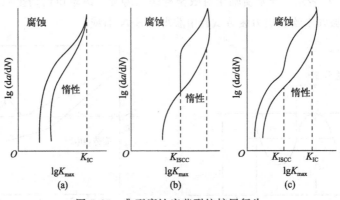

图 7-25　典型腐蚀疲劳裂纹扩展行为

（3）循环频率和应力比的影响

图 7-26 给出机械疲劳、腐蚀疲劳和应力腐蚀破坏形式随应力交变频率 f 和应力比 R 的转变情况，即三者的关系是相对的，如应力腐蚀可看成是频率很低或应力比很高时的特殊的腐蚀疲劳。

当应力交变频率 f 很大时，腐蚀来不及发生，只产生机械疲劳破坏；反之，当 f 很小时，则与静拉力作用接近，产生 SCC 破坏；f 在某一范围内，最易产生 CF 失效。图 7-27 为介质、频率和应力比对疲劳裂纹扩展速率的影响，其中 f 愈小，裂纹扩展速率愈高，因为腐蚀

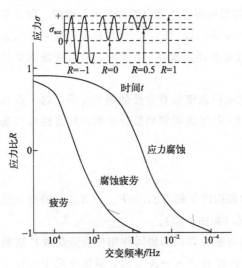

图 7-26　机械疲劳、腐蚀疲劳、
应力腐蚀三者的关系

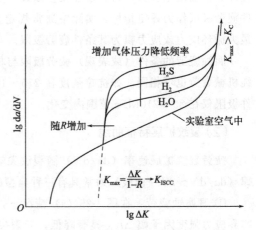

图 7-27　介质、频率和应力比 R 对
高强度钢疲劳裂纹扩展速率的影响

的作用更加显著。应力比 R（或平均应力）增大，腐蚀疲劳寿命通常降低，载荷比对裂纹亚稳扩展阶段（Ⅱ）影响一般较小，而对起始扩展阶段（Ⅰ）和快速扩展阶段（Ⅲ）影响显著，特别是 ΔK_{th} 随 R 增大而减小。

（4）应力幅和波形的影响

交变幅度增大，不仅提高裂纹尖端的应力强度因子幅值，而且使裂纹内腐蚀介质的泵吸作用和裂尖的金属活性增加，造成腐蚀的作用增大，由此导致 CF 寿命降低。

变化波形对 CF 行为也有明显的影响，如在 $f=0.1\mathrm{Hz}$ 的情况下，12Ni-5Cr-3Mo 钢在质量分数 3% NaCl 水溶液中相同应力条件下的疲劳裂纹扩展速率 da/dN 按"正弦波→正锯齿波→三角波→方波→负锯齿波"的顺序递减，当应力波型为方波和负锯齿波时，da/dN 与空气中相近。

（5）超载作用

与机械疲劳类似，当循环载荷出现超载时，通常引起裂纹尖端加工硬化、引入残余压应力、促进裂纹闭合，由此导致腐蚀疲劳裂纹扩展速率减小，但是如果超载过高，产生损伤性影响作用，则会造成裂纹扩展速率增大。

7.3.2.2 环境特征

① 腐蚀疲劳断裂的腐蚀环境没有特殊性要求，只有在疲劳应力和腐蚀环境联合作用下才可发生 CF 断裂，这一点与 SCC 是完全不同的。因此，CF 破坏更具广泛性，其破坏的严重性更大。严格地说，只有在真空或惰性气氛中才不发生 CF 破坏，在空气、氧气甚至湿的氩气环境中都可发生 CF 破坏（如图 7-28 所示）。

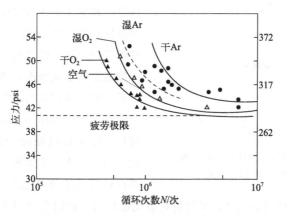

图 7-28 空气、氧、氩对 1015 钢疲劳行为的影响

$1\mathrm{psi}=6.89476\times10^3\mathrm{Pa}$

② 通常环境腐蚀性增强，CF 破坏倾向增大（图 7-28），如对于钢（尤其是高强度钢），CF 裂纹扩展速率按照下列顺序递增：惰性气体→大气→水蒸气→水→硫酸盐水溶液→氯化物水溶液→氢气氛→硫化氢。

但是，腐蚀过强导致局部腐蚀转化为均匀腐蚀，可能反而降低钢的 CF 破坏倾向。如温度升高引起钢的严重腐蚀，造成许多浅的裂纹源，从而降低局部的应力集中，并使阳极与阴极面积比变大，结果使钢的抗腐蚀疲劳能力提高。另外，氧时常通过吸附或化学反应促进裂纹闭合，阻碍 CF 裂纹的扩展，从而提高 CF 条件疲劳极限值。

7.3.2.3 形态学特征

（1）宏观形态特征

断裂后宏观形貌特征可分为如下几个区域：（a）有腐蚀特征的源区；（b）较平滑的疲劳区；（c）凹凸不平的瞬断区；（d）剪切唇区。源区多数靠近表面部位，通常存在较严重的腐蚀痕迹；平滑区的腐蚀也较为严重；瞬断区的腐蚀较为轻微，呈放射状；剪切唇区的腐蚀与瞬断区基本相似。

从腐蚀疲劳断裂过程观察有如下特点：基本上没有宏观的塑性变形，属于脆性断裂，为多裂纹源特征，由此导致 CF 断口多呈台阶状；受腐蚀作用的影响，腐蚀疲劳断口疲劳特征形貌较为模糊，模糊程度取决于材料在腐蚀介质中浸泡时间的长短；CF 裂纹较短、较粗，分枝较少。

（2）微观形态特征

腐蚀疲劳断裂的裂纹及断口形貌与疲劳应力及腐蚀环境密切相关，随疲劳应力的形式、大小和腐蚀环境的腐蚀类型的不同而不同。腐蚀环境对 CF 断口会产生更为复杂的影响，当环境对材料的腐蚀性较轻微时，断口形貌与纯机械疲劳断裂相似，但当腐蚀环境较为严重时，CF 断口表现出较为独特的形态特征。腐蚀条件对 CF 裂纹的孕育期影响很大，许多腐蚀疲劳裂纹是从点蚀坑、缝隙处或表面缺陷处萌生的。

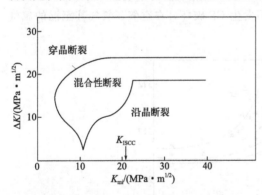

图 7-29 C-Mn 钢在 CO_3^{2-}-HCO_3^- 盐溶液中 CF 断口转变情况（$f=0.19Hz$，$R>0$）

腐蚀疲劳断口微观形态上多呈现穿晶特征，有时也可呈沿晶或穿晶与沿晶混合型，具体以哪种方式为主取决于材料、腐蚀环境和力学条件。图 7-29 给出了 CF 断口显微形貌随裂纹尖端应力强度因子起始值 K_{mi} 和应力强度因子幅 ΔK 的变化情况，断口形态的变化还受载荷循环频率等因素的影响。

由于腐蚀的作用，断口上疲劳辉纹（或条带）往往不如机械疲劳清晰，且疲劳辉纹较粗，间距较大，有时断口上可见到一些蚀坑；当材料对应力腐蚀敏感，且裂尖 $K_{max} > K_{ISCC}$ 时，断口上应力腐蚀的特征明显；当材料对氢脆敏感时，此时断口呈现明显的氢脆特征，且可看到疲劳裂纹。

7.3.3 腐蚀疲劳的机理

腐蚀疲劳过程包括裂纹的萌生、早期慢速扩展和后期的快速扩展至断裂阶段，涉及材料、环境和交变载荷之间的相互作用，其断裂呈现多种形态，其裂纹扩展速率也表现出多种不同的规律。因此，腐蚀疲劳断裂的机理也应是多样性的，应结合具体情况进行具体分析，下面仅介绍几个有代表性的。

7.3.3.1 气相中的腐蚀疲劳

① 衔接受阻模型：金属材料加载时表面发生滑移，若有氧气存在，可在滑移带处溶入高浓度的氧，使热效应增加，空位增殖，表面形成氧化膜。在反向加载发生逆方向的滑移时，滑移面俘获的氧进入滑移带，阻碍了断裂面的衔接或"焊合"，引发裂纹，从而使滑移带转变成疲劳裂纹，使裂纹扩展第Ⅰ（初始）阶段的过程提前（相对于惰性气氛），并加速第Ⅰ阶段裂纹的扩展（如图7-30所示）。

② 氧化膜下空穴堆聚形成裂纹模型：该理论认为气相介质与金属发生化学反应在表面生成保护膜，使表面强化。在交变应力作用下，保护膜阻碍位错通过自由表面的逃逸，导致膜下位错堆积，形成空穴与凹陷，在交变应力作用下形成裂纹（如图7-31所示）。

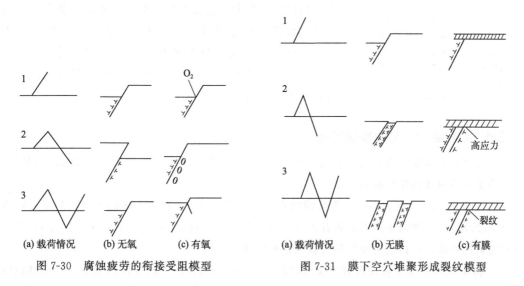

| (a) 载荷情况 | (b) 无氧 | (c) 有氧 |

图 7-30　腐蚀疲劳的衔接受阻模型

| (a) 载荷情况 | (b) 无膜 | (c) 有膜 |

图 7-31　膜下空穴堆聚形成裂纹模型

7.3.3.2 液相中的腐蚀疲劳

① 蚀孔应力集中-滑移不可逆性增强模型　电化学腐蚀环境使金属表面形成的点蚀孔成为应力集中源，在金属受拉应力作用时，在点蚀孔底产生滑移台阶，滑移台阶处暴露出的新鲜金属表面因腐蚀作用使逆向加载时表面不能复原（即逆向滑移受阻），由此形成裂纹源，加上疲劳的反复加载，使裂纹不断向纵深扩展（如图7-32所示）。

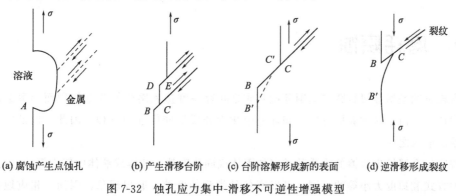

(a) 腐蚀产生点蚀孔　　(b) 产生滑移台阶　　(c) 台阶溶解形成新的表面　　(d) 逆滑移形成裂纹

图 7-32　蚀孔应力集中-滑移不可逆性增强模型

② 滑移带优先溶解模型 该模型认为金属表面在交变应力作用下产生驻留滑移带，挤出、挤入处原子具有较高的活性而成为局部小阳极，而其他部位则处于活性相对低的状态（成为大阴极），由此导致驻留滑移带处发生优先腐蚀溶解，进而使腐蚀疲劳裂纹形核。裂纹形核后，交变应力和裂纹内局部电化学腐蚀的协同作用使裂纹不断扩展。

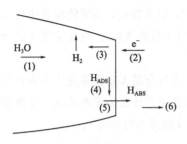

图 7-33 在水溶液发生的氢脆型腐蚀疲劳机制

(1) 溶液扩散；(2) 放电和还原；(3) 被吸附氢原子的重新结合；(4) 被吸附氢原子的表面扩散；(5) 氢被金属所吸收；(6) 被吸收氢的扩散

③ 氢脆模型 高强度钢、高强度铝合金或钛合金等材料，对氢脆敏感，其腐蚀疲劳机理以氢脆为主。其基本步骤包括：水合氢离子从裂纹面向裂纹顶端扩散；氢离子发生还原反应而使裂纹顶端表面吸附氢原子；被吸附的氢原子沿表面扩散到表面的择优位置上；氢原子在交变应力的协同作用下向金属内的关键位置（如晶粒边界、裂纹顶端的三向高应力集中区或孔洞处）扩散与富集；交变应力与富集的氢联合作用导致裂纹的萌生与扩展（如图 7-33 表示）。另外，有研究结果表明吸附氢对 CF 裂纹的扩展比三向应力集中区富集的氢的作用还大，即吸附氢是推动 CF 裂纹扩展的主要因素。

7.3.4 材料腐蚀疲劳的控制方法

尽管目前对腐蚀疲劳的机理认识尚不够十分清楚，但是人们根据大量的研究结果的分析，总结出了一些有效的控制措施。

① 合理选材与优化材料 一般来说抗点蚀性能好、对应力腐蚀不敏感的材料其腐蚀疲劳强度也较高；减少材料中的夹杂或有害元素（如钢中的 MnS 夹杂，S、P 有害元素等），提高材料的耐蚀性能，可以改善材料的抗腐蚀疲劳性能。

② 降低张应力水平或改善表面应力状态 合理的结构设计，减少应力集中，避免缝隙结构；采用消除内应力的热处理、表面硬化处理、引入表面残余压应力等。例如喷丸强化和高频淬火使钢在质量分数 3.5% NaCl 水溶液中的疲劳强度分别提高 200% 和 360%。

③ 减缓腐蚀作用 常用的措施有施加表面涂（镀）层、添加缓蚀剂和实施电化学保护技术。例如高强铝合金外层包铝，可降低其在雨水或海水环境中的腐蚀疲劳断裂倾向；介质中添加铬酸盐或乳化油，均提高了钢材的腐蚀疲劳抗力；阴极保护技术已成为广泛用于海洋金属结构物腐蚀疲劳的防护措施。

7.4 磨耗腐蚀

磨耗腐蚀是指金属材料与周围环境介质之间存在摩擦和腐蚀的双重作用而导致金属材料破坏的现象。由于这种破坏是应力和环境中化学介质协同促进的过程，因此，也是应力作用下腐蚀的形式之一。

按照与金属发生摩擦的物质种类（如固体或固体颗粒、液体或液体中气泡等），以及相对运动的方式和速度大小等的不同，可以有各种类型的摩擦、磨损现象，因而，相应地也就有不同类型的磨耗腐蚀，本节仅介绍两种典型的磨耗腐蚀：微动腐蚀和冲击腐蚀。

7.4.1 微动腐蚀

微动作用导致的表面损伤或破坏的现象称为微动损伤（fretting damage），其包括微动磨损、微动疲劳和微动腐蚀。

微动腐蚀（fretting corrosion，FC）是指在有氧气或其他腐蚀介质存在的条件下，沿着受压载荷而紧密接触的界面上有轻微的振动或微小振幅的往返相对运动，导致在接触面上出现小坑、细槽或裂纹的现象。

微动腐蚀的结果要么导致以磨损为主的破坏，要么造成以裂纹萌生和扩展为主的疲劳断裂破坏，具体破坏形式依赖于工况条件。微动损伤与通常的大位移宏观滑动或滚动引起的表面摩擦损伤有诸多不同的特点，常常导致处于微动环境中的结构或构件咬合、松动、疲劳寿命降低、功率损失，或引起环境污染、噪声增加等等，是影响航空、航天、交通、核能、通信、生物医学等诸多行业中结构安全性和可靠性的因素。

对微动损伤的首次研究是 Tomlinson 于 1927 年进行的，他分析出钢试样微动区表面出现红棕色α-Fe_2O_3磨屑，由此提出微动腐蚀的概念。20 世纪 80 年代以后微动损伤的研究得到了长足的发展。微动损伤在工程实际中广泛存在，就其发生部位而言，大体可分为两大类，一类为相对静止的接触面，如铆接件、螺栓联接件、榫槽、法兰联接件、键、销固定件、电接触插件等（如图 7-34）。还有一些如人工关节、钢丝绳、某些仪表轴承等。

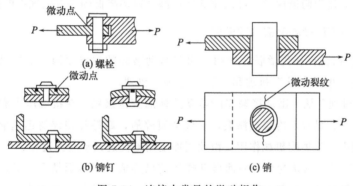

图 7-34　连接中常见的微动损伤

7.4.1.1 腐蚀环境下的微动磨损

微动磨损受到材料组织和性能的影响、位移幅和接触压力的影响、频率的影响、接触形式的影响、氧化的影响、气压和温度的影响、环境湿度和水溶液介质的影响。钢的微动磨损表面特征是表面出现一层红棕色的粉末或磨屑（主要为α-Fe_2O_3），铝合金、镁合金、钛合金、铜及镍基合金表面出现黑色氧化磨屑（分别为 Al_2O_3、MgO、TiO、CuO、NiO），将其除去后，可发现表面有许多小麻坑、犁沟、裂纹。微动磨损麻坑的形状不同于一般点蚀，深度一般在 $5\sim50\mu m$ 范围。本节只介绍氧化和腐蚀介质的影响特征。

（1）腐蚀环境下的微动磨损特征

① 氧化的影响　当金属表面能够形成韧性好、结合力高、有一定厚度、覆盖性强的氧化

膜时，可避免金属材料之间的直接接触，通常能够明显降低摩擦系数，减少磨损。特别地，一些金属表面在高温下能够形成尖晶石结构的釉质氧化膜（如低碳钢形成 $FeO \cdot Fe_2O_3$，不锈钢形成 $FeO \cdot Cr_2O_3$、$NiO \cdot Cr_2O_3$、$NiO \cdot Fe_2O_3$，Ni-Cr 合金形成 $NiO \cdot Cr_2O_3$），这种氧化膜十分光滑，摩擦系数低，且有很好的自修复能力，因此，能够显著地提高抗微动磨损性能。

当氧化的速率较低，微动过程中形成的氧化膜薄且结合力差时，氧化膜会不断地被磨去而形成磨屑，从而加剧磨损；当微动区出现平行于表面的微裂纹时，氧会迅速进入裂纹加速氧化，导致体积膨胀，促进裂纹扩展，加速磨屑的形成，同样也会促进微动磨损。上述氧化膜两种截然不同的作用应视具体情况，分析何者占主导地位。与氧化相关的磨屑对微动过程也有截然不同的两种影响作用：①加速磨损：氧化物磨屑硬度高于金属基体，因此作为磨料会造成磨料磨损。②减轻磨损：一方面氧化物磨屑把对磨的金属隔离，减少黏着磨损；另一方面较厚的磨屑可起到滚动轴承的作用，降低摩擦系数，调节和减缓微动磨损。同样，磨屑的双重作用，也需要具体分析。

② 腐蚀介质的影响　对于不锈钢等依靠钝化膜抗蚀的材料来说，微动磨损作用使保护膜破坏，降低其保护作用，因此，在腐蚀性电解质溶液中的磨损率较大气环境明显提高，电极电位也因微动磨损而显著降低（如微动磨损使 Ti6Al4V 钛合金在 NaCl 水溶液中的腐蚀电位降低约 $500mV$），点蚀等局部腐蚀倾向增大。对于不耐蚀的材料来讲，腐蚀性电解质溶液对微动磨损的提高更为显著，如含 $5\%Mn$ 的碳钢在海洋环境中的微动磨损率较大气中提高 $1\sim2$ 数量级，但实施电化学阴极保护，可以使其微动磨损速率降低到接近大气中的数值。

（2）腐蚀环境下的微动磨损机理模型

Uhlig 等人提出机械和化学联合作用是引起微动破坏的主要原因，根据氧化和磨损发生的先后，可分为"磨损-氧化"机理和"氧化-磨损"机理。

"磨损-氧化机理"认为微动接触实际是微凸体的直接接触，在接触压力和微动的联合机械作用下发生冷焊、黏着及冷焊点撕裂，形成金属碎屑，摩擦热使碎屑迅速氧化而形成硬的磨料，磨料磨损进一步加剧机械作用，由此周而复始地促进微动磨损过程。

"氧化-磨损"机理则认为金属表面微动作用前已形成一层薄而结合牢靠的氧化膜，微动的机械作用使接触微凸体处氧化膜去除，并形成磨粒，露出的新鲜金属表面再次被氧化，整个过程往复进行，接触表面不断被磨损。上述理论模型对于理解微动磨损很直观，但是该模型不能说明氧化和磨粒缓解微动磨损的情况。

7.4.1.2　腐蚀环境下的微动疲劳

（1）腐蚀环境下微动疲劳的特征

微动疲劳破坏经过四个阶段：①裂纹萌生；②裂纹早期扩展；③裂纹后期扩展；④构件失稳断裂。腐蚀环境可对①～③过程产生显著影响。疲劳寿命主要取决于裂纹的萌生和早期扩展，微动和腐蚀则是对这两个过程的加速。

微动疲劳裂纹通常萌生在接触区的滑动-非滑动的交界处（如图 7-35）。微动疲劳的初期，在微动接触区表面常常形成多条萌生微裂纹，这些微裂纹初始沿着与接触表面成一倾斜角的平面扩展（如图 7-36 中的第 I 阶段），其是接触区应力在表层引起的多轴应力场的作用结果。随着裂纹的扩展，多裂纹发生合并，形成一条主裂纹并转向为垂直于外加交变正应力方向扩展（如图 7-36 中的第 II 阶段），其他裂纹则因屏蔽作用而停止扩展。进入疲劳裂纹扩展的第 II 阶段时，影响裂纹扩展速率的不仅是外加应力强度因子幅，微动磨损过程中形成的腐蚀产物及腐蚀性介质（空气、水、润滑剂等）都可以在微动磨损过程中逐渐进入裂纹内部，像一个楔子一样嵌入微裂纹内，使裂纹尖端的应力强度因子幅增大，并伴有化学作用（即同时存在腐蚀疲劳的作用），这些都促使疲劳裂纹扩展速率增加，使疲劳寿命下降。

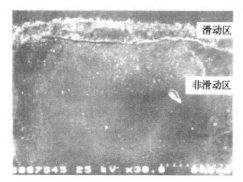

图 7-35　Ti6Al4V 合金微动疲劳
接触区裂纹萌生位置

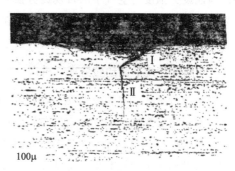

图 7-36　时效 Al-4Cu 铝合金的
微动疲劳裂纹萌生与扩展

在微动疲劳失效中，疲劳、磨损和腐蚀三者兼而有之，涉及材料、结构、环境、力学等多个专业领域，影响因素颇多，有人估计超过了 50 多个因素（如图 7-37）。下面仅介绍腐蚀环境因素对微动疲劳行为的影响。

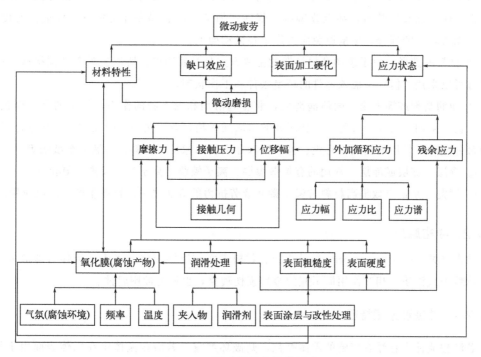

图 7-37　影响微动疲劳的因素

环境对微动疲劳的影响主要取决于对接触表面摩擦系数和材料表面腐蚀产物膜（氧化膜或钝化膜）的影响情况。当表面腐蚀产物膜导致接触表面摩擦系数减小时，微动疲劳裂纹的萌生变得困难，微动疲劳寿命呈增加趋势。例如，镍基高温合金 Inconel 718 在高温下因氧化和微动磨损作用，在微动接触区表面形成一层釉质减摩氧化膜，导致随温度升高，微动疲劳强度增大，540℃时的微动疲劳强度较室温下提高 130%，接近合金室温常规疲劳强度。

对于不耐蚀的金属材料，微动作用与腐蚀作用类似，均加速疲劳裂纹的萌生和扩展，因此，导致材料的疲劳强度降低。对于钛合金、奥氏体不锈钢等钝化金属材料在腐蚀环境介质中的腐蚀疲劳强度与空气中的常规疲劳强度十分接近。但由于微动作用能够破坏上述具有保护功能的钝化膜，因此无论在海水中还是在空气中，其微动疲劳强度均明显低于常规疲劳强度，且两种环境中的微动疲劳强度较为接近。

（2）腐蚀环境下微动疲劳损伤机理

微动疲劳破坏经过裂纹萌生、裂纹早期扩展、裂纹后期扩展和构件失稳断裂四个阶段。而疲劳寿命主要取决于裂纹的萌生和早期扩展，微动和腐蚀则是对这两个过程的加速，因而微动疲劳损伤机理的研究始终是围绕着微动疲劳裂纹的萌生和早期扩展行为。即使某一特定条件下的微动疲劳裂纹萌生也常常涉及几种损伤机理。

7.4.1.3 微动损伤的控制措施

影响微动损伤的因素很多，解决的方法也有多种。目前控制微动损伤的主要技术措施如下。

① 改变设计或加工工艺　避免产生微动，增加接触面之间的压力是常用的方法，如减小接触面积或增加螺栓数目，甚至改铆接为焊接；加工时注意提高加工精度，保证同心度等；在微动无法阻止的部分，尽量避免应力集中在微动面上。

② 材料的选择　由于微动磨损初期的主要方式是黏着磨损，所以抗黏着磨损措施中的各种措施可以采用，但要考虑该零件的环境条件和工作状态。

③ 加润滑剂或插入物　固体润滑剂，兼有润滑剂和插入物的作用，常用的有二硫化钼、二碘化锡、聚四氟乙烯、石墨等；金属和非金属插入物，改变接触面的性质，改变摩擦系数，吸收部分微动，常用的插入物有银、铜、铝和非金属如橡皮、塑料、毛绒甚至纸张等。

④ 渗层、镀层或涂层　常用的有扩散渗层、离子镀膜、离子注入及离子氮化等。

⑤ 喷丸　是最有效提高材料常温下微动疲劳抗力的方法之一，且在生产中广泛应用。

7.4.2 冲击腐蚀

冲击腐蚀（erosion corrosion）是指金属材料表面与腐蚀流体、多组元流体（即流体中含有固体粒子或液滴）相互作用而引起的金属损伤现象，也称为冲刷腐蚀。

7.4.2.1 冲蚀现象和特征

若液相流体中悬浮着较硬的固体颗粒，则破坏严重。若液相流体中在固体表面由于气泡（气穴）不断形成和溃灭，瞬间产生的高冲击压力对固体材料表面造成破坏，这类冲蚀又称为空泡腐蚀（cavitation corrosion）或气穴侵蚀或气蚀。造成冲蚀的固体粒子通常都比较硬，但当流动速度高时，软粒子甚至水滴也会造成冲蚀。图7-38是汽轮机末级叶片上的水滴冲蚀。由于气蚀现象十分复杂，目前大量工作仍然停留在各种参数对实验结果的影响和气蚀破坏表面及材料显微组织的观察上，尚未发展到提出较为完整的物理模型和数学表达式的阶段。根据流动介质及第二相粒子的不同将冲蚀现象进行分类，如表7-3所示。

表7-3　冲蚀现象的分类及工程实例

冲蚀类型	介质	第二相	工程实例
喷砂冲蚀	气体	固体粒子	燃气轮机，锅炉管道
雨蚀水滴冲蚀	气体	液滴	高速飞行器，汽轮机叶片
泥浆冲蚀	液体	固体粒子	水轮机叶片，油气井钻杆
气蚀（空泡腐蚀）	液体	气泡	水轮机叶片，船用螺旋桨
湍流腐蚀	液体	—	换热器管壁，水轮机叶片

冲蚀的形貌常带有方向性的槽、沟、波纹、圆孔和山谷形。在固体颗粒冲蚀情况下，材料表面磨损特征表现为存在大量的冲蚀坑，在凹坑的边缘有隆起、沿粒子冲击方向的流动及严重的塑性变形等。液滴冲蚀初期为不连续的冲蚀点坑，长时间的冲蚀则点蚀坑连成片。气蚀损伤表面形貌与材料的硬度有关，气蚀初期出现塑性变形，如对于工业纯铁、软钢的气蚀，一般观察不到"解理面"特征。

冲蚀受多种因素的影响。它与金属材料的性能、表面膜、介质的流速、湍流、冲击、液相电解质的腐蚀性等因素有关。通常硬度较小的一些金属（如铜、铅等）更易发生，耐蚀性好的材料其抗磨损腐蚀也好，这与材料上能否

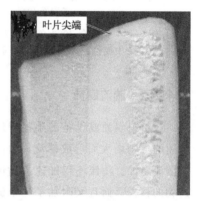

图7-38　汽轮机末级
叶片上的水滴冲蚀

生成保护性能好的膜密切相关，即与膜的生成难易、膜的生长速度和再生性以及膜的抗机械破坏、抗磨损的能力有关。介质的流动速度影响也很大，在极高流速下，一般是加速冲蚀的。但在一般情况下，增加流速既可能增大腐蚀，也可能减轻腐蚀，这要看它对腐蚀机理的影响如何，具体问题应具体分析。

图7-39示出了铝的腐蚀速率随着流速增大而上升的关系曲线。当流速为零或很低时，铝在发烟硝酸中几乎不腐蚀。其原因是铝在此酸中能生成氧化铝钝化膜。当流速增大时，由于部分氧化膜被除去，磨蚀速率不断增大。

在同样的发烟硝酸中，随着流速的增大，347不锈钢腐蚀速率反而呈下降趋势（如图7-40所示）。这是因为，该钢种在静止的硝酸中具有自催化腐蚀的特性（阴极反应生成亚硝酸），同时具有高的腐蚀速率。流速增大能冲走表面腐蚀性的亚硝酸，致使腐蚀率随着流速的加大而不断减小。此外，一定的流速能使沉积物不易在金属表面上沉积，因而也可避免沉积物引起的腐蚀隐患。实际中流速的影响大致可分为两种情况：①由于流速增加而使腐蚀剂（如氧、二氧化碳或硫化氢等）与金属表面接触的机会增加，或者使金属表面的静态膜厚度减小，离子的扩散、转移增大，这种情况一般是加速腐蚀的。②在有缓蚀剂存在的情况下，一

定的流速使缓蚀剂的利用率充分提高，因而使腐蚀减慢；同时较高流速又能减少或阻止污泥、尘垢的沉积，从而使缝隙腐蚀的条件得到消除，也能减少磨蚀。但这种情况有时也会因悬浮固体的摩擦，破坏金属材料表面的保护膜而又加速腐蚀。因此，实际情况较为复杂，应根据腐蚀机理作具体分析。

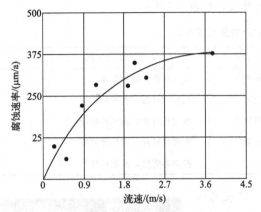

图 7-39　铝合金 3003 在 42℃发烟硝酸中腐蚀速率与流速的关系

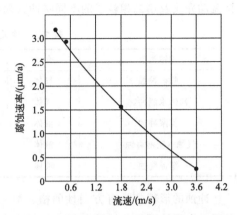

图 7-40　不锈钢 347 在 42℃发烟硝酸中腐蚀速率与流速的关系

7.4.2.2　湍流腐蚀

在材料表面或设备的某些特定部位，由于介质流速的急剧增大而形成湍流，由湍流导致的冲蚀即为湍流腐蚀。湍流不仅加速了腐蚀剂的供应和腐蚀产物的移去，而且又附加了一个流体对金属表面的切应力。该切应力能够把已经形成的腐蚀产物剥离，并随流体转移开。当流体中含有气泡或固体颗粒时，

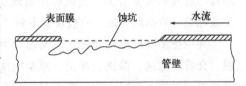

图 7-41　冷凝管内壁湍流腐蚀示意

切应力的力矩增大，金属表面损伤更加严重。湍流腐蚀大多发生在叶轮、螺旋桨以及泵、搅拌器、离心机、各种导管的弯曲部分。遭到湍流腐蚀的金属表面，常常呈现深谷或马蹄形的凹槽状，一般按流体的流动方向切入金属表面层，蚀谷底部光滑没有腐蚀产物积存（如图7-41）。

在输送流体的管道内，流体发生突然改变方向的部位，冲蚀速率通常远高于平直管部位，此部位的管壁减薄快，甚至穿孔。

7.4.2.3　空泡腐蚀

空泡腐蚀通常是由流速高于 30m/s 的液流和腐蚀介质的共同作用而产生的。金属构件的特殊几何外形未能满足流体力学的基本要求，使金属表面的局部区域产生涡流，在低压区引起溶解气体的析出或介质的汽化。这样接近金属表面的液体，不断有蒸气泡的形成和崩溃，而气泡溃灭时产生的冲击波力量很大，能够破坏金属表面的保护膜。这种冲击波作用到固体材料的表面，类似于水锤作用效应，使材料遭受磨损，导致出现孔洞。

图 7-42 为空泡腐蚀形成过程的示意，大致可分为如下几步：①保护膜上形成气泡；②气

泡溃灭，在溃灭区中发生回弹作用，在微射流与回弹压力作用下，保护膜损伤；③暴露的新鲜金属表面重新成膜；④在原位置膜附近处新气泡再度形成，循环上述过程，最终造成累积损伤，形成孔洞破坏形态。

没有表面膜的存在，破灭空泡的冲击波同样足以把金属冲击为粗糙的表面，表面变粗糙，就进一步促进新空泡核心的形成。

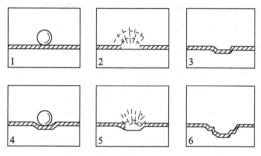

图 7-42　金属表面发生气蚀的过程

7.4.2.4　冲蚀的控制

对机械零部件或设备冲蚀破坏的控制措施如下。

① 改善系统的设计　设法改变流体的入射攻角，减小入射粒子和介质的速度，改进冲蚀部件的形状因素；增大管径，减小流速；管子弯头流线型化，以减小冲击的作用；增加易发生冲蚀的部位管子的壁厚，并将其设计成易更换的结构；降低表面粗糙度，减少气泡形核点。

② 合理选择材料　选择合理的耐冲蚀材料，如对于含有固体颗粒的流体，用高硅铸铁通常可以达到较好的抗蚀效果；抗海水腐蚀性能优异钛合金及 316 不锈钢在海洋环境中有很好的抗冲蚀性能。

③ 采用恰当的表面处理技术　通过表面处理提高材料表面的硬度和韧性，如表面沉积硬质镀层，离子注入、渗氮与渗金属元素等表面化合金化处理；表面激光改性处理；通过表面喷丸、冷挤压等形变强化措施引入表层残余压应力；采用橡胶、塑料涂层，吸收流体冲击波。

④ 采取电化学保护措施　对于氢脆不敏感材料可采用电化学阴极保护，一方面降低腐蚀，一方面金属表面产生氢气泡，阻挡了空泡腐蚀产生的冲击波。

⑤ 环境介质处理　除去环境介质中的氧、添加缓蚀剂；对液相流体介质进行澄清和过滤处理，以去除固体物。

思考题与习题

1.解释下述概念和符号的含义：

应力作用下的腐蚀；应力腐蚀；腐蚀疲劳；氢脆；第一类氢脆；第二类氢脆；可逆性氢脆；不可逆性氢脆；氢鼓泡；氢致开裂；固态金属致脆；液态金属致脆；低熔点金属致脆；磨耗腐蚀；冲击腐蚀；空泡腐蚀；湍流腐蚀；微动腐蚀；微动疲劳；微动磨损；微动损伤；

滞后破坏；延迟破坏；K_{ISCC}；σ_{SCC}；da/dt；da/dN；ΔK。

2. 何谓应力腐蚀的三要素？试简述应力腐蚀的力学特征、环境特征和材料学特征。

3. 试画出应力腐蚀裂纹扩展速率 da/dt 与裂纹尖端应力强度因子 K_I 的关系曲线，指出曲线上的两个端点对应的 K_I 所代表的材料的特征值，并分析图中各阶段裂纹扩展的特征及控制因素。

4. 试简述金属材料应力腐蚀的主要机理模型和区别判断不同机理的主要方法。

5. 为了测试某一合金材料的应力腐蚀敏感性及电化学极化的影响，将该合金材料加工成缺口试样，施加恒定应力 $0.5\sigma_s$，浸泡在 25℃、pH＝6 的某种电解质腐蚀溶液中，并施加不同的阳极或阴极极化电流密度 i，测量各试样的断裂寿命 t_f，试验结果如下表所示：

$i/(\text{mA/mm}^2)$	+8.0	+5.1	+3.0	+1.2	0	−0.33	−2.4	−4.1	−7.5	−8.8
t_f/min	12	13	15.5	31	90	415	92	39	21	19

（1）画出断裂寿命 t_f 的对数值 $\lg(t_f)$ 随极化电流密度 i 的变化关系曲线；

（2）根据所画曲线分析该合金的应力腐蚀机理模型。

6. 金属中氢的来源主要有哪几种途径？它在金属中的存在形式有哪些？

7. 试述金属材料氢脆的类型和特点。

8. 试画出腐蚀疲劳裂纹扩展速率 da/dN 随裂纹尖端应力强度因子幅 ΔK 变化的典型曲线，并说出主要的腐蚀疲劳类型。

9. 试从产生条件、影响因素、形态特征等方面比较应力腐蚀、氢脆、腐蚀疲劳的异同性。给出区分和诊断这些不同类型破坏形式的可能方法。

第 8 章

金属在自然环境中的腐蚀

 本章导读

掌握大气腐蚀的类型、机理及过程、主要影响因素及防治大气腐蚀的措施；熟悉海水腐蚀的特征、机理及过程、影响因素及防治措施；了解土壤腐蚀的电极过程、类型、影响因素及防治措施。

自然环境是指与自然界海、陆、空对应的海水、土壤和大气环境。绝大多数工程设施和机电设备均在自然环境中使用，如武器装备、交通设施、载运工具、海港码头、工业设备、城乡建筑、地下管道等。因此，作为工程设施和机电设备中使用的各类材料，受自然环境腐蚀的情况最为普遍，造成的经济损失和社会影响也最大。认识和掌握材料在自然环境中的腐蚀行为、规律和机理，对于合理控制工程设施和机电设备的腐蚀，延长其使用寿命，确保安全生产，降低经济损失具有十分重要的意义。

8.1 大气腐蚀

金属暴露在大气环境中，由于水和氧等的化学和电化学作用而引起的腐蚀称为大气腐蚀。大气腐蚀是最常见的腐蚀现象，如金属及其制品普遍存在的生锈现象即属于此。全球在大气中使用的钢铁超过其生产总量的 60%，而由大气腐蚀所造成的损失估计占总损失的 50% 以上。对于某些功能材料（如印刷电路）、艺术品或文物，即使是轻微的大气腐蚀有时候也是不允许的。然而，随着矿物能源的过度使用和空气污染的不断加剧，材料面临的大气腐蚀问题日益严重。

8.1.1 大气腐蚀类型和特征

大气腐蚀是一类腐蚀的总称，并不是一种腐蚀形态。大气腐蚀主要以均匀腐蚀为主，也可以发生点蚀、缝隙腐蚀、电偶腐蚀等局部腐蚀。大气腐蚀的分类多种多样，按地理和空气含有微量元素的情况可以分为工业大气腐蚀、海洋大气腐蚀和农村大气腐蚀；按气候可以分为热带大气腐蚀、湿热带大气腐蚀和温带大气腐蚀。从腐蚀条件看，大气中参与腐蚀的主要组分是水和氧，特别是能使金属表面湿润的水膜，是决定大气腐蚀速度和历程

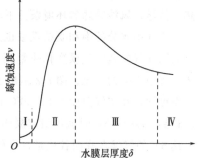

图 8-1　大气腐蚀速度与金属表面水膜厚度的关系

Ⅰ—水膜厚度 $\delta = 1\text{nm} \sim <10\text{nm}$；

Ⅱ—$\delta = 10\text{nm} \sim <1\mu\text{m}$；

Ⅲ—$\delta = 1\mu\text{m} \sim <1\text{mm}$；　Ⅳ—$\delta \geq 1\text{mm}$

的主要因素。图 8-1 是大气腐蚀速率与金属表面水膜层厚度之间的关系。根据金属表面不同的潮湿程度，通常把大气腐蚀分成以下三类。

① 干大气腐蚀　在空气非常干燥的条件下，金属表面不存在水膜时的腐蚀称为干大气腐蚀。特点是在金属表面的吸附水膜厚度不超过 10nm，并没有形成连续的电解液膜（Ⅰ区），金属表面形成极薄的氧化膜，腐蚀速率很小。如铜、银被硫化物污染的空气腐蚀所造成的失泽现象就属于干大气腐蚀。

② 潮大气腐蚀　当大气中相对湿度足够高（低于 100％），金属表面存在着肉眼不可见的薄水膜（10nm～<1μm）时所发生的腐蚀称为潮大气腐蚀。水膜厚度可达几十到几百个水分子厚度，形成连续的电解液薄膜（Ⅱ区），电化学腐蚀开始，腐蚀速率急剧增大。如铁在大气中没有被雨雪淋到时的生锈现象就属于潮大气腐蚀。

③ 湿大气腐蚀　当空气湿度接近 100％，或当水以雨、雪、水沫等形式直接落在金属表面上，存在着肉眼可见的凝结水膜时发生的腐蚀称为湿大气腐蚀。此时，水膜较厚，为 1μm～<1mm，随着厚度逐渐增加，氧通过水膜扩散到金属表面变得非常困难，腐蚀速率明显下降（Ⅲ区）。当水膜厚度≥1mm 后，相当于全浸在电解质溶液中的腐蚀，腐蚀速率基本不变（Ⅳ区）。

一般大气环境条件下的腐蚀都是在Ⅱ区和Ⅲ区中进行，但随着气候条件和相应的金属表面状态（如氧化物或盐类的附着）等的变化，各种腐蚀形式会互相转换、交替发生。

8.1.2　大气腐蚀机理

金属表面在潮湿的大气中会吸附一层很薄的水膜，当这层水膜达到 20～30 个分子层厚时，就变成电化学腐蚀所必需的电解液膜。所以在潮湿的大气条件下，金属的大气腐蚀过程具有电化学腐蚀的本质，是电化学腐蚀的一种特殊形式。金属表面上的这种液膜是由于水分（雨、雪等的直接沉降），或者是由于大气湿度或气温的变动以及其他种种原因引起的凝聚作用而形成。如果金属表面只存在纯水膜，因为纯水的导电性较差，还不足以促成强烈的腐蚀，实际上金属发生强烈的大气腐蚀往往是由于薄层水膜中含有水溶性的盐类以及腐蚀性的气体引起的。在实际情况下，随着水分的凝聚，水膜中可能溶入大气中的气体（CO_2、O_2、SO_2 等），还可能落上尘土、盐类或其他污物。一些产品或金属材料在加工、搬运或使用过程中，还会沾上手汗等，这些都会提高液膜的导电性和腐蚀性，促进腐蚀加速。例如，在低温、潮热、盐雾、风沙等恶劣环境条件下时，各种军用品产生腐蚀、水解、长霉等现象。

空气中水分的饱和凝结现象也是非常普遍的。这是由于有些地区，特别是热带、亚热带及大陆性气候地区气候变化非常剧烈，即使在相对湿度低于 100％的气候条件下，也容易造成空气中水分的冷凝。图 8-2 示出了能够引起凝露的温度差和空气温度、相对湿度间的关系。由图可知，在空气温度为 5～50℃的范围内，当气温剧烈变化达 6℃左右时，只要空气相对湿度达到 65％～75％时就可引起凝露现象。温差越大，引起凝露的相对湿度也会越低。昼夜温差达 6℃的气候在我国各地是常见的，达 10℃以上的也很多。此外，强烈的日照也会引起剧烈的温差，因而造成水分的凝结现象。即使在国内各地的中纬度地区，向阳面和背阳面的温差达 20℃以上的现象也不少见，因此，在日落后的降温过程中水分很容易凝结。

在大气条件下，结构零件之间的间隙和狭缝、氧化物和腐蚀产物及镀层中的孔隙、材料的裂缝，以及落在金属表面上的灰尘和碳粒下的缝隙等，都具有毛细管的特性，它们能促使水分在相对湿度低于100％时发生凝聚。

在相对湿度低于100％，未发生纯粹的物理凝聚之前，由于固体表面对水分子的吸附作用也能形成薄的水膜，这称为吸附凝聚。吸附的水分子层数随相对湿度的增加而增加。吸附水分子层的厚度也与金属的性质及表面状态有关，一般为几十个分子层厚（见图8-3）。

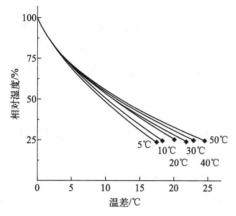
图 8-2　在一定温度下，引起凝露的温差与空气温度、相对湿度间的关系

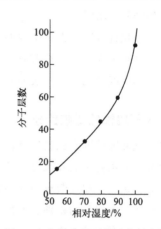
图 8-3　空气中相对湿度与金属表面吸附水膜的关系

当物质吸附了水分之后，即与水发生化学作用，这种水在物质上的凝聚叫化学凝聚。例如，金属表面落上或生成了吸水性的化合物（$CuSO_4$、$ZnCl_2$、$NaCl$、NH_4NO_3 等），即使盐类已形成溶液，也会使水的凝聚变得容易，因为盐溶液上的水蒸气压力低于纯水的蒸汽压力。可见，当金属表面上落上铵盐或钠盐（手汗、盐粒等）就特别容易促进腐蚀。在这种情况下，水分在相对湿度70％～80％时便会凝聚，而且又有电解质存在，就会加速腐蚀。

（1）阴极过程

金属发生大气腐蚀时，由于氧很容易到达阴极表面，故阴极过程主要依靠氧的去极化作用，即氧向阴极表面扩散，作为去极化剂，在阴极进行还原反应。氧的扩散速度控制着阴极上氧的去极化作用的速度，并进而控制着整个腐蚀过程的速度。阴极过程的反应与介质的酸碱性有关，在中性或碱性介质中发生如下反应：

$$O_2 + 2H_2O + 4e^- \longrightarrow 4OH^-$$

在酸性介质（如酸雨）中则发生如下的反应：

$$O_2 + 4H^+ + 4e^- \longrightarrow 2H_2O$$

由于大气中的阴极去极化剂多种多样，因而大气腐蚀也不能排除 O_2 以外的其他阴极去极化剂（如 H^+、SO_2 等）的作用。

（2）阳极过程

腐蚀的阳极过程就是金属作为阳极发生溶解的过程，在大气腐蚀的条件下，阳极过程反应为：

$$M + xH_2O \longrightarrow M^{n+} \cdot xH_2O + ne^-$$

式中，M 代表金属；M^{n+} 为 n 价金属离子；$M^{n+} \cdot x H_2O$ 为金属离子化水合物。

一般来讲，随着金属表面电解液膜减薄，大气腐蚀的阳极过程的阻滞作用增大。可能的原因包括两个方面：一是当金属表面存在很薄的液膜时，会造成金属离子水化过程较难进行，使阳极过程受到阻滞；二是在液膜很薄的条件下，易于促使阳极钝化现象的产生，因而使阳极过程受到强烈的阻滞。

总之，极化过程随着大气条件的不同而变化。对于湿的大气腐蚀，腐蚀过程主要受阴极控制，但这种阴极控制已比全浸时大为减弱，并且随着电解液膜减薄，阳极过程变得困难。可见随着水膜厚度变化，不仅表面潮湿程度不同，而且电极过程控制因素也会不同。

8.1.3 大气腐蚀的影响因素

影响大气腐蚀的因素比较复杂，大气腐蚀还与地域、季节、时间等条件有关。尽管参与大气腐蚀过程的主要是氧和水分，其次是二氧化碳，但是大气中的腐蚀性气体，例如二氧化硫、硫化氢、氯气等却逐渐成为影响大气腐蚀速率的重要因素。由于大气环境的不同，材料的腐蚀严重性有着明显的差别。例如，钢在海岸的腐蚀速度比在沙漠中大 400~500 倍，且离海岸越近，钢的腐蚀越严重；空气中的 SO_2 对钢、铜、镍、锌、铝等金属的腐蚀速度影响很大，特别是在高湿度情况下，SO_2 会大大加速金属的腐蚀。据估计，常用金属材料在工业区比沙漠区的大气腐蚀速度可能高 50~100 倍。下面讨论大气腐蚀的主要影响因素。

(1) 气候条件

大气的湿度、温度、日光照射、风向、风速、雨水的 pH 值、各种腐蚀气体沉积速度和浓度、降尘等对金属的大气腐蚀速率都有影响。

① 大气湿度的影响　金属的大气腐蚀与水膜的厚度直接相关，而水膜的厚度又与大气中的含水量有关。大气含水量采用相对湿度表示，即在一定温度下大气中实际水蒸气压力与饱和水蒸气压力之比。当金属处于比其温度高的空气中，空气中的水蒸气将以液体形式凝结于金属表面，即为凝露，这是发生潮大气腐蚀的前提。一般而言，空气湿度越大，金属与空气温差越大，越容易凝露。金属有一个临界相对湿度，超过这一临界值，腐蚀速度就会突然猛增，而在临界值以下，腐蚀速度很小或几乎不腐蚀。出现临界相对湿度，标志着金属表面上产生了一层吸附的电解液膜，这层液膜的存在使金属从化学腐蚀转变成电化学腐蚀，腐蚀大大增强。

临界相对湿度随金属种类、金属表面状态以及环境气氛的不同而有所不同。测试表明，上海地区在 SO_2 污染较重的情况下（$0.02 \sim 0.1 mg/m^2$），Al 腐蚀的临界相对湿度为 $80\% \sim 85\%$；Cu 约为 60%；钢铁为 $50\% \sim 70\%$；Zn 与 Ni 则大于 70%。在大气中，如含有大量的工业气体，或含有易于吸湿的盐类、腐蚀产物、灰尘等情况下，临界相对湿度要低得多。如图 8-4 所示，当大气中有 SO_2 存在时，相对湿度低于 75% 的情况下，腐蚀速度增加很慢，与

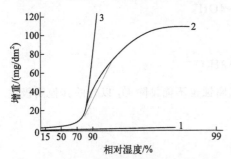

图 8-4　铁的大气腐蚀与空气相对湿度和
空气中 SO_2 杂质的关系

1—纯净空气；2—含 $0.01\% SO_2$ 的空气；
3—含 $0.01\% SO_2$ 和碳粒的空气

洁净空气中的差不多。但当相对湿度达到 75％ 左右时，腐蚀速度突然增大，并随相对湿度增大而进一步增加，且污染情况愈严重，增加趋势愈大。

② 温度和温度差的影响　环境的温度和温度差也是影响大气腐蚀的主要因素。在相同湿度下，环境温度越高，越容易发生凝露。统计表明，在其他条件相同时，平均气温高的地区，大气腐蚀速度较大。环境温差变化大，会加速大气腐蚀。例如，在一些大陆性气候地区，昼夜温差很大，造成相对湿度急剧变化，空气中的水分容易在金属表面上凝结；冬天将钢铁零件从室外搬至室内，由于室内温度高，冷的钢铁表面上会凝结一层水珠；在潮湿环境中用汽油洗涤金属零件后，由于汽油迅速挥发，零件表面温度下降，也会凝结一层水膜。这些情况都会导致金属发生锈蚀。

③ 风向和风速的影响　风向和风速对金属的大气腐蚀也有影响。靠近工厂和沿海地区，风将带来多种不同的有害杂质，如盐类、硫化物气体、尘粒等，而从海上吹来的风不仅会带来盐分，还会增大空气的湿度，这些情况同样会加速金属的腐蚀。

（2）大气中的污染物

从全球范围看，大气的主要成分几乎是不变的，纯净的大气由氮气（75％）、氧气（23％）、水分和少量惰性气体（Ar、He、Xe、Ne、Kr）等组成。由于地理环境的不同及工业污染，大气中经常混入含硫化合物、含氯化合物及固体颗粒等污染物。表 8-1 给出了大气污染物的组成。研究表明这些大气污染物对金属的大气腐蚀均有不同程度的促进作用。

表 8-1　大气污染物的主要组成

气体	固体
含硫化合物：SO_2、SO_3、H_2S	灰尘
氯和含氯化合物：Cl_2、HCl	$NaCl$、$CaCO_3$
含氮化合物：NO、NO_2、NH_3、HNO_3	ZnO 金属粉末
含碳化合物：CO、CO_2	氧化物、粉煤灰
其他：有机化合物	

① SO_2 的影响　在大气污染物中，SO_2 的影响最为严重。实验证明，空气中的 SO_2 对钢、铜、锌、铝等金属的腐蚀速度影响很大。虽然大气中的 SO_2 含量很低，但它在水溶液中的溶解度比氧高 1300 倍，使溶液中 SO_2 达到很高的浓度，大大加速金属的腐蚀。大气中的 SO_2 来源于石油、煤燃烧的废气和工厂生产排出的废气。

SO_2 溶于金属表面上的水膜，可反应生成 H_2SO_3 或 H_2SO_4，其 pH 值可达 $3 \sim 3.5$。H_2SO_3 是强去极化剂，对大气腐蚀有加速作用，在阴极的去极化反应如下：

$$2H_2SO_3 + 2H^+ + 4e^- \rightleftharpoons S_2O_3^{2-} + 3H_2O$$

$$2H_2SO_3 + H^+ + 2e^- \rightleftharpoons HS_2O_4^- + 2H_2O$$

上述反应产物的标准电极电位比大多数工业用金属的稳定电位高得多，可使这些金属成为构成腐蚀电池的阳极，而遭受腐蚀。大气中 SO_2 对 Fe 的加速腐蚀是一个自催化反应过程，其反应：

$$Fe + SO_2 + O_2 \longrightarrow FeSO_4$$

$$4FeSO_4 + O_2 + 6H_2O \longrightarrow 4FeOOH + 4H_2SO_4$$

$$2H_2SO_4 + 2Fe + O_2 \longrightarrow 2FeSO_4 + 2H_2O$$

生成的硫酸亚铁又被水解形成氧化物，重新形成硫酸，硫酸又加速铁腐蚀，反应生成新的硫酸亚铁，再被水解生成硫酸，如此循环往复而使铁不断被腐蚀。

② 固体颗粒的影响　空气中含有大量的固体颗粒，如煤烟、灰尘等碳和碳化合物，金属氧化物，砂土，氯化钠，硫酸铁及其他盐类等。这些固体颗粒落在金属表面上会使金属生锈。固体颗粒对大气腐蚀的影响方式可以分为三种：一是颗粒本身具有腐蚀性，如 NaCl 颗粒及氨盐颗粒，颗粒吸湿后溶于金属表面水膜中，提高电导和酸度，同时阴离子又有很强的侵蚀性；二是颗粒本身无腐蚀作用，但能吸附腐蚀性物质，如碳颗粒能吸附 SO_2 及水汽，冷凝后形成酸性溶液；三是颗粒既无腐蚀性，又不吸附腐蚀性物质，如沙粒落在金属表面能形成缝隙而凝聚水分，形成氧浓差的局部腐蚀条件。

8.1.4　大气腐蚀的防治措施

防治大气腐蚀的措施很多，主要途径有以下四种。

（1）提高材料自身的耐蚀性

金属或合金材料自身的耐蚀性是金属是否容易遭到腐蚀的最基本因素。合金化是提高金属材料耐大气腐蚀性能的重要技术途径，例如，在碳钢中加入 Cr、Ni、Cu、P 等元素可显著提高耐大气腐蚀性能，有研究表明向钢中加入微量 Ca 和 Si 也可有效提高锈层的防护性能。

（2）采用覆盖保护层

利用涂、镀、渗等覆盖层把金属材料与腐蚀性大气环境隔离，可以达到有效防腐蚀的作用。用于控制大气腐蚀的覆盖层有两类：①长期性覆盖层，如渗镀、热喷涂、浸镀、刷镀、电镀、离子注入等；钢铁磷化、发蓝；铜合金、锌、镉的钝化；铝、镁合金氧化或阳极氧化；珐琅涂层、陶瓷涂层和油漆涂层等。②暂时性覆盖层，指在零部件或机件开始使用时可以除去（或用溶剂去除）的一些临时性防护层，如各种防锈油、脂，可剥性塑料等。

（3）控制环境

主要是控制密封容器内的相对湿度和充以惰性氮气或抽去空气，以使制件与外围环境隔离，从而避免锈蚀。其方法有充氮封存、采用吸氧剂和干燥空气封存等。

① 充氮封存　将产品密封在金属或非金属容器内，经抽真空后充入干燥而纯净的氮气，利用干燥剂使内部保持在相对湿度低于40%以下。由于低水分和缺氧，金属不易生锈。

② 采用吸氧剂　在密封容器内控制一定的湿度和露点，以除去大气中的氧。常用的吸氧剂是 Na_2SO_3。

③ 干燥空气封存　即控制大气湿度，是常用的长期封存方法之一。将湿度控制在50%以下，最好保持在30%以下。可采用加热空气、吸湿剂和冷冻除水等方法。常用的吸水剂包括活性炭、硅胶、氯化钙、活性氧化铝等。

（4）使用缓蚀剂

防治大气腐蚀所用的缓蚀剂有油溶性缓蚀剂、气相缓蚀剂和水溶性缓蚀剂。此外，合理设计防止缝隙中存水，避免金属表面落上灰尘，特别是加强环保，减少大气污染同样可以有效降低大气腐蚀速率。

8.2 海水腐蚀

海水腐蚀指金属在海洋环境中遭受腐蚀而失效破坏的现象。海洋占地球表面积超过70%，蕴含丰富的自然资源。海水中含有各种盐分，是自然界中量最大、腐蚀性很强的天然电解质。大多数常用的金属和合金在海水中均会遭受不同程度的腐蚀。例如，各种类型的舰船、海上采油平台、矿物开采和水下输运及存储设备、海岸设施及使用海水冷却的设备等都会受到海水的腐蚀作用。据估计，海洋腐蚀的损失约占总腐蚀损失的 1/3。因此，研究、认识和解决海水腐蚀问题，对发展海洋运输和海洋开发、加强国防建设具有重要而深远的意义。

8.2.1 海水的特性

海水中溶解的盐类以氯化钠为主，通常可以把海水近似地看作 3% 或 3.5% 的 NaCl 溶液。海水中的含盐量用盐度或氯度表示。盐度指 1000g 海水中溶解的固体盐类物质的总质量（g），而氯度是表示 1000g 海水中的氯离子质量（g），常用百分数或千分数作单位。通常先测定海水的氯度（‰），再用经验公式推算得到盐度（‰），二者关系式为：盐度＝1.80655氯度。正常海水的盐度通常在 32‰~37.5‰之间，一般取 35‰作为大洋性海水的盐度平均值。表 8-2列出了海水中主要盐类的种类和含量。海水中的总盐度随地区而变化，在某些海区和隔离性内海中，盐度有较大的变化，如在江河的入海口，海水被稀释，盐度变小，在地中海、红海等封闭性海中，由于水分快速蒸发，盐度可达 40‰。

表 8-2　海水中主要盐类的种类和含量

成分	100g 海水中盐含量/g	占盐总量百分比/%
NaCl	2.7123	77.8
$MgCl_2$	0.3807	10.9
$MgSO_4$	0.1658	4.7
$CaSO_4$	0.1260	3.6
K_2SO_4	0.0863	2.5
$CaCl_2$	0.0123	0.3
$MgBr_2$	0.0076	0.2
合计	3.5	100

海水有高的电导率，平均值约为 $4 \times 10^{-2} S/cm$，远高于河水（$2 \times 10^{-4} S/cm$）和雨水电导率（$1 \times 10^{-5} S/cm$）。

海水温度在 0~35℃之间变化，受地理位置、海洋深度、昼夜和季节等的影响。

海水中的溶氧是海水腐蚀的主要影响因素。正常情况下，海水表层被空气饱和，氧的浓度在（5~10）×10⁻⁶的范围内变化。海水溶氧量随温度和盐度升高而略有下降。

海水 pH 值通常为 8.1~8.3，但会随海水深度或厌氧性细菌的繁殖有所变化。海水中植物非常茂盛时，由于 CO_2 减少和溶氧浓度上升，pH 值接近 9.7。在海底有厌氧性细菌繁殖时，溶氧量低且含有 H_2S，pH 值常低于 7。

海水是一种含有多种盐类、近中性并溶有一定氧的天然电解质溶液，其特性决定了金属在海水中的腐蚀电化学特征。

8.2.2 海洋环境分类及腐蚀特点

金属在海水中的腐蚀形式可分为均匀腐蚀和局部腐蚀两大类，局部腐蚀又包括点蚀、缝隙腐蚀、电偶腐蚀、应力腐蚀、腐蚀疲劳、磨蚀、气蚀等不同形式。金属腐蚀在不同海洋环境下具有不一样的特点。根据金属与海水的接触情况可将海洋区域分为海洋大气区、飞溅区、潮汐区、全浸区（又可分为浅海、大陆架区和深海区）和海泥区。图 8-5 是美国科学家 Humble 给出的钢桩在北卡罗来纳州 Kure 海滨不同深度暴露 5 年后的腐蚀示意，很好地反映了不同环境区域的海水腐蚀特点，具体腐蚀特征如表 8-3 所示。

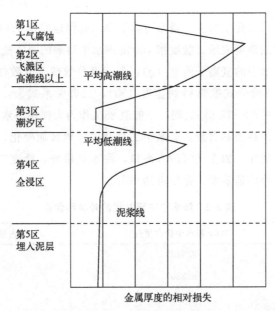

图 8-5　钢桩在北卡罗来纳州 Kure 海滨海水中暴露 5 年后的腐蚀示意

① 海洋大气区　指海面飞溅区以上的大气区和沿海大气区。影响腐蚀的主要因素是沉积在金属表面的盐粒和盐雾的数量，由于海盐吸湿性强，易在金属表面形成含盐液膜，因此海洋大气比内陆大气腐蚀性大得多。盐的沉积因地理位置、风浪条件、距离海面高度、深入内陆距离、曝晒时间、雨量、气候变化等条件而异，一般说来，其腐蚀速度为内陆大气腐蚀的2~5 倍。碳钢、低合金钢在海洋大气区的腐蚀速度约为 0.05mm/a。

② 飞溅区　指平均高潮线以上海浪飞溅润湿的区域。结构表面经常被饱和充氧海水所润

湿，因此腐蚀相当强。同时，该区域没有海洋生物沾污，在海浪冲击下能产生腐蚀和磨蚀的共同作用，加剧飞溅区的破坏。飞溅区的腐蚀是所有海洋区域中腐蚀最严重的区域，保护膜和覆层容易破坏，油漆容易脱落。碳钢在飞溅区的腐蚀速度约为 0.5mm/a，最大可达 1.2mm/a。

③ 潮汐区　指平均高潮位和平均低潮位之间的区域。海洋挂片腐蚀实验结果表明，对于孤立样板，腐蚀速度略高于全浸区。但对于长尺寸的钢带试样，潮汐区的腐蚀速度反而低于全浸区。孤立样板主要受微电池腐蚀的作用，腐蚀速度受氧扩散控制，潮汐区供氧充足，因此腐蚀速度高于全浸区；长尺寸试样除微电池腐蚀外，还会受到氧浓差电池作用，潮汐区部分由于供氧充分为阴极，受到一定程度的保护，而紧靠低潮线以下的全浸区部分，因供氧相对不足而成为阳极，使腐蚀加速。

表 8-3　典型海洋环境的分类及腐蚀特点

海洋区域		环境条件	腐蚀特点
海洋大气区		风带来细小的海盐颗粒，影响腐蚀的因素有距离海面的高度、风速、风向、雨量、温度、太阳辐射和污染等	海盐粒子使腐蚀加速，随离海岸距离而不同
飞溅区		潮湿、充足氧气的表面，无海洋生物沾污	海水飞溅，干湿交替，侵蚀最为严重，保护涂层比其他区域更容易破损
潮汐区		高潮线处常有海洋生物沾污，周期沉浸，供氧充足	在整体钢桩的情况下，处在潮汐区的钢由于氧浓差电池作用得到一定程度的保护，但单个钢试片显示较强的侵蚀
全浸区	浅海区（近表层和近海岸）	海水通常为氧所饱和，污染、沉积物、海洋生物沾污、海水流速等都可能起着重要的作用	腐蚀可能较在海洋大气中严重，在阴极区形成石灰质的水垢，可采用保护涂层和（或）阴极保护来控制腐蚀。在大多数浅水中，有一层硬贝及其他生物沾污阻止氧进入表面，从而减轻了腐蚀
	大陆架区	植物沾污和动物（贝类）沾污大大减少，氧含量有所降低，特别是在太平洋，温度亦较低	随水深增加，腐蚀减轻，但不易生成水垢型保护层
	深海区	氧含量不一，在太平洋深海区氧量比表层低得多，而在大西洋则差别不大。温度接近于 0℃。水的流速低。pH 比表层低	钢的腐蚀通常较轻，极化同样面积的钢，阳极消耗较表层处大，不易生成保护性矿质水垢
海泥区		常有细菌，如硫酸盐还原细菌。海底沉积物的来源、特性和行为不一	泥浆通常有腐蚀性，有可能形成泥浆-海底水腐蚀电池，部分埋置的钢试片在泥浆中迅速受侵蚀。硫化物是一个重要影响因素。构件埋置部分阴极极化消耗的电流比海水中低。有微生物腐蚀

④ 全浸区　指平均低潮线以下直至海底的区域。该区域碳钢的腐蚀速度约为 0.12mm/a。浅海区海水供氧较充分，生物活性大，海洋生物附着严重，温度较深海区高，环境污染程度较高，所以，腐蚀速度较深海区大。同时，随深度增加，海水含氧量、温度、污染程度均下降，腐蚀速度减小。深海区溶氧量随速度增加先减后增，在约 600m 深处最少，约为 0.2mL/L，该含氧量也足以引起一定程度的腐蚀。深海区温度低，接近 0℃，水流速低，pH 值降低，

深海区很难形成钙质沉淀层。深海区腐蚀较浅海区要小。

⑤ 海泥区 海水全浸区以下部分，主要由海底沉积物构成。海泥区中由于溶解氧极少，在一般的海洋构筑物中是腐蚀较轻的部位，特别是在海底1m以下的深处，其腐蚀更为轻微。在海底土壤的腐蚀中，土层越深腐蚀越轻，但在海水与海泥的界面区有一个严重的腐蚀峰。在这部分，氧的浓差电池、硫酸盐还原菌、电阻率、盐度等都是影响腐蚀的重要因素。海洋介质条件比较复杂，沉积物的物理性质、化学性质和生物性质都会影响腐蚀性。

8.2.3 海水腐蚀机理

海水是典型的电解质，因此电化学腐蚀的基本规律适用于海水腐蚀。然而，由于海水自身的特性，海水腐蚀的电化学过程存在相应的特性。

① 大多数金属（如铁、钢、锌等）海水腐蚀的阳极极化阻滞很小。原因是海水中的氯离子等卤素离子阻碍和破坏金属的钝化，其破坏主要有以下几种方式：一、破坏氧化膜，氯离子对氧化膜的渗透破坏及对表面保护膜的破坏作用；二、吸附作用，氯离子比某些钝化剂更容易吸附；三、电场效应，氯离子在金属表面吸附形成强电场，促进基体金属离子化；四、形成络合物，氯离子与金属形成络合物加速金属的阳极溶解，络合物水解进一步降低pH。

以上作用都能减少阳极极化阻滞，因此一般认为阳极阻滞的方法防止铁基合金的海水腐蚀是很困难的。但对耐海水钢锈层分析发现，在钢中加入适量元素，如 Cr、Ni、Al、Si、P 等元素能形成致密、连续、黏附性好的锈层结构，提高低合金钢的耐海水腐蚀性能。

由于氯离子破坏钝化膜，不锈钢在海水中也会遭受严重的局部腐蚀。只有极少数易钝化金属，如 Ti、Zr、Nb、Ta 等才能在海水中保持钝态，具有显著的阳极阻滞。

② 海水腐蚀的阴极过程主要是氧的去极化，是腐蚀的控制性环节。在海水的pH条件下，析氢反应的平衡电位约为 $-0.48V$。Pb、Zn、Cu、Ag、Au 等金属在海水中不会发生析氢腐蚀。Fe 在 pH=8.8，Cr 在 pH=10.9 以内虽有可能进行析氢反应，但速度也是很缓慢的。

海水中的氧去极化反应是：

$$O_2 + 2H_2O + 4e^- \longrightarrow 4OH^-$$

反应的平衡电位为 $+0.75V$。氧的还原反应在 Cu、Ag、Ni 上比较容易进行，其次是 Fe、Cr。在 Sn、Al、Zn 上过电位较大，反应进行困难。因此 Cu、Ag、Ni 只是在溶氧量低的情况下才比较稳定。

此外，在含有大量 H_2S 的缺氧海水中，也可能发生 H_2S 的阴极去极化作用。Cu、Ni 是易受 H_2S 腐蚀的金属。Fe^{3+}、Cu^{2+} 等高价的重金属离子也可参与阴极反应。由 Cu^{2+} 还原出的 Cu 在 Al 等金属表面上将成为有效的阴极，因此海水中如果有 $0.1\mu g/g$ 以上浓度的 Cu^{2+}，就不能使用铝合金。

③ 海水腐蚀的电阻性阻滞作用很小，异种金属的接触能造成明显的电偶腐蚀。海水良好的导电性使得海水中异种金属接触所构成腐蚀电位的作用更强烈、影响范围更大，如海船的青铜螺旋桨可引起远达数十米外钢制船身的腐蚀。

④ 在海水中由于钝化膜的局部破坏，很容易发生点蚀和缝隙腐蚀。在高流速的海水中，易产生冲刷腐蚀和空蚀，加速金属的腐蚀。

8.2.4 海水腐蚀的影响因素

海水是一种复杂的多种盐类的平衡溶液，海水中还含有生物、悬浮泥沙、溶解的气体、腐烂的有机物质及污染物等。金属的腐蚀行为与这些因素的综合作用有关，凡是影响氧还原反应的因素如海水中的氧含量、盐度、温度、pH值、流速、海生物附着等均会影响其腐蚀。

（1）溶氧量

金属在海水中腐蚀的主要阴极反应是氧的还原反应，海水中的含氧量是影响腐蚀的主要因素。对于不形成保护性膜层或膜的保护性很差的活性金属，氧浓度愈高，腐蚀速度愈快。对于形成保护性钝化膜的金属，需要足够的氧维持钝态，氧含量愈高愈容易钝化，钝化膜愈稳定；溶氧量太低时，钝化膜会发生局部破损，导致局部腐蚀。水中的氧含量随盐度增加或温度升高而降低（见表8-4），温度变化对水中溶解氧有显著影响。

表8-4　在标准大气压、空气饱和下水中溶氧量（10^{-6}）

氯度/‰		0	5	10	15	20
盐度/‰		0	9.06	18.08	27.11	36.11
温度	10℃	14.6	13.3	12.8	11.9	11.0
	20℃	11.3	10.7	10.0	9.4	8.7
	30℃	9.2	8.7	8.2	7.8	7.2
	40℃	7.7	7.3	6.8	6.4	5.4

（2）含盐量（盐度）

海水的主要组成见表8-2，氯化钠是海水中溶解最多的组分。海水含盐量不仅影响电导率，而且对海水中的含氧量有影响（表8-4、图8-6）。金属的腐蚀速度随含盐量的变化并非单调地增减，而是表现出图8-6所示的规律。含盐量较低时，电导率增加对腐蚀的促进起主导作用，因而腐蚀速度随含盐量增加而增大；当含盐量较高时，溶解氧的降低很显著，因而钢的腐蚀速度随含盐量的增加呈下降变化趋势。

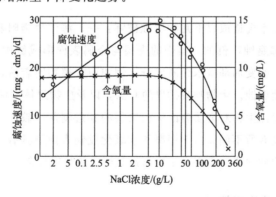

图8-6　钢的腐蚀速度与含盐量的关系

（3）温度

海水温度对金属材料的腐蚀具有双重影响。一方面温度升高，扩散作用加速，电导率增大，电化学反应加快，腐蚀加速。另一方面，温度升高，海水中溶氧量降低，并促进钙质沉淀层形成，可减缓腐蚀。一般来说，前者的作用大于后者，因此通常随海水温度升高，腐蚀速度增加，温度每升高 $10℃$，钢在海水中的腐蚀速度约增加 1 倍。

（4）pH 值

海水的 pH 值一般处于中值附近，对腐蚀影响较小。但海水 pH 值可因植物光合作用而发生变化，如植物茂盛，CO_2 减少，溶氧浓度上升 $10\%\sim20\%$，pH 值接近 9.7。如在厌氧性细菌繁殖情况下，溶氧量低，而且含有 H_2S，则 pH 值常低于 7。pH 值较大范围变化会影响腐蚀速度。pH 值降低，不利于在金属表面生产保护性碳酸盐层，腐蚀速度增加；pH 值升高，促进碳酸盐层沉淀，腐蚀速度下降。

（5）流速

海水流速对腐蚀速度有较大影响。流速直接影响金属表面的供氧情况，流速增大，到达金属表面的氧量增加。普通碳钢的腐蚀随流速增加而加速，但对易钝化金属如 Ti、Ni 合金和高 Cr 不锈钢等则不然，一定的流速能促进钝化，提高耐蚀性。当海水流速很高时，由于介质的摩擦、冲击等机械力作用，容易出现磨蚀、气蚀和空蚀，腐蚀速度急剧增加。

（6）碳酸盐饱和度

海水中的碳酸盐一般达到饱和，易于沉积在金属表面形成保护层，当施加阴极保护时更易使碳酸盐沉积析出。河口处的稀释海水，尽管其本身的腐蚀性并不强，但是碳酸盐在其中并非饱和，不易在金属表面析出形成保护层，致使腐蚀加速。

（7）海洋生物

海洋中有大量的动物、植物及微生物。生物附着与污损一方面会影响海洋结构效能，例如船体上海生物的严重附着会增加航行阻力，航速降低；另一方面会对金属的腐蚀产生重要影响。

海洋生物的附着通常会造成以下几种腐蚀破坏：一、海洋生物附着的局部区域，将因形成氧浓差电池发生局部腐蚀，例如，藤壶的壳层与金属表面形成缝隙，形成缝隙腐蚀。二、海洋生物的生命活动，改变局部海水介质成分，例如藻类植物附着后，光合作用可增加局部海水中的氧浓度，加速腐蚀。生物呼吸排出的 CO_2，以及生物尸体分解的形成物 H_2S 对腐蚀也有加速作用。三、海洋生物对金属表面保护涂层的穿透剥落等破坏作用。不同金属和合金被海洋生物沾污的程度有所不同。由于铜离子或氧化亚铜表面膜具有毒性，铜和铜含量高的铜合金受海洋生物污损倾向小。受海洋生物污损最严重的是铝合金、钢铁及镍基合金。

8.2.5　海水腐蚀的防治措施

防治海水腐蚀主要采取如下技术措施：

（1）合理选用金属材料

不同的金属材料在海水中的耐蚀性有很大差别。耐蚀性最好的是钛合金和镍铬钼合金，其次是某些合金钢，不锈钢虽然均匀腐蚀速度小，但容易产生点蚀和缝隙腐蚀，铸铁和碳钢的耐蚀性最差。同时，材料的选择还应考虑有效性、重要性和经济性等因素。比如海洋探测用深潜器通常选用耐海水性能优异但价格较高的钛合金制造；船舶螺旋桨则选用耐蚀性较好、价格适中的铜合金制造；军用快艇选用有一定耐蚀性但质轻的铝合金。海洋设施中大量使用的还是钢铁材料，应根据具体要求合理选择和匹配，并要充分注意电偶腐蚀问题。一般认为，在海洋中两种材料的电极电位差小于50mV就不会产生明显的电偶腐蚀。

（2）涂层保护

① 长效金属复合涂层　长效金属复合涂层是目前应用于舰船船体、管路（主要是外壁）、组装件等防腐蚀最有前途的一项长效保护技术。长效复合涂层是由金属镀层加有机涂层组成，通常是热浸镀或热喷镀金属加有机涂层。复合涂层的防护性能取决于金属涂层的种类、厚度及其环境的适应性。

② 塑料涂层　塑料具有很高的耐蚀性，塑料粉末涂料涂层具有集防蚀与装饰于一体的优点。塑料涂层分为涂塑和喷塑，由于塑料涂层厚度可达$500\mu m$以上，所以它具有良好的绝缘性和耐蚀性，在管道和贮罐的防护上应用越来越广泛。

③ 重防腐蚀涂料　在严酷的腐蚀环境下，一般防腐蚀涂料是无法适用的，为此发展了重防腐蚀涂料和涂装技术。重防腐蚀涂料是相对于一般防腐蚀涂料而言的，它是指在严酷的腐蚀条件下，防腐蚀效果比一般防腐蚀涂料高数倍以上的一类新型防腐蚀涂料。

（3）电化学保护

电化学阴极保护是控制海水腐蚀的重要措施，常与涂层保护联合使用，但是在全浸区才有效。阴极保护包括外加电流阴极保护法和牺牲阳极法。外加电流阴极保护法便于调节，而牺牲阳极法则简便易行。海水中常用的牺牲阳极有锌合金、镁合金和铝合金。

8.3　土壤腐蚀

埋在土壤中的金属及其构件的腐蚀称为土壤腐蚀。埋设在地下的各种金属构件，如开采井下设备、地下通信设施、金属支架、各种设备的底座、各种地下水管、煤气管、输油输气管道等都在不断地遭受着土壤腐蚀，引起油、气、水外泄，停工停产，甚至火灾、水灾、环境污染等。土壤腐蚀不仅造成了巨大的经济损失，而且给社会带来严重的危害，因此，研究土壤腐蚀的规律，发展有效的土壤腐蚀防治措施具有重要意义。

8.3.1　土壤特性

土壤是一种特殊的电解质，有其固有的特性，表现为多相性、多孔性、不均匀性和相对固定性。

① 多相性 土壤由土粒、水、空气等固、液、气三相组成，结构复杂，而且土粒中还包含多种无机矿物质以及有机物质。不同土壤的土粒大小不相同，砂砾土的颗粒大小为 $0.07\sim2mm$，粉砂土的颗粒为 $0.005\sim0.07mm$，而黏土的颗粒则小于 $0.005mm$。实际的土壤一般是由这几种不同土粒按一定比例组合构成的。

② 多孔性 土壤的颗粒间会形成大量毛细管微孔或孔隙，孔隙中充满了空气和水。水分在土壤中以多种形式存在，可直接渗入孔隙或在孔壁上形成水膜，也可以形成水化物或者以胶体状态存在。由于土壤中总是存在着一定量的水分，土壤就成为离子导体，因此可以把土壤看作是腐蚀性电解质。由于水具有形成胶体的作用，所以土壤并不是分散孤立的颗粒，而是各种有机物、无机物的胶凝物质颗粒的聚集体。土壤的孔隙度和含水程度会影响土壤的透气性和电导率。

③ 不均匀性 土壤的性质和结构容易出现小范围或大范围内的不均匀性。从小范围看，有各种微结构组成的土粒、气孔、水分的存在以及结构紧密程度的差异；从大范围看，有不同性质的土壤交替更换等。因此，土壤的各种物理、化学性质，尤其是与腐蚀有关的电化学性质，也随之发生变化。

④ 相对固定性 土壤的固体部分对于埋在土壤中的金属表面可以认为是固定不动的，仅土壤中的气相和液相可作有限的运动。例如，土壤孔穴中的对流和定向流动以及地下水的移动等。

8.3.2 土壤腐蚀的电极过程

金属在土壤中的腐蚀，与在电解质溶液中的腐蚀本质是一样的。大多数金属在土壤中的腐蚀都属于氧去极化，只有在少数情况下（如在强酸性土壤中），才发生氢去极化腐蚀，某些情况下，微生物也可能参与阴极还原过程。

（1）阴极过程

钢铁等常用金属土壤腐蚀的阴极过程主要是氧的去极化：

$$O_2 + 2H_2O + 4e^- \longrightarrow 4OH^-$$

在强酸性土壤中，可能发生析氢反应：

$$2H^+ + 2e^- \longrightarrow H_2$$

在某些情况下，微生物可能参与阴极还原过程，例如在硫酸还原菌的参与下，硫酸根的还原也可作为土壤腐蚀的阴极过程：

$$SO_4^{2-} + 4H_2O + 8e^- \longrightarrow S^{2-} + 8OH^-$$

（2）阳极过程

金属进行溶解并放出电子，如铁发生如下阳极反应：

$$Fe + nH_2O \longrightarrow Fe^{2+} \cdot nH_2O + 2e^-$$

只有在酸性较强的土壤中，铁离子会以水化离子的状态溶解在土壤的水分中。在中性或碱性土壤中，铁离子与氢氧根离子进一步反应生成氢氧化亚铁：

$$Fe^{2+} + 2OH^- \longrightarrow Fe(OH)_2 (绿色产物)$$

氢氧化亚铁在氧和水的作用下，生成氢氧化铁：

$$2Fe(OH)_2 + (1/2)O_2 + H_2O \longrightarrow 2Fe(OH)_3$$

氢氧化铁不稳定，会变成更稳定的产物：

$$2Fe(OH)_3 \longrightarrow 2Fe(OOH) + 2H_2O (赤色产物)$$

$$2Fe(OH)_3 \longrightarrow Fe_2O_3 \cdot 3H_2O(黑色产物) \longrightarrow Fe_2O_3 + 3H_2O$$

土壤中氧的传输过程则比在电解液中更为复杂。氧在土壤中由气相和液相两条途径输送，并通过下面两种方式进行。

① 土壤中气相或液相的定向流动　定向流动的程度取决于土壤表层温度的周期波动、大气压力及土壤湿度的变化、下雨、风吹及地下水位的涨落等因素。这些变化能引起空气及饱和空气中水分的吸入和流动，使氧的输送速度远远超过纯扩散过程的速度。对于疏松的粗粒结构的土壤来说，氧这种方式输送的速度很大；在密实潮湿的土壤内，氧的这种输送方式的速度较小。这就导致不同土壤中氧输送速度的差异。

② 在土壤的气相和液相中的扩散　氧的扩散过程是土壤中供氧的主要途径。氧的扩散速度取决于土层的厚度、结构和湿度。厚的土层将阻碍氧的扩散，随着湿度和黏土组分含量的增加，氧的扩散速度可以降低3~4个数量级。在氧向金属表面的扩散过程中，最后还需通过金属表面在土壤毛细孔隙下形成的电解液薄层及腐蚀产物层。

（3）土壤腐蚀的控制特征

对于大多数土壤来说，当腐蚀取决于腐蚀微电池的作用时，腐蚀过程主要受阴极过程控制［图8-7（a）］，这与完全浸没在静止电解液中的情况相似；在疏松干燥的土壤中，腐蚀过程转变为阳极控制占优势［图8-7（b）］，这时腐蚀过程的控制特征近似于大气腐蚀；对于由长距离宏观腐蚀电池（简称宏电池）作用下的土壤腐蚀，如地下管道经过透气性不同的土壤形成氧浓差腐蚀电池时，土壤的电阻成为主要的腐蚀控制因素，其控制特征是阴极-电阻混合控制甚至是电阻控制占优势［图8-7（c）］。

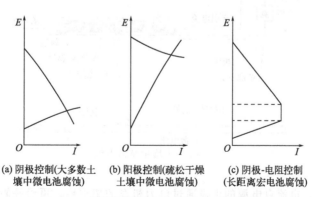

(a) 阴极控制(大多数土　　(b) 阳极控制(疏松干燥　　(c) 阴极-电阻控制
壤中微电池腐蚀)　　　　土壤中微电池腐蚀)　　　　(长距离宏电池腐蚀)

图 8-7　不同土壤条件下的腐蚀过程控制特征

8.3.3 土壤腐蚀的类型

（1）由充气不均匀引起的腐蚀

当金属管道通过结构不同和潮湿程度不同的土壤时（如通过砂土和黏土时），由于充气不均匀形成氧浓差电池的腐蚀如图 8-8 所示。处在砂土中的金属管段，由于氧容易渗入，电位高而成为阴极；而处在黏土中的金属管段，由于缺氧，电位低而成为阳极，这样就构成了氧浓差腐蚀电池，因而使黏土中的金属管段加速腐蚀。同样，埋在地下的管道（特别是水平埋放，并且直径较大的管子）、金属钢桩、设备底

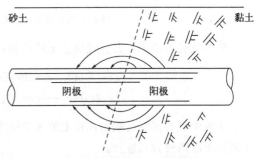

图 8-8　管道通过不同土壤时形成的氧浓差电池腐蚀

架等，由于各部位所处的深度不同，氧到达的难易程度就会有所不同，因此，就会构成氧浓差电池。埋得较深的地方（如管子的下部），由于氧不容易到达而成为阳极区，腐蚀主要就集中在这一区域。

另外，石油化工厂的贮罐底部若直接与土壤接触，则底部的中央，氧到达困难，而边缘处，氧则容易到达，这样就形成充气不均的宏观氧浓差电池，导致罐底的中部遭到加速腐蚀。

值得注意的是，如果只是由于微电池作用引起腐蚀，其结论则与上述情况完全相反。在黏土中，由于氧难渗入，氧去极化过程难于进行，腐蚀也较慢；而在砂土中，氧容易渗入，氧去极化过程速度较快，腐蚀也较快。

（2）由杂散电流引起的腐蚀

杂散电流是土壤介质中导电体因绝缘不良而漏失出来的电流，或者说是正常电路以外流入的电流。地下埋设的金属构筑物在杂散电流影响下所发生的腐蚀，称为杂散电流腐蚀或干扰腐蚀。杂散电流的主要来源是直流大功率电气装置，如电气化铁道、有轨电车、电解及电镀车间、电焊机、电化学保护设施和地下电缆等。图 8-9 为一实例的示意。

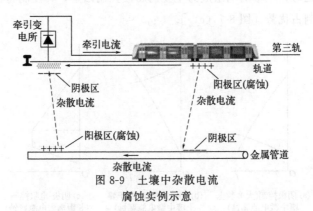

图 8-9　土壤中杂散电流腐蚀实例示意

在正常情况下，电流自电源的正极通过电力机车的架空线，再沿铁轨回到电源负极，但当铁轨与土壤间绝缘不良时，有一部分电流就会从铁轨漏失到土壤中。若附近埋设有金属管

道等构件，杂散电流就会由此良导体通过，再流经土壤及轨道回到电源，此时，土壤作为电解质传递电流，有两个串联的电池存在，即：

电池Ⅰ：路轨（阳极）→土壤→ 管线（阴极）

电池Ⅱ：管线（阳极）→土壤→ 路轨（阴极）

电池Ⅰ会引起钢轨腐蚀，这种腐蚀情况更换钢轨并不困难；电池Ⅱ会引起管道腐蚀，这种腐蚀情况难以发现，修复困难。金属腐蚀量与流过的杂散电流的电量成正比，符合法拉第定律。计算表明，每流入1A的电流，每年就会腐蚀掉9.15kg的铁或11kg左右的铜或34kg左右的铅。可见，杂散电流引起的腐蚀是相当严重的，如壁厚为7~8mm的钢管，4~5个月即可发生腐蚀穿孔。

交流电也会引起杂散电流腐蚀，但破坏作用较直流电小得多，如对于频率60 Hz的交流电来说，其作用约为直流电的1%。

（3）由于微生物引起的腐蚀

在缺氧的土壤中，如密实、潮湿的黏土处，金属腐蚀过程似乎难以进行，但这种土壤条件却有利于某些微生物的生长，并诱发微生物腐蚀。例如，硫酸盐还原菌的活动常常引起金属的强烈腐蚀。水分、养料、温度和pH值与这些微生物的生长密切相关，硫酸盐还原菌易在中性（pH=7.5）条件下繁殖，当pH>9时，就很难繁殖和生长。

这些细菌还可能引起土壤物理化学性质的不均匀性，造成氧浓差电池腐蚀。细菌在生命活动中产生硫化氢、二氧化碳和酸会腐蚀金属。细菌还可能参与腐蚀的电化学过程，在缺氧的中性介质中，因氢过电位高，阴极氢离子的还原困难。阴极上只有一层吸附氢。硫酸盐还原菌能消耗氢原子，去极化反应能顺利进行。

（4）其他类型的腐蚀

除上述几种形式的土壤腐蚀外，由于土壤中异种金属的接触、温差、应力及金属表面状态的不同形成腐蚀宏电池，也能造成局部腐蚀。如新旧管道连接埋于土壤中形成腐蚀电池引发新管加速腐蚀（图8-10），土壤中温度不均匀造成的温差电池引起管线或构筑物局部加速腐蚀等。

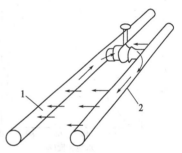

图 8-10　土壤中新旧管道
连接形成的腐蚀电池
1—旧管（阴极）；2—新管（阳极）

8.3.4　土壤腐蚀的影响因素

（1）材料因素的影响

钢铁是地下构件普遍采用的材料。铸铁、碳钢、低合金钢在土壤中的腐蚀速度无明显差别。冶炼方法、冷加工和热处理对其土壤腐蚀行为影响不大，腐蚀速度约为0.2mm/a。金属的腐蚀速度一般随着在地下埋置时间的增长而逐渐降低。

Pb在土壤中的耐蚀性比碳钢高4~5倍以上。在含碳酸盐、硅酸盐和硫酸盐的土壤中能生成铅盐保护层，其腐蚀速度要低些。而在酸性沼泽土地带，铅的耐蚀性较差。

Zn的腐蚀速度比钢略低，钢铁上镀锌在土壤中有很好的保护效果，130μm厚的锌镀层在

10 年中能保护钢构件不发生点蚀。

Al 在不同的土壤环境中的耐蚀性差别很大。在一般透气良好的土壤中，Al 的平均腐蚀速度为 0.01mm/a，略低于钢铁；但在透气不良的酸性土壤或碱性土壤中，铝的腐蚀相当严重。在酸性沼泽土中 Al 的腐蚀速度可达 0.1mm/a。

（2）土壤性质的影响

① 孔隙度（透气性）较大的孔隙度有利于氧渗透和水分保存，而它们都是腐蚀初始发生的促进因素。由于金属表面状态及导致腐蚀的电池类型的不同，透气性对腐蚀的影响具有正反两方面的作用。

透气性良好一般会加速微电池作用的腐蚀过程，但在透气性良好的土壤中也更容易生成具有保护能力的腐蚀产物层，阻碍金属的阳极溶解，降低腐蚀速度。透气性不良会使微电池作用的腐蚀减缓，但当形成腐蚀宏电池时，由于氧浓差的影响，透气性差的区域将成为阳极而被加速腐蚀。例如考古挖掘时发现埋在透气不良的土壤中的铁器历久无损；但另一些例子（如充气不均匀形成氧浓差电池的管道腐蚀，图 8-8 所示）说明在密不透气的黏土中金属常发生更严重的腐蚀。

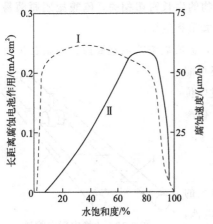

图 8-11　含 0.1N（5.85g/L）NaCl 的
土壤中的含水量和钢管的腐蚀速度（Ⅰ）
及长距离宏电池作用（Ⅱ）

② 含水量　土壤中含水量对腐蚀的影响很大，并且与引发腐蚀的电池类型有关。图 8-11 显示的是钢管腐蚀量和土壤含水量的关系。

对于微电池作用的腐蚀（曲线Ⅰ），当土壤含水量很高时（水饱和度＞80%），氧的扩散渗透受到阻碍，腐蚀减小；随着含水量的减少，氧的去极化变易，腐蚀速度增加；当水含量下降到约 10% 以下时，阳极极化和土壤电阻率加大，腐蚀速度又急速降低。

当腐蚀由长距离氧浓差宏电池作用时（曲线Ⅱ），随着含水量增加，土壤电阻率降低，氧浓差电池的作用增强，腐蚀速度增大，在水饱和度为 70%～90% 时出现最大值；当土壤含水量再增加接近饱和时，氧扩散受阻，氧浓差电池作用减轻，腐蚀速度下降。因此，通常埋得较浅、处于含水量少的部位的管道是阴极，埋得较深接近地下水位的管道因土壤湿度大成为阳极而被腐蚀。

③ 电阻率　土壤电阻率与土壤的孔隙度、含水量及含盐量等许多因素有关。通常，土壤电阻率越小，腐蚀越严重，因此可以把土壤电阻率作为估计土壤腐蚀性的重要参数。表 8-5 是土壤电阻率与土壤腐蚀性的关系。需要注意的是，由于电阻率并不是影响土壤腐蚀的唯一因素，这种评估并不符合所有的情况。

表 8-5　土壤的电阻率与腐蚀性的关系

土壤的电阻率 /(Ω·cm)	0～<500	500～<2000	2000～<10000	≥10000
钢在土壤中的腐蚀速度 /(mm/a)	≥1.00	0.20～<1.00	0.05～<0.20	<0.05
土壤的腐蚀性	很高	高	中等	低

④ 酸度　土壤酸度的来源很复杂，可能来自土壤中的酸性矿物质，也有可能来自生物和微生物的生命活动所形成的有机酸和无机酸，甚至来自工业污水等人类活动造成的土壤污染。大部分土壤属中性范围，pH 值介于 6～8 之间，也有 pH 值为 8～10 的碱性土壤（如盐碱土）及 pH 值为 3～6 的酸性土壤（如沼泽土、腐殖土）。随着土壤酸度增高，土壤腐蚀性增加，因为在酸性条件下，氢的阴极去极化过程可以顺利进行。应当指出，当在土壤中含有大量有机酸时，其 pH 值虽然近于中性，但其腐蚀性仍然很强。

⑤ 含盐量　在土壤电解质中的阳离子一般是钾、钠、镁、钙等离子；阴离子是碳酸根、氯和硫酸根离子。土壤中盐含量大，土壤的电导率也增加，因而增加了土壤的腐蚀性。氯离子对土壤腐蚀有促进作用，所以在海边潮汐区或接近盐场的土壤，腐蚀性更强。但碱性土壤中金属钙、镁的离子在非酸性土壤中能形成难溶的氧化物和碳酸盐，在金属表面形成保护层，减轻腐蚀。富钙、镁离子的石灰质土壤就是一个典型的例子。类似地，硫酸根离子也能和铅作用生成硫酸铅的保护层。

8.3.5　土壤腐蚀的防治措施

采用如下措施可以减轻或防止金属材料的土壤腐蚀。

① 覆盖层保护　在土壤中普遍使用焦油沥青及环氧煤沥青质的覆盖层。一般在覆盖层内加入填料加固或用纤维材料把管道缠绕加固起来，如玻璃纤维、石棉等。有的工程曾使用水泥涂层保护通过含盐沼泽地及强酸性土壤地区的管线，取得了管道 40 年未受腐蚀的效果。近年来又发展了聚乙烯塑料胶带防腐层及泡沫塑料防腐层，施工简便且防腐性能更好。另外金属镀层（如锌镀层）可在小型构件上和细管件上应用，但不能用于酸性土壤。

② 改变土壤环境　在酸度高的土壤里，在地下构件周围填充石灰石碎块可以减轻腐蚀。向构件周围填入侵蚀性小的土壤，加强排水以降低水位等方法也可降低腐蚀。

③ 阴极保护　在采用上述保护方法的同时，可附加阴极保护措施。如适当的覆盖层和阴极保护相结合，对延长地下管道寿命是最经济的方法。这样既可弥补保护层的不足，又可减少阴极保护的电能消耗。一般情况下，当把钢铁阴极的电位维持在 $-0.85V$（相对于硫酸铜电极）以达到完全保护。在有硫酸盐还原菌存在时，电位要维持得更负些，可采用 $-0.95V$（相对于硫酸铜电极）以抑制细菌生长。阴极保护也用于保护地下铅皮电缆，其保护电位约为 $-0.7V$（相对于硫酸铜电极）。

思考题与习题

1. 按水膜厚度不同，大气腐蚀如何分类？相应的腐蚀特点是什么？

2. 空气相对湿度小于 100% 时，金属表面为什么会形成水膜？

3. 影响大气腐蚀的主要因素是什么？试阐述 SO_2 和固体颗粒加速大气腐蚀的原理。

4. 防治大气腐蚀的主要措施有哪些？

5. 简述海洋环境的分类及其相应的腐蚀特点。

6. 海水中的氧含量如何影响海水腐蚀？

7. 海水的含盐量和温度对金属腐蚀速率有何影响？其原因是什么？

8. 土壤电解质有何特性？影响土壤腐蚀的因素有哪些。

9. 土壤腐蚀有哪些类型？说明引起各种土壤腐蚀的原因。

10. 试述土壤腐蚀的特点及电极过程控制因素。

11. 什么是杂散电流腐蚀？如何防止杂散电流腐蚀？

12. 试比较大气、海水和土壤腐蚀中阴极过程的异同点。

第 9 章

高温腐蚀

 本章导读

　　熟悉高温腐蚀的分类，熟悉高温氧化的热力学判据、氧化膜的结构和性质，掌握金属氧化的动力学规律及氧化机理，熟悉影响氧化速度的因素，了解合金的氧化及热腐蚀的基本原理。

9.1 高温腐蚀的分类和对其研究的重要意义

9.1.1 高温腐蚀的类型

　　在高温条件下，金属与环境介质中的气相或凝聚相物质发生化学反应而遭受变质或破坏的过程，称为高温腐蚀（high temperature corrosion）。"高温"是个相对的概念，与材料的熔点和活性有关。对于金属材料而言，通常以材料的再结晶温度来区分，一般认为在再结晶温度以上，也就是大约在 $0.3\sim0.4$ 倍材料熔点（$T_{熔点}$，热力学温度 K）以上的温度，视为高温。而从腐蚀角度来看，通常以引起金属材料腐蚀速度明显增大的下限温度，作为高温的起点。以硫腐蚀为例，其腐蚀最严重的温度区间为 $200\sim400℃$，因此 $200℃$ 以上即视为高温范围。除了上述的高温以外，环境介质是影响高温腐蚀的重要因素。在高温腐蚀领域，通常按环境介质的状态，将高温腐蚀分为三类。

　　① 高温气态介质腐蚀　通常被称为"化学腐蚀""干腐蚀"，或广义的"高温氧化"，以有别于在电解质水溶液中的电化学腐蚀。腐蚀介质包括：单质气体分子（如 O_2、Cl_2、N_2、H_2、F_2）、非金属元素的气体化合物（如 H_2O、CO、CO_2、CH_4、SO_2、H_2S、HCl 等）、金属氧化物气态分子（如 MnO_3、V_2O_5）、金属盐的气态分子（如 $NaCl$、Na_2SO_4 等）等。这种腐蚀是在高温、干燥的气态环境中进行的，它的起始阶段是材料与环境气体直接发生化学反应，是化学腐蚀机制。但在腐蚀形成一定厚度的氧化膜后，氧化膜的进一步成长存在着电化学机制。因此，把高温气体腐蚀简单看成化学腐蚀是不全面的。

　　② 高温液体介质腐蚀也叫高温液体腐蚀或热腐蚀。液体介质包括：液态金属（如 Pb、Sn、Bi、Hg）、低熔点金属氧化物（如 V_2O_5、Na_2O）和液态熔盐（如硝酸盐、硫酸盐、氯化物、碱）等。当液态金属用作载热物质时，液态金属在热端将构件金属溶解，而在冷端又将其沉积出来，这属于物理溶解。当液体金属或液态金属中的杂质与固态金属发生化学反应时，在固态金属表面生成金属间化合物或其他化合物，这属于化学腐蚀。液态熔盐属离子导体，

具有良好的电导性，金属在熔盐中会发生与在水溶液中相似的电化学腐蚀。金属在熔盐中也可以与熔盐或与溶于熔盐中的氧和氧化物发生反应，这也属于化学腐蚀。

③ 高温固体介质腐蚀　也叫高温磨蚀或冲蚀。这是因为金属在腐蚀性固态颗粒冲刷下发生的高温腐蚀现象。这类腐蚀既包含固态燃灰和盐粒对金属的腐蚀，又包含着这些固态颗粒对金属表面的机械磨损，故属于高温磨蚀。腐蚀介质包括：固态燃灰以及燃烧残余物中的各种金属氧化物、非金属氧化物和盐的固态颗粒，如 C、S、V_2O_5、NaCl 等。

9.1.2　研究高温腐蚀的重要意义

航空工业、电力工业、钢铁工业和环保工业等领域中都存在高温腐蚀现象。介质中除了氧以外，常常还含有水蒸气、二氧化硫、硫化氢、气相金属氧化物、熔盐等。高温腐蚀不仅消耗了金属材料，还影响这些装备运行的安全性和可靠性，制约着它们的使用寿命，并限制了它们性能的进一步提高。

（1）航空工业中的高温腐蚀

燃气轮机发动机如图 9-1 所示。

由于喷气发动机的转速高达 10000r/min，发动机用的镍基高温合金必须具有优异的高温强度，以便能够承受高转速产生的巨大离心力。除此之外，燃料在涡轮机内燃烧产生大量热气，涡轮机叶片所用的高温合金还将遭受高温腐蚀，目前通常通过在部件表面施加抗氧化合金涂层的方式来解决。但是，涡轮温度已经超过了高温合金部件的承受能力，必须对其进

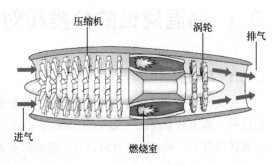

图 9-1　燃气轮机发动机示意

行冷却。通常采用泵送空气或蒸汽穿过部件内部的冷却通道并在抗氧化涂层顶部提供隔热（隔热涂层）来实现。

（2）电力工业中的高温腐蚀

为了响应国家提出的"节能减排"号召，火电发展的趋势是提高蒸汽温度和压力以便提高发电热效率和降低温室气体排放。火力发电燃煤锅炉受热面工作于高温、高压、水蒸气环境中。锅炉受热面可以分为水冷壁、过热器、再热器、省煤器，简称为锅炉"四管"受热面。锅炉"四管"在高温蒸汽侧会发生高温腐蚀生成大量的氧化皮。结果可能导致三方面的问题：一是降低管壁导热性能从而导致管壁过热；二是腐蚀产物剥落后易在弯管处聚集从而引发爆管；三是剥落的腐蚀产物随高速蒸汽进入汽轮机会对其造成冲蚀和磨损。这些问题都会影响火电机组的正常运行，对国民经济造成巨大损失。

（3）钢铁工业中的高温腐蚀

钢铁材料热轧生产全流程都是在高温下进行的，热轧过程中钢铁材料面临的是高温混合气氛，如：加热炉是通过燃烧焦炉煤气或转炉煤气产生的热量来加热板坯，焦炉煤气主要是 H_2、CH_4 和 CO 的混合气体，转炉煤气主要是 CO 和 CO_2 的混合气体；钢材轧制过程中，除

鳞水、机架间冷却水和轧辊冷却水的使用，产生了大量的水蒸气，使得钢板热轧生产过程一直处于高温潮湿气氛下。这些高温腐蚀气氛使得钢铁材料发生腐蚀，表面生成氧化铁皮。生成的氧化铁皮不仅使钢材的成材率降低，还会降低除鳞效率。若除鳞不净，表面残留氧化物在后续轧制生产过程中会被压入基体，产生一系列质量问题。

（4）环保工业中的高温腐蚀

随着社会的发展，环境污染和能源供需问题亟待解决，垃圾焚烧发电项目成为大型城市的现实选择。垃圾燃料不同于化石燃料，城市垃圾中含有大量的塑料、橡胶、皮革、金属，在焚烧过程中，会释放大量的 Cl_2、HCl、SO_2 等酸性气体，KCl、$NaCl$、Na_2SO_4 等盐类蒸气，还有夹杂在烟气中的飞灰颗粒。这些硫化物和氯化物会沉积在受热面上，会导致保护性氧化物失效，引起管壁减薄，甚至爆管事故。在垃圾焚烧发电厂中，锅炉中的高温部件，尤其是水冷壁管和过热器管，长期与火焰以及焚烧产生的烟气接触，服役环境恶劣。通常，在这种环境下，金属材料的主要腐蚀类型是氯化腐蚀和硫化腐蚀。

随着工业技术的不断发展，装备的服役条件越来越苛刻，温度、压力、腐蚀介质含量等进一步提高，使得关键部件面临严峻的高温腐蚀形势。高温腐蚀使许多金属腐蚀生锈，降低了金属横截面承受负荷的能力，使高温机械疲劳和热疲劳性能下降。因此，掌握高温腐蚀规律与机制，有助于认识各种金属及其合金在不同环境介质中的腐蚀行为。掌握腐蚀产物对金属性能破坏的规律，有助于进行耐蚀合金的设计，并能正确选择防护工艺和涂层材料来改善金属材料的高温抗蚀性，减少金属的损失，延长金属制品的使用寿命，提高生产企业的经济效益。

9.2 金属高温氧化的热力学基础

狭义的高温氧化是指在高温下金属与氧气发生反应生成金属氧化物的过程，是高温腐蚀的一种重要类型。绝大多数金属在空气中都有自发与氧发生反应而生成氧化物的倾向。金属氧化的热力学即讨论发生金属氧化的可能性。

9.2.1 金属氧化可能性的判断

在热力学上，可以根据反应自由能变化 ΔG 来判断反应的可能性和方向性，即：$\Delta G < 0$，反应能自发进行；$\Delta G > 0$，反应不能自发进行；$\Delta G = 0$，反应达到平衡。

对于金属发生高温反应：

$$M + O_2 \longrightarrow MO_2 \tag{9-1}$$

该反应的自由能变化为：

$$\Delta G = \Delta G^{\ominus} + RT \ln \frac{a_{MO_2}}{a_M a_{O_2}} \tag{9-2}$$

a_M 和 a_{MO_2} 分别为金属 M 及其氧化物 MO_2 的活度，因为它们都是固态物质，活度为 1。而 $a_{O_2} = p_{O_2}$（体系的氧分压）。代入式（9-2），化简可得：

$$\Delta G = \Delta G^\ominus - RT\ln p_{O_2} \tag{9-3}$$

金属氧化反应达到平衡时，体系中氧气的分压称为金属氧化物的分解压，记为 p'_{O_2}，反应平衡时，$\Delta G = 0$，代入式（9-2），可以得到氧化物的标准生成自由能 $\Delta G^\ominus$ 与 p'_{O_2} 的关系：

$$\Delta G^\ominus = RT\ln p'_{O_2} \tag{9-4}$$

$$\Delta G = \Delta G^\ominus - RT\ln p_{O_2} = RT\ln\frac{p'_{O_2}}{p_{O_2}} \tag{9-5}$$

所以，在温度 T 下，金属是否会氧化，即式（9-1）的方向，可以根据氧化物的分解压 p'_{O_2} 与气相中的氧分压 p_{O_2} 的相对大小来判断。即由式（9-5）知：

若 $p_{O_2} > p'_{O_2}$，则 $\Delta G < 0$，反应向生成 MO_2 的方向进行；

若 $p_{O_2} = p'_{O_2}$，则 $\Delta G = 0$，反应处于平衡状态；

若 $p_{O_2} < p'_{O_2}$，则 $\Delta G > 0$，反应向 MO_2 分解的方向进行。

根据广义的氧化，CO_2 和 H_2O 也会与金属发生氧化反应，平衡时氧化物生成的标准吉布斯自由能 $\Delta G^\ominus$ 如式（9-6）～式（9-11）所示。

$$M + 2CO_2 \Longrightarrow MO_2 + 2CO \tag{9-6}$$

$$\Delta G^\ominus = -RT\ln\left(\frac{a_{MO_2}a_{CO}^2}{a_M a_{CO_2}^2}\right) \tag{9-7}$$

$$\Delta G^\ominus = -2RT\ln\left(\frac{p_{CO}}{p_{CO_2}}\right) \tag{9-8}$$

$$M + 2H_2O \Longrightarrow MO_2 + 2H_2 \tag{9-9}$$

$$\Delta G^\ominus = -RT\ln\left(\frac{a_{MO_2}a_{H_2}^2}{a_M a_{H_2O}^2}\right) \tag{9-10}$$

$$\Delta G^\ominus = -2RT\ln\left(\frac{p_{H_2}}{p_{H_2O}}\right) \tag{9-11}$$

$\Delta G^\ominus$ 是随温度而改变的，将氧化物在不同氧分压（p_{O_2}）、CO/CO_2 分压比（$\frac{p_{CO}}{p_{CO_2}}$）、H_2/H_2O 分压比 $\left(\frac{p_{H_2}}{p_{H_2O}}\right)$ 条件下的 $\Delta G^\ominus$ 随温度的变化关系绘在一张图上，便得到系统标准吉布斯自由能-温度关系图，即 $\Delta G^\ominus$-T 图或埃林厄姆图（Ellingham 图）（图 9-2）。应注意的是，该平衡图只能用于平衡系统，不能用于非平衡系统，且仅能说明反应发生的可能性和倾向性的大小，而不能说明反应速度问题。另外，平衡图中所有凝聚相都是纯物质，不是溶液或固溶体。图 9-2 中所示各种金属氧化物的 $\Delta G^\ominus$ 均为负值，即这些金属具有自发氧化的倾向。温度越高，$\Delta G^\ominus$ 的绝对值越小，对应氧化物的稳定性越小。例如，从图中可得出，铝和铁在 600℃ 状态下氧化时的系统标准吉布斯自由能分别为：

$$\frac{4}{3}Al + O_2 \rightleftharpoons \frac{2}{3}Al_2O_3 \tag{9-12}$$

$$\Delta G^\ominus = -933\text{kJ/mol} < 0 \tag{9-13}$$

$$2Fe + O_2 \rightleftharpoons 2FeO \tag{9-14}$$

$$\Delta G^\ominus = -414\text{kJ/mol} < 0 \tag{9-15}$$

可见，铝和铁在 600℃ 标准状态下均可被氧化，FeO 的稳定性比 Al_2O_3 的小，在氧化膜中 FeO 可被 Al 还原而生成 Al_2O_3。Cr、Al、Si 的氧化物均位于 $\Delta G^\ominus\text{-}T$ 图中 Fe 的氧化物的平衡线以下，常被用作耐热钢的主要合金元素。

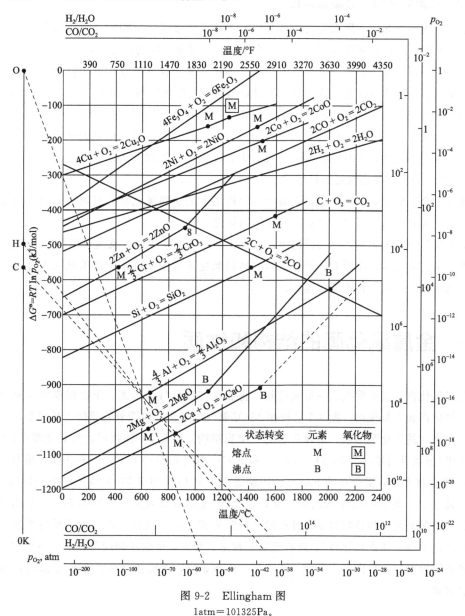

图 9-2　Ellingham 图
1atm＝101325Pa。

图中氧化物的直线位置越往下，该氧化物越稳定。据此可以判断金属氧化物在标准状态下的稳定性，以及一种金属还原另一种金属氧化物的可能性。金属的氧化倾向性按照 Cu、Pb、Ni、Co、P、Fe、Cr、Mn、Si、Ti、Al、Mg、Ca 排列，依次增大。即排序位后的金属与氧的结合能力更强，更容易氧化；因此排序位后的金属可还原排序位前的金属氧化物。

在图 9-2 中加入平衡氧压的辅助坐标后，可直接从该坐标上读出给定温度下金属氧化物的平衡氧压，即该氧化物的分解压。具体做法是，从最左上角的"O"出发，与所讨论的反应线在给定温度的交点相连，再将此连接直线延长到与图右边（或下边）的氧压辅助坐标轴上，即可直接读出氧分压。

9.2.2 金属氧化物的高温稳定性

由上述内容可知，金属氧化物的高温稳定性可以从金属氧化物的分解压与温度的关系进行判断。然而，熔点和蒸气压等物理性质也会影响金属氧化物的高温稳定性。

物质在一定温度下都有一个对应的蒸气压。金属氧化物的蒸气压越小便越稳定。也就是说，如果金属氧化物易挥发，这种氧化物膜对基体就无保护作用。例如，MoO_3 在 450℃ 以上就开始挥发了，虽然钼的熔点高达 2610℃，但也起不到保护作用。

有些金属的熔点虽高，但其氧化物的熔点较低。当温度超过氧化物的熔点时，氧化物处于液态，也无保护性，有时还会加速金属的腐蚀。例如钒的熔点为 1890℃，而 V_2O_5 的熔点只有 690℃，因此钒的高温稳定性很差。

此外，合金氧化时，一般会在表面生成两种以上的金属氧化物。当两种氧化物形成共晶时，其熔点降低。温度超过共晶点，便会加速氧化。

对于本节金属氧化热力学的讨论里，假设化学反应速率很慢，反应仅取决于 $\Delta G^{\ominus}$、压力和温度，不受反应动力学影响。但在实际的高温氧化反应中，则不能简单地认为金属氧化的热力学倾向越大，其氧化速度就越大。

9.3 金属氧化膜的结构和性质

金属氧化在其表面常生成一层氧化膜，将金属与反应气体隔离。下面以铁为例来具体说明金属氧化产物生长模型。图 9-3 是铁在 750℃氧气中氧化后表面氧化膜的生长模型，铁在高温氧气中形成的氧化膜形貌，呈现典型的三层膜结构。根据 Fe-O 相图，由氧化膜/气相界面到氧化膜/金属界面依次为 Fe_2O_3、Fe_3O_4 和 FeO，内层 FeO 中有 Fe_3O_4 析出相弥散分布。内层 FeO 中存在大量弥散分布的 Fe_3O_4 析出相是由于 FeO 冷却至 570℃ 以下时失稳所致，FeO 分解导致 Fe_3O_4 在 FeO 层中析出甚至会在氧化膜/金属界面处形成连续的 Fe_3O_4 析出相。通常认为，铁的氧化过程是阳离子向外扩散，同时阳离子空位反向扩散，为了维持扩散所需的浓度梯度，空位必须在氧化膜/金属界面以某种形式湮灭，形成孔洞便是其中一种形式；如果氧化膜的塑性较好，足以发生形变，则孔洞会逐渐塌陷，否则就会在氧化膜/金属界面形成翘曲或者剥离。

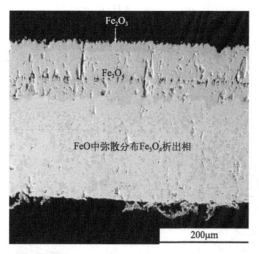

图 9-3　铁在 750℃氧气中氧化后的氧化膜形貌

可以看出，氧化膜中反应物质原子或离子的扩散传输以及电子经由膜的迁移对金属氧化的速度和机理有着决定性的影响。本节就金属氧化物晶体结构及缺陷作简单阐述。

9.3.1　氧化物中的点缺陷

在绝对零度以上，随温度升高，晶体有序排列的原子在其点阵位置振动的平均振幅增大，当若干原子瞬间获得大于平均能量时，就产生了不按周期性点阵排列的内原子错序现象，即热力学平衡条件下，晶体中由热驱动产生原子或离子的空位。按 Frenkel、Wagener 及 Schottky 的观点，若干原子或离子可以处于正常点阵之间的位置即间隙位置。当原子或离子插入到这种位置，周围近邻原子稍微位移，构成一个稳定间隙位置，而形成点缺陷：空位与间隙原子。晶体中这种缺陷的浓度为晶体所处环境的温度与压力的函数，因此这种缺陷称为热力学可逆缺陷。

对于化学计量氧化物（MO 型）中形成点缺陷，金属离子缺陷与氧离子缺陷数目是相等的。下面将详细阐述 Frenkel 缺陷与 Schottky 缺陷。

9.3.1.1　Frenkel 缺陷

MO 氧化物中 M 或者 O 离开正常点阵位置移到间隙位置，构成数目相等的金属离子空位（V_m）与间隙金属离子（M_i），它们之间无相互作用，成为 Frenkel 缺陷，如图 9-4 所示。从原则上讲，还有反 Frenkel 缺陷，它由氧离子空位（V_o）与间隙氧离子（O_i）组成，由于氧离子半径较大，这类氧化物很少。点缺陷浓度都很低，如高熔点金属氧化物的点缺陷浓度不大于 0.01%（原子分数）。从点缺陷形成可以估算出缺陷浓度，如式（9-16）和式（9-17）所示。图 9-5 是根据此公式画出的 n/N 与 T 的关系，可以看到间隙原子数目（n）随温度升高而快速增加。

$$n = N\exp\left(-\frac{\Delta G}{2kT}\right) = N\exp\left(-\frac{\Delta S}{2k} - \frac{\Delta H_f}{2kT}\right) \tag{9-16}$$

$$\frac{n}{N} \simeq \exp\left(-\frac{\Delta H_f}{2kT}\right) \Delta S \rightarrow 0 \tag{9-17}$$

式中，N 为原子数；ΔG 为吉布斯自由能，J/mol；ΔS 为熵变化，J/(mol·K)；ΔH_f 为形成的焓变化（eV = 1.602×10^{-19}J）；κ 为玻尔兹曼常数 = 1.38×10^{-23}J/K，$\kappa = 8.62 \times 10^{-5}$eV/K = 8.82×10^{-5}eV/℃；T 为绝对温度，K。

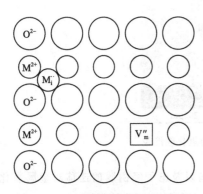

图 9-4　MO 氧化物中 Frenkel 缺陷

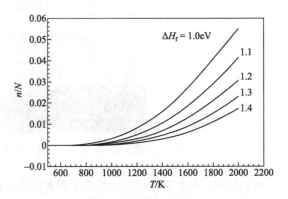

图 9-5　氧化物中缺陷浓度随温度变化模拟曲线

9.3.1.2　Schottky 缺陷

Schottky 缺陷是指，晶体中正常位置的金属离子与氧离子离开平衡位置，跳跃到晶体表面，并建立新的正常的晶体点阵层，同时晶体内留下等数目的金属离子与氧离子空位（V_m 与 V_o），并伴随晶体体积增加和密度降低，如图 9-6 所示。还有一种可能，等数目金属离子与氧离子处于点阵的间隙位置，即晶体表面层的金属与氧离子离开晶格位置并推进到间隙位置，成为反 Schottky 缺陷。然而，严格按化学计量比组成的化合物晶体很少，属于这类的金属氧化物只有 MgO、CaO、ThO_2 等极少数的氧化物。绝大多数金属氧化物以及金属硫化物都是非化学计量比化合物，具有离子-金属键结合性质。非化学计量氧化物的偏离，既可以是由氧（阴）离子缺陷氧不足或过剩引起，也可以由金属阳离子缺陷金属不足或过剩造成。非化学计量氧化物中如果一种缺陷占优势，就会影响晶体的电中性，产生相应的电子缺陷来补偿，所以氧化物多为半导体。

根据这类非当量化合的氧化物中过剩组分的不同，可以将金属氧化物分为两类。

（1）金属离子过剩型氧化物（n 型半导体氧化物）

这类氧化物中，过剩的金属离子处于晶格间隙。氧化物整体是电中性的，因此晶格间隙中必然存在着相等电量的间隙电子。以 ZnO 半导体为例（图 9-7），氧化时间隙离子（Zn_i^{2+}）、间隙电子（e_i^-）向 ZnO/O_2 界面迁移，并吸收 O_2 而生成 ZnO：

$$\frac{1}{2}O_2 + Zn_i^{2+} + 2e_i^- \rule[0.5ex]{2em}{0.4pt} ZnO \tag{9-18}$$

因为这类氧化物是由电子导电，电子荷负电，故又称为 n 型半导体氧化物。这类氧化物，随着氧压的增加，其间隙离子和准自由电子（间隙电子）减少，电导率降低。属于这类的氧化物及硫化物有：ZnO、CdO、BeO、Fe_2O_3、Al_2O_3、SiO_2、PbO_2、V_2O_5、MoO_3、WO_3、CdS、Cr_2S_3、TiS_2 等。

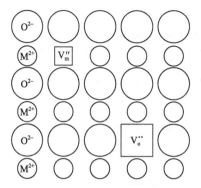

图 9-6　MO 氧化物中的 Schottky 缺陷 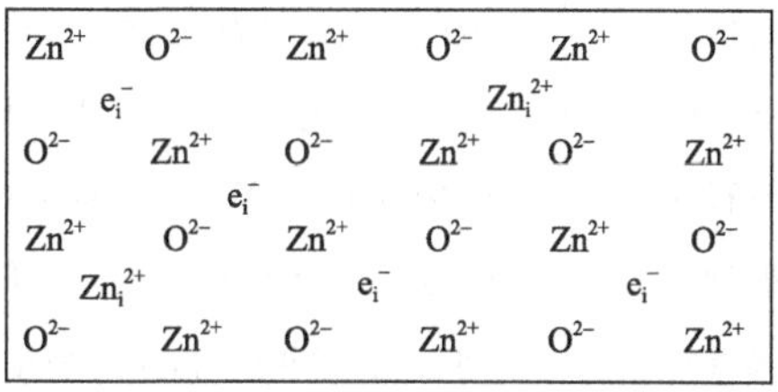　　图 9-7　金属离子过剩型氧化物（ZnO）示意

（2）金属离子不足型氧化物（p 型半导体氧化物）

该类氧化物也就是氧离子过剩型氧化物。由于氧离子的体积比金属离子大，因此在这类氧化物的晶体结构中，不是过剩的氧离子占据着晶格的间隙位置，而是表现为晶格中部分结点未被金属离子所占据，成为"阳离子空位"。氧化物整体的电中性则是依靠形成部分高价的阳离子而获得补偿。以 NiO 为例（图 9-8），NiO 中含有阳离子空位（$V_{Ni^{2+}}$）和高价阳离子

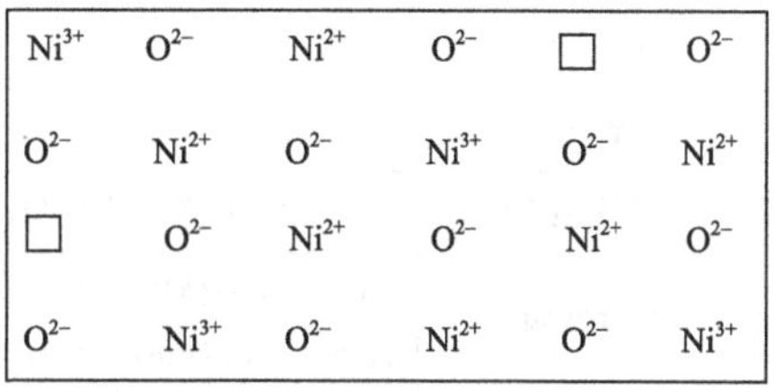

图 9-8　氧离子过剩型氧化物（NiO）示意

（Ni^{3+}）。Ni^{3+} 意味着 Ni^{2+} 失去一个价电子，相当于是个电子空穴（h'），简称空穴，带正电。加热时，NiO/O_2 界面上的 O_2 进入晶体内，生成新的 NiO，其反应式如下：

$$\frac{1}{2}O_2 + Ni^{2+} = NiO + V_{Ni^{2+}} + 2h' \tag{9-19}$$

此时一个阳离子空位，就对应有两个电子空穴，氧化物整体仍保持电中性。由于这类氧化物半导体主要通过电子空穴的迁移而导电，电子空穴荷正电，故称为 p 型半导体氧化物。属于这类的氧化物及硫化物有：NiO、FeO、Cu_2O、CoO、MnO、Cr_2O_3、Ag_2O、Cu_2S、SnS、Ag_2S 等。

9.3.2　金属氧化膜的组成和晶体结构

纯金属的氧化，一般形成由单一氧化物组成的氧化膜，如 NiO、MgO、Al_2O_3 等。但有时也能形成多种氧化物组成的膜。

例如，铁在空气中于 570℃ 以下氧化时，氧化膜由 Fe_3O_4 和 Fe_2O_3 组成；当温度高于 570℃ 时，氧化膜由 FeO、Fe_3O_4 和 Fe_2O_3 组成（图 9-3）。这是由于其各种氧化物相的热力学稳定性不同所致，可以从 Fe-O 系平衡图获得解释。

依据氧离子和金属离子在点阵空间位置的不同，金属氧化物可以形成多种类型的晶体结构，表 9-1 中列出了最主要的五种典型的晶体结构。通常具有保护性的氧化膜是 Al_2O_3、

Cr_2O_3、SiO_2、稀土氧化物 CeO_2 和 Y_2O_3 以及尖晶石型氧化物等。这些氧化物高温稳定性好，稀土氧化物还可以改善氧化皮的附着性，提高抗氧化能力。鉴于 Cr_2O_3 和 Al_2O_3 是工程合金最常见的保护性氧化膜，表 9-2 列出了这两种氧化物的基本性质。

表 9-1　常见金属氧化物典型的晶格结构类型

晶体结构类型	氧化物种类
氧化钠型	MgO、CaO、SrO、CdO、CoO、NiO、FeO、MnO、TiO、NbO、VO
氟化钙型	ZrO_2、HfO_2、UO_2、CeO_2、ThO_2、PuO_2
金红石型	TiO_2、SnO_2、MnO_2、VO_2、MoO_2、WO_2、RnO_2、GeO_2
刚玉型	$\alpha\text{-}Al_2O_3$、$\alpha\text{-}Fe_2O_3$、Cr_2O_3、Ti_2O_3、V_2O_3
尖晶石型	$FeCr_2O_4$、$NiCr_2O_4$、$CoCr_2O_4$、Fe_2NiO_4、Fe_2CoO_4、Co_2NiO_4

表 9-2　Cr_2O_3 和 Al_2O_3 的基本性质

参数	Cr_2O_3	Al_2O_3
焓(25℃)/(kJ/mol)	−1134	−1676
熔点/℃	2024	2040
主氧化物	Cr_2O_3	$\alpha\text{-}Al_2O_3$，0～2040℃间稳定相
竞存氧化物	1000℃以上挥发性 CrO_3，可能有 CrO、CrO_2	1000℃以下亚稳相，已知与 $\gamma\text{-}Al_2O_3$ 共存
晶体结构	Cr_2O_3 菱面体刚玉型，六边晶格 $A=0.49607nm$，$c=1.3599nm$	$\alpha\text{-}Al_2O_3$ 菱面体刚玉型，六边晶格 $A=0.4579nm$，$c=1.2991nm$
阳离子直径/nm	0.124（Cr^{3+}，配位数＝6）	0.106（Al^{3+}，配位数＝6）
阴离子直径/nm	0.156（配位数＝4）	0.276（配位数＝4）
密度/（kg/m³）	5100	3960
PBR[①]	2.0	1.28（$\alpha\text{-}Al_2O_3$）、1.49（$\gamma\text{-}Al_2O_3$）
化学计量	$Cr_{2-x}O_3$，$x=9\times10^{-5}$，1100℃	$\alpha\text{-}Al_2O_3$ 非常接近化学计量配比
缺陷	低氧压（近金属/氧化膜界面）间隙 $Cr_i^{\cdots}$ 或氧空位 $V_O^{\cdot\cdot}$，高氧压（膜/气体界面）$V_{Cr'}^{'''}$	Schottky 型：$Null=2V_{Al'''}+3V_O^{\cdot\cdot}$ 本征缺陷浓度很低，经常是异价杂质决定缺陷浓度

①PBR 为氧化时所生成的金属氧化膜的体积与生成这些氧化膜所消耗的金属的体积之比。

9.3.3　金属氧化膜的完整性和保护性

氧化膜是金属氧化的产物。氧化膜的形成在一定程度上阻滞了金属与介质的直接接触和物质传递，减慢了继续氧化的速度，因而具有一定的保护作用。但是，这种保护作用的实现需要满足一定的条件。

（1）金属氧化膜的完整性

金属氧化膜的完整性是具有保护性的必要条件。毕林（Pilling）和彼得沃尔斯（Bedworth）提出，氧化膜完整性的必要条件是，氧化时所生成的金属氧化膜的体积（V_{ox}）比生成这些氧化膜所消耗的金属的体积（V_M）要大，即

$$V_{\mathrm{OX}}/V_{\mathrm{M}} > 1 \tag{9-20}$$

比值称为 P-B 比，以 PBR 表示。

$$\mathrm{PBR} = \frac{V_{\mathrm{OX}}}{V_{\mathrm{M}}} = \frac{M\rho_{\mathrm{M}}}{nA\rho_{\mathrm{OX}}} \tag{9-21}$$

式中，M 为金属氧化物的分子量；A 为金属的原子量；n 为金属氧化物中金属的原子价；ρ_{M} 和 ρ_{OX} 分别为金属和金属氧化物的密度。

可见，只有 PBR>1 时，氧化膜具有保护性（P）。但是这只是氧化膜具有保护性的必要条件，而不是充分条件，具体分析如下：

如果 1<PBR≤2 存在时，氧化膜具有保护性（P）。这时金属氧化膜才是完整的（能够完全覆盖整个金属表面），才可能具有保护性。

如果 PBR=1，则氧化膜具有理想的保护作用。

如果 PBR<1 或 PBR>2，氧化膜为非保护性（NP）。PBR<1 时，生成的氧化膜不能完全覆盖整个金属表面，即形成了疏松多孔的氧化膜，不能有效地把金属与环境隔离开来，因此这类氧化膜不具有保护性，或保护性很差。例如，碱金属或碱土金属的氧化物 MgO、CaO 等即属于这种情况。PBR 过大（如大于 2），膜的内应力过大，易使膜破裂，也会失去保护性或是保护性很差。如钨的氧化膜的 PBR 值为 3.4，保护性较差。因此，氧化增重通常是线性的。

（2）金属氧化膜的保护性

由于金属氧化膜的结构和性质各异，其保护能力有很大差别。一定温度下，不同金属氧化物可能有不同存在状态。例如，Cr、Mo、V 在 1000℃ 的空气中都被氧化，其氧化物状态则各不相同：

$$2\mathrm{Cr} + \frac{3}{2}\mathrm{O}_2 \longrightarrow \mathrm{Cr}_2\mathrm{O}_3(\text{固态}) \tag{9-22}$$

$$\mathrm{Mo} + \frac{3}{2}\mathrm{O}_2 \longrightarrow \mathrm{MoO}_3(\text{气态},450℃\text{以上开始挥发}) \tag{9-23}$$

$$2\mathrm{V} + \frac{5}{2}\mathrm{O}_2 \longrightarrow \mathrm{V}_2\mathrm{O}_5(\text{液态},\text{熔点}\,690℃) \tag{9-24}$$

在 1000℃ 下这三种氧化物中只有 $\mathrm{Cr}_2\mathrm{O}_3$ 为固态，有保护性；钼和钒的氧化物不但无保护性，而且其存在还会加速氧化，甚至造成灾难性事故。

实践进一步证明，并非所有的固态氧化膜都具有保护性，只有那些组织结构致密，能完整覆盖金属表面的氧化膜才有保护性。氧化膜的保护性取决于下列因素。

① 膜的完整性　膜的 PBR 值在 1～2 之间；

② 膜的致密性　膜的组织结构致密，金属和 O^{2-} 在其中扩散系数小，电导率低，可以有效地阻碍金属与介质中氧的接触。

③ 膜的稳定性　膜的氧化物热力学稳定性要高，难熔、不挥发，且不易与介质作用而破坏。

④ 膜的附着性　膜与基体结合良好，有相近的膨胀系数，不易剥落。

⑤ 膜的力学性能　膜具有足够的强度和塑性，足以经受一定的应力、应变和摩擦作用。

某些金属氧化膜的 PBR 值如表 9-3 所示。

表 9-3　某些金属氧化膜的 PBR 值

PBR<1		1≤PBR≤2						PBR>2	
氧化物	PBR	氧化物	PBR	氧化物	PBR	氧化物	PBR	氧化物	PBR
K_2O	0.45	$\alpha\text{-}Fe_2O_3$	1.02	$\alpha\text{-}Al_2O_3$	1.28	Cu_2O	1.67	Cr_2O_3	2.02
Cs_2O	0.47	(on Fe_3O_4)①		PbO	1.28	NiO	1.70	Fe_3O_4	2.10
Cs_2O_3	0.50	La_2O_3	1.10	SnO_2	1.31	BeO	1.70	(on Fe_2O_3)①	2.14
Rb_2O_3	0.56	Y_2O_3	1.13	$\gamma\text{-}Al_2O_3$	1.31	SiO_2	1.72	$\alpha\text{-}Mn_3O_4$	2.14
Li_2O	0.57	Nd_2O_3	1.13	ThO_2	1.35	CuO	1.72	$\alpha\text{-}Fe_2O_3$	2.15
Na_2O	0.57	Ce_2O_3	1.15	Ca_2O_3	1.35	CoO	1.74	(on $\alpha\text{-}Fe$)①	
CaO	0.64	CeO_2	1.17	Pb_3O_4	1.37	TiO	1.76	SiO_2	2.15
SrO	0.65	Er_2O_3	1.20	Ti_2O_3	1.47	MnO	1.77	ReO_2	2.16
BaO	0.69	Fe_3O_4	1.20	PtO	1.56	FeO	1.78	$\gamma\text{-}Fe_2O_3$	2.22
MgO	0.80	(on FeO)①		ZrO_2	1.57	(on $\alpha\text{-}Fe$)①		(on $\alpha\text{-}Fe$)①	
BaO_2	0.87	TiO	1.22	ZnO	1.58	V_2O_3	1.85	IrO_2	2.23
CaO_2	0.95	In_2O_3	1.23	PdO	1.59	WO_2	1.87	Co_2O_3	2.40
		Dy_2O_3	1.26			Rh_2O_3	1.87	Mn_2O_3	2.40
						UO_2	1.97	Ta_2O_5	2.47
						Co_3O_4	1.98	Nb_2O_5	2.74
								V_2O_5	3.25
								MoO_3	3.27
								$\beta\text{-}WO_3$	3.39
								OsO_2	3.42

①这类金属会形成多层氧化物，且氧化物的分布与氧分压有关，括号内表明接触关系，即在括号内的氧化物表面形成。

（3）氧化膜的应力破坏

在金属上热生长的氧化膜中产生内应力是普遍规律，也是影响氧化膜保护性的重要因素。氧化膜自身产生的应力称为本征应力，在恒温下膜生长产生的内应力称为生长应力（growth stress），当外界温度变化（ΔT）时产生的应力为热应力（thermal stress）。生长应力产生的原因很多，包括金属与其氧化物体积差异产生的应力、金属或氧化膜成分变化产生的应力、氧化膜中外延生长产生的应力、氧化膜中相变产生的应力、氧化过程中空位凝聚产生的应力、新的氧化物在膜内生长时产生的应力、多层氧化膜中的应力、样品凹凸面位置因离子扩散产生的应力等。热应力的来源相对简单，主要是金属基体与氧化膜之间热膨胀系数的差异引起的。氧化膜中的应力主要通过两种方式释放：一是金属或氧化膜的塑性变形，二是氧化膜开裂与局部剥落。由于金属塑性变形与其晶体结构及位错组态有关，其对氧化膜中应力贡献较小，而氧化膜的塑性变形直接决定膜的应力状态。

9.4 金属高温氧化的动力学和机理

9.4.1 金属高温氧化的基本过程

为了研究金属氧化的动力学问题，必须先了解金属氧化的基本过程。金属的高温氧化是一个复杂的物理-化学过程，包括氧在金属表面的物理吸附、化学吸附、氧化物生核和长大、形成连续的氧化膜以及氧化膜增厚等环节。

一旦形成完整的氧化膜，氧化过程的继续进行将取决于两个因素：

① 界面反应速度，包括金属/氧化物及氧化物/气体两个界面上的反应速度；

② 参加反应物质通过氧化膜的扩散和迁移速度，包括浓度梯度作用下的物质扩散和电位梯度引起的电荷迁移。

这两个因素控制了继续氧化的速度。当表面金属与氧开始作用，生成的氧化膜极薄时，这时起主导作用的是界面反应，即界面反应为氧化的控制因素。但是，随氧化膜生长增厚，扩散过程（包括浓差扩散和电迁移扩散）将逐渐起着越来越重要的作用，以致成为继续氧化的控制因素。

金属离子和氧通过氧化膜的扩散，可能有以下三种方式：

① 金属离子通过氧化膜向外扩散，在氧化物/气体界面上与氧进行反应，膜在外侧继续生长，如铜的氧化过程 [图 9-9 (a)]；

② 氧离子通过氧化膜向内扩散，在金属/氧化物界面上与金属进行反应，膜在内侧生长，如钛的氧化过程 [图 9-9 (b)]；

③ 两者相向扩散，即金属离子向外扩散，氧向内扩散，二者在氧化膜中相遇并进行反应，使膜在该处生长，如钴的氧化过程 [图 9-9 (c)]。

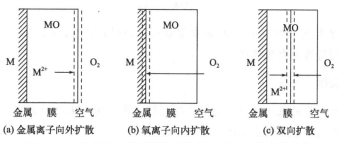

图 9-9　金属离子和氧离子扩散方向与膜成长的位置示意

然而，实际上金属氧化的扩散方式往往比较复杂，裂纹、间隙、结构缺陷等都会影响氧化膜中离子、原子的扩散和渗透，使膜的成长发生相应的变化。

9.4.2 金属氧化的动力学规律

金属的氧化动力学是研究金属的氧化速度问题。通常情况下，氧化速度问题也就是氧化膜增厚规律的问题。氧化膜不同的生长规律，可以影响金属氧化过程的速度。金属氧化后单位面积上的增重用 ΔW 表示，氧化膜的厚度用 y 表示。所以，氧化膜的生长速率，即单位时间内氧化膜的生长厚度可用 $\dfrac{dy}{dt}$ 表示。氧化增量与膜厚（y）则可用下式进行换算：

$$y = \frac{\Delta W \times M_{ox}}{M_{O_2} \times \rho_{ox}} \tag{9-25}$$

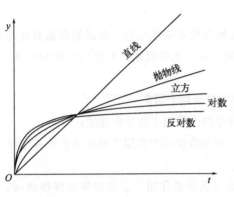

图 9-10 金属氧化动力学曲线

式中，M_{ox} 为氧化物的分子量；M_{O_2} 为氧的分子量；ρ_{ox} 为氧化物的密度。

恒温动力学曲线是恒温下测定氧化过程中氧化膜的增重 ΔW 或厚度 y 与氧化时间 t 的关系曲线，是研究氧化动力学最基本的方法。它可以提供许多关于氧化机理的信息，如氧化过程的速度控制步骤、膜的保护性以及反应速度常数变化等，还可为氧化防护工程的设计提供依据。

研究表明，各种金属氧化的动力学曲线大体上可分为直线、抛物线，以及对数或反对数等几种类型（图 9-10）。

（1）直线规律

金属氧化时，若不能生成保护性氧化膜（PBR<1），或在反应期间形成气相或液相产物而脱离金属表面，则氧化速度 $\dfrac{dy}{dt}$ 直接由形成氧化物的化学反应所决定，与膜厚无关，为一常数：

$$\frac{dy}{dt} = k_L \tag{9-26}$$

即膜厚（或增重）与氧化时间 t 成直线关系。

$$y = k_L t + C \tag{9-27}$$

式中，k_L 为氧化的线性（linear）速度常数；C 为积分常数。K、Na、Ca、Mg、Mo、V 等金属高温氧化时皆遵循直线规律。

（2）抛物线规律

大多数金属和合金的氧化动力学为抛物线规律。氧化时，由于金属表面上形成较致密的氧化膜，氧化速率与膜的厚度成反比：

$$\frac{dy}{dt} = \frac{k_p}{y} \tag{9-28}$$

即氧化膜生长服从抛物线（parabolic）规律。

$$y^2 = k_p t + C \tag{9-29}$$

式中，k_p 为抛物线速率常数；C 为积分常数，反应了初始阶段对抛物线规律的偏离，通常不为零。

Fe、Cu、Ni、Co 高温氧化遵从抛物线规律。然而，还有许多金属的氧化常偏离抛物线的平方规律，如 Cu。因此可将式（9-29）写成下列通式：

$$y^n = k_p t + C \tag{9-30}$$

当 $n < 2$ 时，表明氧化的扩散阻滞并非完全随膜厚的增长而呈正比的增大。即除了正常扩散的阻滞作用外，可能存在诸如应力、空洞和晶界等加速扩散的因素。

当 $n > 2$ 时，表明氧化的扩散阻滞作用比膜厚所产生的阻滞更严重，即还有其他抑制扩散过程的因素。合金氧化物的掺杂效应、致密阻挡层的形成等都是可能的原因。

（3）对数和反对数规律

有些金属在较低温度或室温氧化时服从对数或反对数规律。对数规律的关系式为：

$$y = k_1 \ln(k_1 t + k_2) \tag{9-31}$$

而反对数规律为：

$$\frac{1}{y} = k_3 - k_4 \ln t \tag{9-32}$$

式中，k_1、k_2、k_3 和 k_4 皆为常数。

这两种规律都是在氧化膜相当薄时才出现，许多金属在温度低于 $300 \sim 400 \degree C$ 氧化时，其反应一开始很快，但随后就降到其氧化速度可以忽略的程度。意味着氧化过程受到的阻滞远比抛物线关系中的大。例如，图 9-11 所示为纯铁在较低温度下的氧化动力学曲线，可以看出它符合对数规律。Zn、Fe、Ni 等金属在 $100 \sim 200 \degree C$ 下的氧化为对数规律。Al 和 Ta 等金属在 $100 \sim 200 \degree C$ 下的氧化服从反对数规律。实际上有时很难区分这两种规律。

以上所述氧化膜生长规律是针对氧化膜稳定生长阶段而言的。以抛物线生长规律为例（图 9-12），$y \to 0$，$\dfrac{\mathrm{d}y}{\mathrm{d}t} \to \infty$，这表示氧化初期氧化膜的增厚速度无限大，这显然与实际情况不符。实际上的氧化初期服从直线规律，这是因为膜增厚主要受化学反应控制。

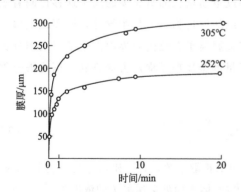

图 9-11 铁在较低温度下氧化的对数规律

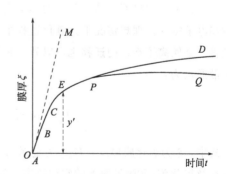

图 9-12 金属氧化的综合动力学曲线
ABM—直线规律；ABCED—抛物线规律

故实际上整个氧化过程的动力学曲线应如图 9-13 所示，应包括初期的直线段、稳定期的特有成长规律，以及它们之间的过渡段。如果还要考虑膜在增厚过程中，由于内应力的作用而导致破坏，则动力学曲线将由几个线段组成，氧化曲线由直线线段、过渡段和抛物线线段组合而成，使得总的氧化过程趋于直线规律。

而且，金属氧化动力学规律还与氧化温度和氧化时间有关。如：同一金属在不同温度下氧化可能遵循不同规律；而在同一温度下，随着氧化时间的延长，氧化膜增厚的动力学也可能从一种规律转变为另一种规律。

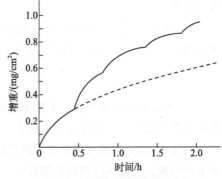

图 9-13　氧化膜增厚过程中
发生破裂的动力学曲线

9.4.3　金属氧化的机理

前面已经说明，一般情况下金属氧化遵循的动力学基本规律有 5 种：直线规律、立方规律、抛物线规律、对数规律和反对数规律。其中，符合直线规律的金属不具有抗氧化性能；抛物线规律是最常遇到的，多数纯金属和实用合金材料的高温氧化都符合这种动力学规律；而在较低温度或氧化的初始阶段会出现对数规律或反对数规律。金属氧化遵循的动力学规律不同，表明控制氧化过程的机制不同。瓦格纳和莫特分别揭示了对应抛物线和对数（或反对数）规律的氧化机制，并建立了氧化速度与氧化膜物理化学性质及氧分压的定量关系。瓦格纳理论和莫特理论构成了金属氧化的最基本理论。

对具有抗氧化性的金属材料，表面已形成一层较厚氧化膜时（≥10nm），金属氧化动力学符合抛物线规律。有关氧化膜抛物线生长动力学理论必须是能够揭示氧化过程的具体控制步骤，建立抛物线速率常数与生成的氧化物性质及氧化条件的定量关系。理论模型的建立要采用许多假设条件，即在理想状态下进行分析。实际应用中，必须注意到这些假设条件成立的范围。

（1）金属氧化的扩散模型

在简化模型里，假设各种扩散粒子的浓度在氧化膜内的分布呈直线。粒子在氧化膜内扩散的驱动力是内外界面的浓度差。同时，假设穿过不断增长的氧化膜的离子迁移控制着氧化速率，并在每个相界面上建立起热力学平衡。生成的氧化物为 p-型半导体，即存在金属离子空位和电子空穴。理想情况下，氧化过程中只有金属离子空位向内界面而电子空穴向外界面的迁移。金属离子空位的迁移也可以看作相等通量的金属离子向反方向迁移。据此得金属离子扩散通量为：

$$J_{M^{2+}} = -J_{V_M} = D_{V_M} \frac{c_{V''_M} - c_{V'_M}}{\xi} \tag{9-33}$$

式中，ξ 为氧化膜厚度；D_{V_M} 为金属离子空位的扩散系数；$c_{V''_M}$ 和 $c_{V'_M}$ 分别为氧化膜/气体界面及氧化膜/金属界面上的空位浓度。氧化膜/气体界面处金属离子的浓度为 $c''_{M^{2+}}$，那么：

$$J_{M^{2+}} = c''_{M^{2+}} \frac{d\xi}{dt} = D_{V_M} \frac{c_{V''_M} - c_{V'_M}}{\xi} \tag{9-34}$$

因为在每个界面上都达到了热力学平衡，所以 $c_{V''_M} - c_{V'_M}$ 和 $c''_{M^{2+}}$ 都是常数。由上式得到：

$$\frac{\mathrm{d}\xi}{\mathrm{d}t}=\frac{k'}{\xi} \tag{9-35}$$

其中：

$$k'=D_{V_M}\frac{c_{V''_M}-c_{V'_M}}{c''_{M^{2+}}}=常数 \tag{9-36}$$

积分式（9-35），并取 $t=0$ 时，$\xi=0$，则有：

$$\xi^2=2k't \tag{9-37}$$

这就是通常的抛物线规律。

（2）金属氧化的电化学模型（Wagner 理论）

Wagner 等研究认为，已形成了具有一定厚度的氧化膜后，金属的继续氧化是一个电化学反应过程，提出金属氧化的电化学模型（Wagner 理论），如图 9-14 所示。以两价金属为例，在金属/氧化物界面上金属失去电子变为金属离子，即发生阳极反应：

$$M \longrightarrow M^{2+}+2e^- \tag{9-38}$$

失去的电子经半导体氧化膜到达氧化物/气体界面，而在该界面上的氧得到电子后变为氧离子，即发生阴极反应：

$$\frac{1}{2}O_2+2e^- = O^{2-} \tag{9-39}$$

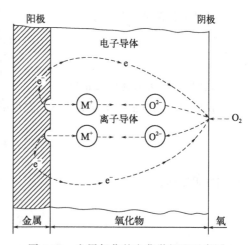

图 9-14　金属氧化的电化学机理示意图

氧化膜可视为固体电解质，其中可进行电子和离子的迁移和扩散。氧化膜的生长既要求电子的迁移，也要求阳离子或阴离子，或两者穿过膜的运动。阳离子与阴离子相遇发生化合而生成氧化物，即：

$$M^{2+}+O^{2-} = MO \tag{9-40}$$

电化学模型相应的电池回路的总电阻 R 为离子电阻 R_i 与电子电阻 R_e 之和：

$$R=R_i+R_e \tag{9-41}$$

膜中电子、阴离子和阳离子对膜的电导率 k 的贡献大小与它们的迁移数 n_e、n_c、n_a 成正比；即电子的电导率为 $n_e k$，离子的电导率为 $(n_c+n_a)k$。因此，对于面积为 S 厚度为 y 的氧化膜，其电子电阻 R_e 为：

$$R_e=\frac{y}{n_e k S} \tag{9-42}$$

其离子电阻 R_i 为：

$$R_i=\frac{y}{(n_c+n_a)kS} \tag{9-43}$$

总电阻为：

$$R = R_e + R_i = \frac{y}{kS}\left(\frac{1}{n_e} + \frac{1}{n_c + n_a}\right) \tag{9-44}$$

因 $n_e + n_c + n_a = 1$，故：

$$R = \frac{y}{kSn_e(n_c + n_a)} \tag{9-45}$$

设氧化物的分子量为 M_{OX}，根据法拉第定律，每形成 $1\mathrm{mol}$ 氧化物需通过 nF 的电量。若以通过膜的电流 I 表示氧化膜的生长速度，则在 $\mathrm{d}t$ 时间内生长 $\mathrm{d}y$ 厚的膜的物质的量为：

$$I \times \frac{\mathrm{d}t}{nF} = \mathrm{d}y \times S \times \frac{\rho_{OX}}{M_{OX}} \tag{9-46}$$

整理可得膜的生长速度：

$$\frac{\mathrm{d}y}{\mathrm{d}t} = \frac{IM_{OX}}{nFS\rho_{OX}} \tag{9-47}$$

式中，ρ_{OX} 为氧化膜的密度。

设氧化反应电池的电动势为 E，它可由反应的自由能变化 ΔG 求出：

$$E = -\frac{\Delta G}{nF} \tag{9-48}$$

根据欧姆定律：

$$I = \frac{E}{R} = \frac{EkSn_e(n_c + n_a)}{y} \tag{9-49}$$

将式（9-49）代入式（9-47）后通过积分可以得到：

$$y^2 = \frac{2M_{OX}Ekn_e(n_c + n_a)}{nF\rho_{OX}}t + C \tag{9-50}$$

式中，C 为积分常数。令：

$$k_p = \frac{2M_{OX}Ekn_e(n_c + n_a)}{nF\rho_{OX}} \tag{9-51}$$

则式（9-50）变为：

$$y^2 = k_p t + C \tag{9-52}$$

这就是金属高温氧化的抛物线理论方程式。表 9-4 列出了某些金属氧化速度常数 k_p 的计算值和实测值，可看出 k_p 的理论计算值与实测值符合得很好。说明上述推导过程中的假设基本上是正确的。

表 9-4　某些金属计算与实测的 k_p 值

金属	腐蚀环境	氧化物	反应温度/℃	k_p [g^2/（$cm^4 \cdot s$）]	
				计算值	实测值
Ag	S	Ag_2S	220	2.4×10^{-6}	1.6×10^{-6}

金属	腐蚀环境	氧化物	反应温度/℃	k_p [g²/ (cm⁴ · s)]	
				计算值	实测值
Ag	Br_2 (g)	AgBr	200	2.7×10^{-11}	3.8×10^{-11}
Cu	I_2 (g)	CuI	195	3.8×10^{-10}	3.4×10^{-10}
Cu	O_2 ($p=8410Pa$)	Cu_2O	1000	6.6×10^{-9}	6.2×10^{-9}
Cu	O_2 ($p=1520Pa$)	Cu_2O	1000	4.8×10^{-9}	4.5×10^{-9}
Cu	O_2 ($p=233Pa$)	Cu_2O	1000	3.4×10^{-9}	3.1×10^{-9}
Cu	O_2 ($p=30Pa$)	Cu_2O	1000	2.1×10^{-9}	2.2×10^{-9}

Wagner 理论是基于氧化膜中存在着浓度梯度和电位梯度进行扩散和电迁移而导出的，因此，它对于薄的氧化膜的生长并不适用。

9.5 影响金属氧化行为的因素

9.5.1 温度的影响

从 $\Delta G^{\ominus}\text{-}T$ 图可以看出，大多数金属随温度升高，氧化的热力学倾向减小。但事实上，温度升高，金属氧化的速度会显著增大。也就是说，温度对氧化反应的动力学过程影响显著。这主要是通过对金属或非金属的扩散系数的影响而起作用的，即：

$$D = D_0 \mathrm{e}^{-\frac{Q_d}{RT}} \tag{9-53}$$

式中，D_0 为频率因子；Q_d 代表扩散激活能。基于抛物线常数的表达式（9-36），可知：

$$k' = A\exp(-\frac{Q_d}{RT}) \tag{9-54}$$

式中，A 为常数。因此，温度升高时，抛物线速度常数增大。对式（9-54）取对数，得：

$$\ln k' = \ln A - \frac{Q_d}{RT} \tag{9-55}$$

可见，金属氧化速度的对数与 $\frac{1}{T}$ 之间为直线关系。此关系对许多金属的氧化过程是正确的。例如，纯铁在空气中的氧化（图 9-15）。

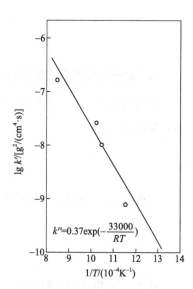

$$k'' = 0.37\exp(-\frac{33000}{RT})$$

图 9-15　纯铁在空气中的氧化

9.5.2 氧压的影响

分析氧压对氧化膜生长速度的影响时，需要区分不同类型半导体的氧化物。下面举例加以说明。

（1）金属过剩型氧化物（n型半导体）

锌氧化形成的ZnO是典型的n型半导体。ZnO的缺陷结构包括间隙锌离子和准自由电子。间隙锌离子可以以二价或一价存在。间隙锌离子的电导率随其浓度而变化，并受氧压的影响。对于Zn_i^{2+}，氧化反应为：

$$\frac{1}{2}O_2 + Zn_i^{2+} + 2e_i^- \Longrightarrow ZnO \tag{9-56}$$

氧化膜生长速度由Zn_i^{2+}向外扩散的速度控制。当氧压增大时，间隙锌离子的浓度$c_{Zn_i^{2+}}$应降低，因而使氧化速率降低。但由于在ZnO/O_2界面上的$c_{Zn_i^{2+}}$相对于Zn/ZnO界面已相当低了。因此，增加氧压对ZnO/O_2界面上$c_{Zn_i^{2+}}$的影响很小，可以忽略，因此Zn的氧化速率几乎与氧压无关［图9-16（a）］。

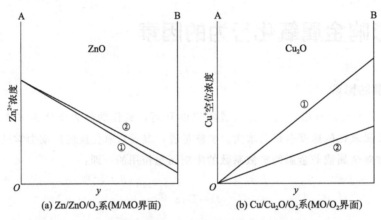

图9-16　不同氧压下金属离子浓度沿氧化膜厚度的分布示意
①氧压10^4Pa；②氧压10^3Pa

（2）对于金属离子不足型氧化膜（p型半导体）

以铜氧化形成Cu_2O为例。Cu_2O中存在阳离子空位和电子空穴。对于$Cu/Cu_2O/O_2$体系，氧化反应为：

$$2Cu^+ + \frac{1}{2}O_2 \Longrightarrow Cu_2O + 2\square_{Cu^+} + 2\oplus \tag{9-57}$$

式中，$\square_{Cu^+}$为Cu^+空位；$\oplus$为电子空穴。由质量作用定律，并考虑$c_{\square_{Cu^+}} = c_\oplus$，则：

$$K = \frac{c_{\square_{Cu^+}}^2 c_\oplus^2}{p_{O_2}^{\frac{1}{2}}} = \frac{c_{\square_{Cu^+}}^4}{p_{O_2}^{\frac{1}{2}}} \tag{9-58}$$

式中，K和A为常数。由于氧化膜增长速度受阳离子空位（$\square_{Cu^+}$）的迁移控制，所以，若氧压增加，$c_{\square_{Cu^+}}$增大，则可导致氧化速度增高［图9-16（b）］。但若达到了氧的溶解度极限，氧压再增大，对氧化速度的影响则很小。

9.5.3 气体介质的影响

混合气氛中的高温腐蚀是个极重要和常见的问题。例如：在动力、能源、石化等工业环境中普遍存在含硫和含碳气体环境。这主要是因为煤和石油燃烧时产生 CO_2 和 $H_2O(g)$，燃烧不完全则产生 CO，而尾气中还存在尚未燃烧的碳氢化合物如 CH_4。煤和石油中含硫，燃烧后形成 SO_2 和 SO_3。因此，金属的硫化和碳化是除氧化外最重要的高温腐蚀类型。

在城市垃圾焚烧炉内，所处理的塑料中的氯在燃烧过程中可以转化为 HCl(g) 和 Cl_2。因此，在这样的环境中主要由气体 N_2、$H_2O(g)$、CO、SO_2 和 HCl(g)、Cl_2 组成。在含 HCl 气体的环境中，不需要很高温度即可造成金属严重的腐蚀。

N_2 是大气中的主要气体组分，但和含氯、硫、氧、碳气体介质相比，它的氧化性最弱。在空气中，对绝大多数金属，氧分压足够高，金属发生氧化，表面形成氧化膜。而氮往往穿过氧化膜，在氧化膜下发生氮化。如铬在 1200℃ 空气中氧化时，形成 Cr_2O_3 膜，同时在氧化层下还可能生成一层 Cr_2N。在工业环境中，氮的另一个来源是 NH_3。

表 9-5 列出了在 900℃ 下碳钢和 18-8 不锈钢在混合气氛中的氧化增重。由表可见，大气中含有 SO_2、H_2O 和 CO_2 显著地加速了钢的氧化。在上述试验条件下，18-8 不锈钢比碳钢的抗氧化性能好。但是，在含 H_2O 和 SO_2 或 CO_2 的混合气氛中，碳钢的氧化量比在大气中增加了 2～3 倍，而 18-8 不锈钢则增加了 8～10 倍。气体介质对不同金属和合金氧化影响的差异，是不同氧化膜保护性能的差异所致。

表 9-5　混合气氛中碳钢和 18-8 不锈钢的氧化增重（900℃，24h）

混合气氛	碳钢氧化增重/（mg/cm²）	18-8 不锈钢氧化增重/（mg/cm²）	碳钢/18-8 钢（氧化增重比值）
纯空气	55.2	0.44	125
大气	57.2	0.46	124
纯空气＋2%SO_2	65.2	0.86	76
大气＋2%SO_2	65.2	1.13	58
大气＋5%SO_2＋5%H_2O	152.4	3.58	43
大气＋5%CO_2＋5%H_2O	100.4	4.58	22
纯空气＋5%CO_2	76.9	1.17	65
纯空气＋5% H_2O	74.2	3.24	23

所以，气氛对金属的高温氧化有着很大影响。如燃气轮机中的燃气含有 CO_2、CO、H_2O、H_2、O_2、N_2、NO、SO_2、SO_3、NaCl 等气体，以及某些固体微粒。研究表明，随水汽增加，高温氧化速度大增；而含有 SO_2 的燃气，其腐蚀速度则更大，且随 SO_2 含量的增加而不断增大。介质含氧量高，则高温氧化严重；反之，若限制供氧量，致使燃气中 CO、H_2、H_2S 量提高，甚至使燃气由氧化性变为还原性气体，则可使氧化减缓，或不发生氧化。但不足的空气量必然导致燃烧不完全，经济上是不合算的。因此，应适当控制供氧量，使燃气保持近中性较为合理。实际上完全氧化性或还原性的燃气是不存在的。从化学平衡原理可知，燃气中只要有大量的 CO_2 存在，就必然有 CO 存在；只要发现有 H_2，就必然会有 H_2O。同

样若有 H_2S，就会在高温下形成 SO_2：

$$H_2S+O_2 \Longrightarrow H_2+SO_2 \tag{9-59}$$

$$H_2S+2CO_2 \Longrightarrow H_2+SO_2+2CO \tag{9-60}$$

只不过氧化性气体中富有 H_2O、SO_2 和 CO_2，而还原性气体中富有 H_2、H_2S 和 CO。介质的含氧量则直接影响到它们的相对含量。

9.6　合金的氧化

9.6.1　合金氧化的特点

合金的氧化与纯金属的氧化存在着许多相似之处，纯金属氧化中发生的现象，也常会在合金氧化中发生。但是合金至少含有两个组元，存在两个以上可能氧化的成分，其氧化受更多因素的影响。因而，合金氧化的行为和机理更为复杂。合金氧化行为的特殊表现主要有以下几点。

① 合金组元的选择性氧化　合金各组元对氧有不同的亲和力，与氧亲和力大的组元优先氧化。若此亲和力相差悬殊，甚至可能形成只含有一种合金组分的氧化膜，即发生组元的选择性氧化，而在基体中该组元则相对贫化。

② 相的选择性氧化　当合金中各相在界面上化学稳定性或相稳定性有显著差异时，则不稳定相优先氧化，造成合金表层组织不均匀性。

③ 内氧化　如果合金具有一定的氧溶解度，并且氧向合金内部的扩散速度较快，合金中较活泼的组元便在合金内形成氧化物，即发生内氧化。Cu 与 Si、Bi、As、Mn、Ni、Ti 等组成的合金中，都可发现内氧化现象。当合金中较活泼组元的浓度超过某一临界值，则可能生成该组元的氧化膜，即由内氧化转变为选择性氧化。

④ 合金氧化膜的组成和结构有多种可能形式　合金氧化时，有时可能只有其中一种与氧亲和力特别强的组元生成氧化物；有时则各组成元素均可能发生氧化，生成各种氧化物。因此，合金的氧化膜在一层中可能由两个或两个以上的相组成，而纯金属氧化膜，即使由多层组成，各层往往只是一个相。

⑤ 合金中各种氧化物之间相互作用可能生成氧化物的固溶体或复合氧化物，形成不同的组成关系。

9.6.2　合金氧化的分类

与纯金属氧化相比，合金氧化复杂得多。这是因为合金与膜的成分、氧化环境及合金与氧化产物的热力学性质、扩散过程及氧化机制等都会影响合金氧化。对于最简单的二元合金和单一氧化剂体系的高温氧化，设 AB 二元合金，A 为基体金属，B 为含量少的添加元素。Wagner 理论认为可以将二元合金（AB）与单一氧化气体的反应归结为两类情况。

（1）合金中只有一种组分氧化

这种情况通常发生在合金二组元对氧的亲和力相差很大时，依据二组元与氧亲和力的强弱，其又可以进一步区分为两种情况：

①仅 B 选择氧化，即在反应条件下，仅金属组元 B 发生氧化形成 BO 氧化物，这时可能在合金表面上形成氧化膜 BO［图 9-17（a）］；也可能在合金内部形成 BO 氧化物颗粒［图 9-17（b）］。这主要取决于氧和合金元素 B 的相对扩散速度。

图 9-17（a）表明，合金元素 B 向外扩散的速度很快，在合金表面上生成 BO 膜。即使在氧化初期，合金表面上生成了氧化物 AO，但由于 B 组分与氧的亲合力大，即 B 组分氧化反应的负值大，将发生 AO＋B══A＋BO 的反应，而转变为 BO，这就是选择性氧化。如果氧向合金内部扩散的速度快，则 B 组分的氧化将发生在合金内部［图 9-17（b）］，在合金内部生成 BO 氧化物颗粒，这叫内氧化。

② 基体金属 A 氧化，合金组元 B 不氧化。当合金元素 B 与氧亲和力比较小，且其含量低时，容易出现这种情况。例如一般的钢，其氧化膜基本上是由铁的氧化物组成。这种情况下，合金的氧化在形态上有两种：一种是在氧化物 AO 膜内溶有合金组分 B［图 9-18（a）］；另一种是在邻近 AO 膜层的区域，B 组分含量比正常的多，即 B 组分在合金表面层中发生了富集现象［图 9-18（b）］。产生这两种情况的机制尚不清楚，一般认为与反应速度有关。

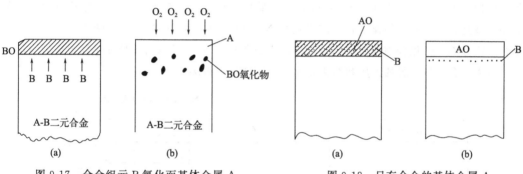

图 9-17　合金组元 B 氧化而基体金属 A　　　　图 9-18　只有合金的基体金属 A
不氧化情况下氧化物生成的示意　　　　　　发生氧化生成的氧化膜的示意

（2）合金的两组分同时氧化

当 AB 合金的二组元对氧的亲和力相差不大，且环境中的氧压比两组分氧化物的分解压都大时，合金两组分可同时氧化。合金表面氧化膜的结构与两种金属氧化物间的相互作用和溶解性质有关，可发生下列三种情况。

① 两种氧化物互不溶解。这种情况下，合金表面通常只形成基体组分 A 的氧化物。在氧化初期，虽然生成了 AO 和 BO 两种氧化物，但由于 A 的量占绝对多数，故氧化膜几乎都是 AO。根据互不溶解的条件，B 不向 AO 层中迁移。在以后的氧化进程中，由于 A 向外扩散，AO 逐渐长大，生成净 AO 的氧化膜；B 在邻近表面氧化膜处富集，在此处生成 BO，成为混合氧化膜的内层。实际上，组分 A 通过 AO 扩散生长，而组分 B 则通过 BO 层扩散生长。例如在 Ni-Cr 合金上具有两层结构的氧化物 $NiO-NiO＋NiCr_2O_4$。Cu-Si 合金，在 CuO、Cu_2O 层下生成了内氧化的 SiO_2 分散颗粒［图 9-19（a）］。如果合金中含 Si 量较多，则可生成连续的 SiO_2 层［图 9-19（b）］。

② 两种氧化物生成固溶体。即各氧化物具有相同的晶体结构，彼此互溶，组分间并无定

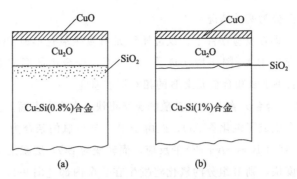

图 9-19　Cu-Si 合金在空气中氧化的示意

量的比例关系。例如 Ni-Co 合金氧化生成（Ni，Co）O 氧化膜［图 9-20（a）］，其晶体结构与 NiO 相同。它可以看作是 NiO 中一部分 Ni 被 Co 所置换的结果。FeO-NiO［可表示为（Fe,Ni)O]、FeO-CoO[(Fe,Co)O]、FeO-MnO[(Fe,Mn)O]、Fe_2O_3-Cr_2O_3[$(Fe,Cr)_2O_3$]等皆为固溶体型氧化物。

　　③ 两种氧化物生成化合物型复杂氧化物。其特征是各氧化物按一定的比例关系构成一种新氧化物，可以用分子式 $mAO \cdot nBO$ 表示。最具实际意义的是形成具有良好抗氧化性能的尖晶石型复合氧化物，如镍基合金的氧化物 $NiO \cdot Cr_2O_3$（即 $NiCr_2O_4$）［图 9-20（b）］。如果合金组分不等于化合物的组成比时，将形成如图 9-20（c）所示的多种氧化物组成的膜层。

　　总之，合金氧化膜的组成和结构要比纯金属的复杂得多。

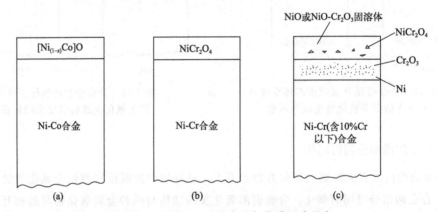

图 9-20　Ni-Co、Ni-Cr 合金氧化膜组成示意

9.6.3　提高合金抗氧化的途径

　　耐氧化的金属材料可分为两类，一是贵金属，如 Au、Pt 等，其热力学稳定性高，不与氧发生作用；二是与氧的亲和力强，且生成致密的保护性氧化膜的金属和合金，如 Al、Cr、耐热合金等。工程中很少使用贵金属，而是利用第二类金属的性质，通过合金化提高其抗氧化性能。用合金化提高金属材料的抗氧化性能，一般有以下四种途径。

　　（1）通过选择性氧化生成优异的保护膜

　　加入的合金元素与氧的亲和力应大于基体金属与氧的亲和力，且其离子半径比基体金属小，易于向表面扩散，形成连续致密的保护膜，以阻止容易氧化的基体金属发生氧化。为此合金元素的加入量必须适当，使之形成只有由该合金元素构成的氧化膜。例如：钢中含 Cr 达 18％以上，或含 Al 达 10％以上时，高温氧化可分别形成完整的 Cr_2O_3 和 Al_2O_3 膜，从而提高了钢的抗氧化能力。含 Si 量达 8.55％的 Fe-Si 合金于 1000℃加热，在极薄的 Fe_2O_3 膜下能生成白色的 SiO_2 膜，也有很好的抗氧化性能。Cr、Al、Si 是提高钢抗高温氧化的极重要的合金元素。

（2）使生成具有尖晶石结构的复合氧化膜

尖晶石型复合氧化物的通式为 $AO \cdot B_2O_3$。尖晶石具有复杂致密的结构。离子在这种膜中的移动速度缓慢，这不是由于晶格缺陷浓度减小，而是因为迁移所需的激活能增大。到目前为止，尖晶石晶格中离子的扩散机理尚不清楚，但其优异的抗氧化性能是明显的。例如，优秀的耐热钢中都含有 10％以上的 Cr，虽然还达不到发生选择性氧化的 Cr 含量，但可形成尖晶石型复合氧化物 $FeO \cdot Cr_2O_3$（即 $FeCr_2O_4$），对 Ni-Cr 合金则生成 $NiO \cdot Cr_2O_3$ 尖晶石型氧化物。它们都有优良的抗高温氧化性能。

（3）控制氧化膜的晶格缺陷浓度，降低离子的扩散速度（原子价规律）

根据金属氧化物的半导体性质，按照其晶格类型的不同，加入不同价位的合金元素，可以改变氧化膜中的晶格缺陷密度，以增强合金的抗氧化能力。

① 对于金属过剩型氧化物（n 型半导体氧化物），若向基体金属中加入少量原子价较高金属元素，比如 Zn 中加入 Al，氧化物点阵某些格点的 Zn^{2+} 为 Al^{3+} 所取代，为了维持电中性，间隙离子的数量减少，Zn^{2+} 的扩散速度降低，金属的氧化速度变慢。反之，若加入较低价的合金元素，如 Zn 中加 Li，间隙 Zn^{2+} 数量增多，扩散速度增大，金属氧化速度加快。

② 对于金属不足型氧化物（p 型半导体氧化物），若向基体金属中加入少量原子价较高的金属元素，比如 Ni 中加入 Cr，为了维持电荷平衡，在 NiO 点阵中将出现更多的阳离子空穴和电子空穴，Ni^{2+} 和它们的换位更为便利，促进金属更快氧化。相反，若加入较低价的合金元素，如 Ni 中加入 Li，NiO 中阳离子空穴和电子空穴相应减少，Ni^{2+} 扩散速度减小，氧化速度减慢。

上述规律称为控制合金氧化的原子价规律，也叫哈菲（Hauffe）原子价规律。它是在大量实验基础上提出来的，只适用于氧化物的固溶极限以下，而且氧化反应只受扩散控制的情况。应当注意，合金化对材料氧化速度的影响受制于多种因素，需要综合分析。如镍中加入铬，按原子价规律将降低抗氧化性，实际上当含铬达 10％以上却显示出优异的抗氧化性，主要是因为形成了尖晶石型复合氧化物，离子扩散激活能剧增，扩散系数锐减。此外如选择性氧化时，原子沿晶扩散等都会影响氧化过程。

（4）增强氧化膜与基体金属表面的黏附力

提高氧化膜与基体金属表面的黏附力是增强合金抗氧化能力的重要措施。研究表明，在耐热钢及耐热合金中加入稀土元素能显著地提高其抗氧化能力。例如，在 Fe-Cr-Al 电热合金中加入稀土元素 Ce、La、Y 显著地提高了它们的使用温度及寿命。其主要原因就是加入稀土元素后，增强了氧化膜与基体金属的结合能力，使氧化膜不易破坏和脱落，从而显著地改善了钢和合金的抗氧化性能。

9.7 金属材料的热腐蚀

9.7.1 热腐蚀的概念

金属的热腐蚀是高温腐蚀的一种重要形式，热腐蚀是金属材料在高温含硫和含其他杂质的燃气工作条件下与沉积在其表面的盐发生反应而引起的高温腐蚀形态。依据沉积盐所处的状态，热腐蚀分为：高温热腐蚀（也称第一类热腐蚀）和低温热腐蚀（也称第二类热腐蚀）。高温热腐蚀是指温度超过了沉积盐的熔点，沉积盐处于熔融状态。低温热腐蚀是指温度低于沉积盐的熔点，沉积盐处于固态，但腐蚀过程中形成低熔点共晶导致材料加速腐蚀。热腐蚀的典型特征是金属材料在表面沉积盐及环境气氛的共同作用下，其腐蚀速率明显高于在单纯氧化性气氛作用下的氧化速率，材料表面通常形成疏松、多孔的无保护性的氧化膜，往往伴随有沿合金基体发生的内硫化。

在不同的工业领域，热腐蚀的严重程度可能差别很大，与燃料的类型、纯度和燃烧时空气的质量密切相关。已有的研究表明，热腐蚀过程对于沉积物成分、气氛、温度和温度循环、冲蚀、合金成分及合金显微结构等非常敏感。通过了解金属热腐蚀发生机制，就可以分析这些因素如何对热腐蚀过程产生影响，甚至是决定性作用。本节将重点分析硫酸盐导致热腐蚀的机理及控制措施。

9.7.2 热腐蚀机理

有关高温热腐蚀的机理，早期的研究比较注重硫的作用，因此提出了硫化模型，此后的研究发现，氧化物在熔盐中的溶解度对热腐蚀有重要影响作用，因此提出了酸-碱熔融模型。此外，还从熔盐膜的电化学反应出发，利用电化学机理来解释金属的热腐蚀行为。下面就详细介绍有关金属热腐蚀的机理模型。

（1）硫化模型

西蒙斯（Simons）等人于1935年首先提出第一个热腐蚀机理即：硫化模型。该理论认为热腐蚀过程可分为两个阶段：诱发阶段和自催化阶段。其过程分别如下。

① 首先发生下列系列反应：

$$Na_2SO_4 + 3R \longrightarrow Na_2O + 3RO + S \tag{9-61}$$

$$M + S \longrightarrow MS \tag{9-62}$$

$$M + MS \longrightarrow M \cdot MS(共晶) \tag{9-63}$$

式中，R表示某种还原性的组分，即R从Na_2SO_4中还原出来的硫与合金组元形成硫化物，硫化物在高温下与金属接触时形成低熔点的金属与金属硫化物的共晶体。例如，Ni·NiS共晶体的熔点为644℃，Co·CoS共晶体的熔点为880℃，见表9-6。因此，镍在650℃以上和钴在880℃以上热腐蚀时，都会出现液态熔体。

② M·MS共晶被穿过盐膜的氧所氧化而形成氧化物和硫化物，硫化物可再次与金属基

体的组元形成共晶，从而使反应能自持进行。具体过程如下：

表 9-6　金属与硫化物体系的熔点

体系	熔点/℃	体系	熔点/℃
Ni_3S_2	810	CrS	1565
$Ni_3S_2 \cdot Ni$	645	$CrS \cdot Cr$	1350
CoS	1182	MnS	1160
Co_3S_2	930	$MnS \cdot Mn$	1580
$Co_3S_2 \cdot Co$	877		

$$M \cdot MS + \frac{1}{2}O_2 = MO + MS$$

$$M + MS = M \cdot MS \tag{9-64}$$

以镍为例，热腐蚀的硫化模式反应如下：

$$Na_2SO_4 + \frac{9}{2}Ni = Na_2O + 3NiO + 1/2Ni_3S_2 \tag{9-65}$$

如有铬存在，同时发生反应：

$$Na_2O + \frac{1}{2}Cr_2O_3 + \frac{3}{4}O_2 = Na_2CrO_4 \tag{9-66}$$

在金属/盐膜界面发生反应：

$$Ni + Ni_3S_2 = Ni \cdot Ni_3S_2 \tag{9-67}$$

由于反应生成低熔点的 $Ni \cdot Ni_3S_2$ 共晶物，导致镍的加速腐蚀。即使合金中含铬，可生成保护性的 Cr_2O_3 膜，但由于沉积的熔盐和 Cr_2O_3 反应形成铬酸盐，会使保护性 Cr_2O_3 膜遭到破坏。此外，还存在如下反应：

$$2Cr + Ni_3S_2 = 2CrS + 3Ni \tag{9-68}$$

由于形成硫化铬，所以合金中铬不断消耗，最终导致不能形成完整的 Cr_2O_3 保护膜，这种硫化作用机制与合金在 H_2/H_2S 气氛中的反应机制类似。

在硫化模型里，低熔点的金属与金属硫化物的共晶体的形成是关键。一旦形成液态共晶体，腐蚀介质就会快速穿过熔盐并与金属发生反应，金属的腐蚀速度显著增加。但共晶体形成的前提是金属被硫化。所以，硫化模型必须满足两个条件：一是金属基体中必须能形成 $M \cdot MS$；二是 $M \cdot MS$ 必须能优先于金属基体而被氧化。第一点已被证实，发生热腐蚀时常有 $M \cdot MS$ 存在。但第二点与实验结果不尽相同。如对合金试样进行预硫化然后进行氧化，发现硫化物并不比合金本身氧化时更快。而在合金上涂 Na_2SO_4、Na_2CO_3 和 $NaNO_3$ 三种盐膜，结果热腐蚀动力学相同。由此可见，尽管在 Na_2CO_3 和 $NaNO_3$ 中不含硫，但仍然造成和涂 Na_2SO_4 盐膜相同的结果。因此，可以认为热腐蚀过程与硫存在与否无关。

大量的实验表明，热腐蚀不是取决于合金元素的硫化再加速氧化，而是取决于 Na_2SO_4

盐膜存在 Na_2O，导致氧化膜的溶解破坏。由此人们提出了金属热腐蚀的酸-碱熔融机理模型。

（2）酸-碱熔融模型

酸-碱熔融模型是在 20 世纪 70 年代提出的，目前已获得较广泛的认可。该模型最早由伯恩斯坦（Bornstein）提出，其后得到戈贝尔（Goebel）及拉普等研究者的不断补充和完善。该模型认为，金属或合金发生热腐蚀时，表面形成的具有保护作用的氧化膜在沉积的液态熔盐中不断被溶解而遭到破坏，结果造成材料的加速腐蚀，依赖于保护性氧化膜溶解方式。该模型具体分为碱性熔融和酸性熔融：

① 碱性熔融。金属与表面的熔融 Na_2SO_4 盐发生反应：

$$4M+SO_4^{2-}=\!=\!=MS+3MO+O^{2-} \tag{9-69}$$

由于上述反应，合金/熔盐界面的局部碱度（O^{2-} 的活度）升高，发生如下反应：

$$MO+O^{2-}=\!=\!=MO_2^{2-} \tag{9-70}$$

生成的 MO_2^{2-} 由合金/熔盐界面向熔盐/气体界面扩散，由于在熔盐/气体界面处，O^{2-} 活度低，扩散至此的 MO_2^{2-} 分解并析出疏松的 MO：

$$MO_2^{2-}=\!=\!=MO+O^{2-} \tag{9-71}$$

这就是碱性熔融过程。从上述分析看出，从合金/熔盐界面至熔盐/气体界面，O^{2-} 活度的负梯度是发生碱性熔融的必要条件。MO 在合金/熔盐界面的溶解和在熔盐/气体界面的析出维持了熔盐内氧离子的负梯度，使反应不断地进行下去，直到金属表面的盐膜耗尽为止，金属的加速腐蚀才停止。热腐蚀形成的表面膜疏松、多孔，容易剥落。

② 酸性熔融。当合金中含有一定量的钼、钒、钨等难熔金属时，由于这些金属元素与 O^{2-} 有较强的亲和力，在热腐蚀初期形成 NiO、Al_2O_3 等氧化物的同时，也形成 MoO_3、WO_3、V_2O_5 等氧化物。这些难熔金属的氧化物与熔融 Na_2SO_4 中的氧离子的反应能力很强，结果发生如下反应：

$$MoO_3+O^{2-}=\!=\!=MoO_4^{2-} \tag{9-72}$$

$$WO_3+O^{2-}=\!=\!=WO_4^{2-} \tag{9-73}$$

$$V_2O_5+O^{2-}=\!=\!=2VO_3^- \tag{9-74}$$

反应消耗了熔盐/合金界面处的 O^{2-}，使得界面附近熔融 Na_2SO_4 盐呈酸性。此时，合金表面的氧化物发生分解，例如：

$$NiO=\!=\!=Ni^{2+}+O^{2-} \tag{9-75}$$

$$Al_2O_3=\!=\!=2Al^{3+}+3O^{2-} \tag{9-76}$$

同时，反应生成的 Ni^{2+}、Al^{3+}、MoO_4^{2-}、WO_4^{2-}、VO_3^- 等离子都向熔盐/气体界面处扩散。到达外表面后，由于难熔金属的氧化物蒸气压高，MoO_4^{2-}、WO_4^{2-}、VO_3^- 等离子以氧化物形式挥发，同时释出 O^{2-}，即反应式（9-72）～反应式（9-74）向左进行。反应释出 O^{2-}，使外表面处的 O^{2-} 活度增加，式（9-75）和式（9-76）表示的反应式向左进行，即发生 NiO

和 Al_2O_3 的析出。析出的氧化物最后形成疏松多孔的氧化物层，在整个过程中，难熔金属氧化物在合金/熔盐界面上的溶解和在熔盐/气体界面上的挥发维持了熔盐内的氧离子活度，使反应不断地进行下去，这种热腐蚀反应是在氧化膜表面沉积的盐膜中氧离子活度很低的情况下进行的，因此称作酸性熔融机制。

不论是碱性熔融还是酸性熔融，有一个共同的必要条件，即从合金/熔盐界面至熔盐/气体界面存在着氧化物溶解度的负梯度。氧化物在熔盐中的溶解度定义为 lga_{Na_2O}。因此，1979年拉普等人提出了一个能维持热腐蚀不断进行的准则，拉普-戈托（Rapp-Goto）准则：

$$\left[\frac{d(\text{氧化物溶解度})}{dx}\right]_{x=0} < 0 \tag{9-77}$$

或者说，在氧化膜/熔盐界面上，氧化物在熔盐中的溶解度高于在熔盐/气体界面上的溶解度时，热腐蚀过程能够自持进行。

酸-碱熔融模型被广泛地接受，但也有越来越多的实验表明，该模型存在局限性，如热腐蚀熔盐模型与实测热腐蚀动力学不完全相符；盐膜中金属氧化物溶解度的负梯度不是热腐蚀持续发展的必要条件；如在一些热腐蚀过程中，没有发生金属氧化物的溶解再沉积。

（3）电化学模型

由于表面沉积一层熔融薄盐膜而引起的金属热腐蚀与常规的金属在水溶液中腐蚀有相似之处。从金属腐蚀的机理可以知道，如果介质是离子导体，那么金属的腐蚀过程是按电化学腐蚀的途径进行。金属是电子导体相，引起热腐蚀的熔融盐是离子导体相，快速的热腐蚀反应正是发生在这两种不同相的界面上。因此，用电化学机制来描述热腐蚀过程是恰当的。目前，电化学机理模型受到重视，它可以成功地解释熔盐模型所不能解决的问题。因此，各种电化学方法也都在热腐蚀研究中获得应用，这包括腐蚀电位、恒电流和恒电位极化、电化学阻抗谱等测试技术。

与水溶液体系相似，热腐蚀的电化学机理模型认为，在熔盐体系中至少存在着两个电化学反应：

金属电极的阳极溶解：

$$M \longrightarrow M^{n+} + ne^- \tag{9-78}$$

氧化剂的阴极还原：

$$Oxid + ne^- \longrightarrow Red^{n-} \tag{9-79}$$

在自腐蚀电位（E_{corr}）下，所有阴、阳极反应的电流之和为零，即 $\sum I_a + \sum I_c = 0$。其中，$I_a > 0$ 为阳极电流，$I_c < 0$ 为阴极电流，电极反应是由一系列吸附、脱附、电荷转移、前置化学反应及后置化学反应等步骤构成的复杂过程。整个反应过程的速度由这一系列串联步骤中反应阻力最大的步骤，即腐蚀速度控制步骤决定。金属的阳极溶解是最终导致材料腐蚀的反应步骤，然而它往往不是速度控制步骤。因此，澄清电极反应的速度控制步骤是确定材料腐蚀速率、评价材料耐蚀性能的关键。

但应注意到熔盐体系的特殊性。熔盐腐蚀电化学是在水溶液腐蚀电化学理论的基础上发展起来的，但由于熔盐体系具有自身的特点，熔盐体系与水溶液体系又有诸多不同之处。最重要的方面有如下两点：

① 参比电极。熔盐腐蚀电化学研究中，一个值得注意的问题是参比电极的选择。与水溶液体系不同，熔盐体系的电化学研究没有一个标准的参比电极。因此，不同体系的实验结果之间往往缺乏可比性。这一局限性在很大程度上阻碍了熔盐腐蚀电化学的发展。

② 电极表面的腐蚀产物相。在熔盐腐蚀过程中，金属电极表面通常都有腐蚀产物膜生成，这些膜层对金属的腐蚀行为，包括腐蚀速度、腐蚀破坏在金属表面的分布等都有极为重要的影响。因此，金属电极有腐蚀时，在对电化学测量数据进行解释时，需要充分考虑腐蚀产物对电极表面状态的影响。

9.7.3 硫酸盐低温热腐蚀

一般高温合金产生热腐蚀的温度范围大约为 $800\sim1000℃$，但是在燃气中有 SO_3 存在的条件下，由于 SO_3 与构件表面上的金属氧化物反应生成硫酸盐与 Na_2SO_4 组成了低熔点共晶体，这样，在硫酸钠熔点（$884℃$）以下，约为 $600\sim750℃$ 温度区间，也能导致严重的热腐蚀，此现象称为低温热腐蚀，或 II 型热腐蚀。这类热腐蚀的破坏性非常严重，如导致涡轮叶片的寿命降低到只有 $800℃$ 以上工作时寿命的一半。

许多合金如 Co-Cr、Co-Al、Ni-Cr（图 9-21）、Ni-Cr-Al 及 Co-Cr-Al-Y 合金等出现低温热腐蚀。发生低温热腐蚀的主要原因是，初始生成的金属氧化膜与气氛中的 SO_3 反应，形成它们对应的硫酸盐：

$$CoO+SO_3 =\!=\!= CoSO_4 \tag{9-80}$$

$$NiO+SO_3 =\!=\!= NiSO_4 \tag{9-81}$$

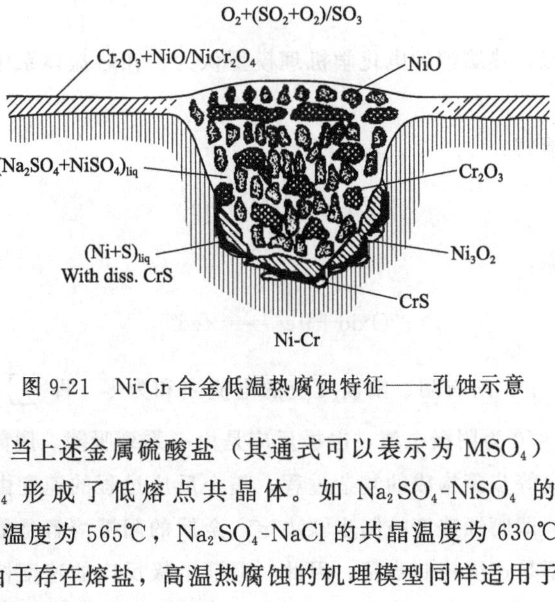

图 9-21 Ni-Cr 合金低温热腐蚀特征——孔蚀示意

随着反应的进行，当上述金属硫酸盐（其通式可以表示为 MSO_4）含量增加达到某一临界浓度，其和 Na_2SO_4 形成了低熔点共晶体。如 Na_2SO_4-$NiSO_4$ 的共晶温度为 $671℃$，Na_2SO_4-$CoSO_4$ 的共晶温度为 $565℃$，Na_2SO_4-$NaCl$ 的共晶温度为 $630℃$，故低温热腐蚀仍是在液态盐中进行的。由于存在熔盐，高温热腐蚀的机理模型同样适用于低温热腐蚀。和高温热腐蚀相比，低温热腐蚀具有如下特点：

① 低温热腐蚀刚开始时，盐是呈固态，只是在形成共晶体后才变成液态；

② 环境气氛中必须含有硫；

③ 合金中不含 Mo、W、V 时，高温热腐蚀只发生碱性熔融，而低温热腐蚀可以发生气体（SO_3）诱导的酸性熔融；

④ 低温热腐蚀形态常存在孔蚀。由于液态 Na_2SO_4-MSO_4 沿氧化膜晶界渗透，并与基体金属反应生成金属硫化物和氧化物：

$$9Ni + 2NiSO_4 \Longrightarrow Ni_3S_2 + 8NiO \tag{9-82}$$

即在初期生成的 $Cr_2O_3 + NiO/NiCr_2O_4$ 氧化膜之下形成了蚀坑，产生了孔蚀（图 9-22 所示）。当合金中含 Cr 时，Cr 则可以置换 Ni_3S_2 而生成 CrS。

由于 Na_2SO_4-MSO_4 共晶体的低熔点和孔蚀的伴生，低温热腐蚀的腐蚀性甚至可能比高温热腐蚀还要严重（图 9-22）。由图 9-22 可见：①热腐蚀速度比纯氧化高得多；②当温度超过 1000℃，由于 Na_2SO_4 挥发，热腐蚀作用急剧减弱，直至完全消失；③氧化生成 Cr_2O_3 膜的合金耐蚀性高于生成 Al_2O_3 膜的合金。

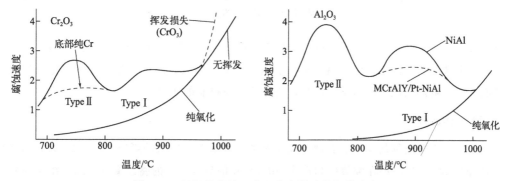

图 9-22　低温热腐蚀、高温热腐蚀及纯氧化速度

9.7.4　影响金属热腐蚀的因素

金属的热腐蚀过程明显地分为两个阶段：孕育期和加速阶段。依据不同的条件，孕育期的长短可以从几秒钟到数千小时。而热腐蚀一旦进入加速阶段，则腐蚀速度迅速增加，并伴有腐蚀产物大量剥落。因此，讨论热腐蚀的影响因素时，主要指以下几种对热腐蚀孕育期产生明显作用的因素。

（1）合金成分

合金成分是影响热腐蚀孕育期的关键因素。如图 9-23 所示，当 NiCrAlY 或 CoCrAlY 合金中铝的质量分数从 6% 增加到 11% 时，空气中由 Na_2SO_4 引起的热腐蚀孕育期便会显著延长。在实验条件下，CoCrAlY 合金的初始破坏较 NiCrAlY 合金需要更长的时间。

（2）温度

温度可以以不同的方式影响热腐蚀过程。首先，随着温度提高，反应速度随之增加，加速腐蚀的起始时间缩短。其次，也存在着随温度升高而使腐蚀速度降低的因素。例如，在燃烧装置的试验中，如果燃烧气氛中含盐量一定，那么随温度升高，沉积到试样表面的盐的数

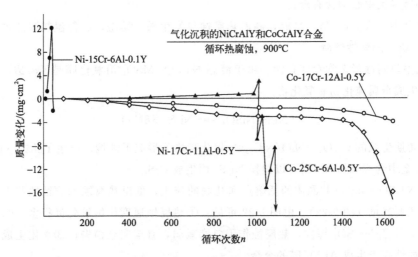

图 9-23 涂覆 Na_2SO_4 （每 20h 施加约 $1mg/cm^2$）的合金在空气中循环热腐蚀（1h 循环）的质量变化和时间的关系

量就会减少。当温度较高时，由于试样表面沉积的盐量少，可观察到试样只发生轻微的腐蚀。因此，在金属的热腐蚀过程中，温度是一个相当重要的因素。温度变化不只影响整个反应的激活能，还影响热腐蚀的动力学，而且也会导致反应机制的变化。

（3）气体成分

气体成分对热腐蚀的发生、腐蚀速度及腐蚀机理都有非常大的影响。图 9-24 为表面涂覆 Na_2SO_4 的 CoCrAlY 涂层在纯氧中和在含 10Pa SO_3 的氧气氛中的腐蚀增重曲线。在含 SO_3 的气体中，热腐蚀破坏实际上从起始测量增重就开始了。但在纯氧中，经过 20h 都没有观察到严重腐蚀，在上述实验中，SO_3 有如下两方面影响：首先 Na_2SO_4 在 700℃ 下不发生熔融，但在这一温度下，CoCrAlY 在含 SO_3 氧气氛中暴露时，会形成 Na_2SO_4-$CoSO_4$ 的液态熔体。当存在液相时，热腐蚀破坏更容易发生。其次，SO_3 也影响腐蚀速度。从图 9-24 看出，如果试样表面沉积 Na_2SO_4-$MgSO_4$ 混合盐，在 700℃ 下混合盐呈液态。表面涂覆混合盐的试样在纯氧中的腐蚀也比在含有 SO_3 的气氛中腐蚀轻微。

（4）盐成分与沉积速度

沉积物的成分和它在金属表面上聚积的速度不仅影响热腐蚀破坏起始发生的时间，而且也影响导致热腐蚀持续发生的机理模型。由于沉积盐的成分不同，其熔点也不同。在一定温度下，沉积盐的存在状态也不同。如果沉积盐以液相存在，那么就会引起金属发生严重的热腐蚀。

当沉积盐中含有硫、碳和氯化物时，往往会加速热腐蚀。碳（例如在燃烧过程中形成）的存在可造成盐内氧压降低，而硫压增加，从而引起气体诱导的酸性熔融模式的热腐蚀。当然沉积盐中含硫时，直接起到增加硫压作用。盐膜中存在 NaCl 时，往往会明显地加速热腐蚀。如合金 FSX-414（Co-29.5Cr-7W-10Ni-2Fe-0.35C）在 977℃ 压力为 10^5 Pa 的 O_2 中合金表面没有盐膜时，腐蚀速度很慢。有 Na_2SO_4 存在时，腐蚀也慢。但盐膜中含有 NaCl 时，热腐

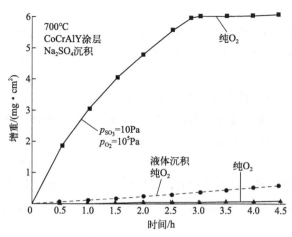

图 9-24　涂覆 Na_2SO_4 的 CoCrAlY 涂层在 700℃不同气氛条件下热腐蚀增重

液态沉积采用 60％Na_2SO_4＋40％$MgSO_4$（摩尔分数）混合盐

蚀加速发生。有 NaCl 参与的反应过程中，常发现氯在膜/金属界面或靠近界面处偏聚。NaCl 存在时，发生反应：

$$2NaCl + \frac{1}{2}O_2 = Na_2O + Cl_2 \tag{9-83}$$

或

$$2NaCl + \frac{1}{2}O_2 + H_2O = 2NaOH + Cl_2 \tag{9-84}$$

NaCl 的影响作用还与氧化膜的力学破坏有关，即膜发生鼓泡、开裂和剥落后，发生加速腐蚀。另外，在热腐蚀过程中，盐在腐蚀过程中也会被消耗，因此，存在的盐越多，发生的腐蚀越严重。

（5）其他因素

除上述原因外，还有一些其他因素也会影响热腐蚀过程。破坏保护性氧化膜因素（如热循环或冲蚀）的影响作用就很重要。试样几何形状也影响膜的开裂和剥落。气体流动速度是另一个重要因素。当挥发性成分在热腐蚀过程中起一定作用时，气体流动速度的影响尤其重要。例如，在 Ni-8Cr-6Al-6Mo 合金上，MoO_3 在 Na_2SO_4 中的聚积会引起非常严重的热腐蚀破坏。这种合金腐蚀的起始时间在静止空气中比在流动氧气中更早，因为在静止环境中只有少量 MoO_3 从 Na_2SO_4 中损失掉。在燃烧装置试验中，气体流速造成的影响特别普遍。

热腐蚀破坏经常在合金的成分不均匀处开始。因为铸造合金的均匀性比锻造合金或粉末冶金合金差，故合金的制备工艺也影响合金的抗热腐蚀性能。

9.7.5　金属热腐蚀的控制措施

由于热腐蚀的发生造成金属材料快速损耗，在实际工业中有可能导致灾难性事故，因此如何防止金属材料的热腐蚀就成为一个有实际意义的问题。归结起来，防止或降低金属热腐蚀的措施有如下几项。

① 控制环境中的盐和其他杂质的含量。环境中的硫与氯化钠是导致金属发生热腐蚀的主要环境因素。其中，硫主要来自燃料，而 NaCl 主要来自大气。因此提高燃料的质量，包括减少燃料中的杂质含量及添加一些缓蚀剂，可以减轻金属的热腐蚀。

② 选择适当的抗热腐蚀的合金。从材料本身讲，通过在合金中添加一些合金元素来促进稳定的氧化物形成，可降低合金的热腐蚀速度。如添加一定量的铬在高温下合金表面可形成完整的 Cr_2O_3 膜，可有效降低熔融 Na_2SO_4 引起的热腐蚀。钛、铌、硅：钛通常能提高镍基合金的抗热腐蚀性能；合金中 $w(Nb)=2\%\sim4\%$，对抗热腐蚀性能有良好作用；硅能明显提高合金的耐热腐蚀性能。稀土元素改善氧化膜黏附性，也可改善合金的抗热腐蚀性能。

③合金表面施加防护涂层。MCrAlY 包覆涂层具有优良的综合性能，包括抗氧化、抗硫化和抗热腐蚀性能。

思考题与习题

1.如何利用埃林厄姆图判断金属氧化的倾向？

2.金属氧化膜完整性的条件是什么？金属氧化膜具有良好保护性需要满足哪些基本要求？

3.如何判断高温下氧化膜的稳定性？

4.金属氧化物按照金属与氧的组成关系和导电特性可以分为哪些类型？

5.常见的金属氧化物的晶体结构有哪几种形式？

6.金属氧化物的组成和晶体结构与金属的抗氧化性有何关系？

7.常用金属中哪些金属氧化物具有良好的抗氧化性？为什么？

8.金属氧化膜稳定成长阶段的动力学曲线可以分为哪几种基本类型？每种曲线所描述的氧化规律的控制过程是什么？某一特定的金属，其氧化动力学是否确定不变？

9.试用电化学理论模型推导金属高温氧化动力学的抛物线规律，说明该理论的指导意义。

10."氧化物生成自由能是个热力学参数，它只说明氧化趋向，而与氧化动力学无关"，这种说法对吗？为什么？

11.金属氧化物的哪些性质和物理参数与氧化动力学有直接关系？

12.金属氧化速度与温度之间具有什么关系？影响金属氧化的因素还有哪些？

13.合金氧化具有什么特点？什么叫选择性氧化？什么叫内氧化？它们出现的条件是什么？

14.以二元合金为例，分析合金高温氧化的各种不同类型，说明它们的形成条件。

15.提高合金抗氧化性能的途径有哪些？试说明各自的原理和应用的条件。

16.什么叫热腐蚀？它具有什么特征？

17.什么叫高温热腐蚀？什么叫低温热腐蚀？它们产生的条件是什么？

18.试分析硫酸盐高温热腐蚀的机理。

19.试论述热腐蚀的预防措施。

20.通过氧化物形成的标准自由能 $\Delta G^{\ominus}$ 与温度 T 的关系（图 9-2），分别求出 1100℃时

Al_2O_3、SiO_2、Cr_2O_3、NiO 和 Fe_2O_3 的分解压的近似值，并说明哪些元素可作为铁基合金和镍基合金的选择性氧化元素。

21. 试推导以氧分压和氧化物平衡分解压相对大小为判据的金属高温氧化倾向的热力学判断准则。（设金属的高温氧化反应方程式为 $M+O_2 \rightleftharpoons MO_2$。）

22. 锌氧化生成 ZnO 的 PBR=1.62，Zn 的密度为 $7.1g/cm^3$，原子量为 65.4，O 的原子量为 16。Zn 试样在 400℃下氧化 120h 的增重速度为 $0.063g/(m^2 \cdot h)$，试求出试样表面氧化膜的厚度。

23. Cu 在 1000℃、氧分压 $p_{O_2}=30Pa$ 的条件下氧化成 Cu_2O，已知电导率 $\sigma=100\Omega^{-1} \cdot m^{-1}$，迁移数 $n_e \approx 1$、$n_a=6 \times 10^{-5}$、$n_c=10^{-5}$，Cu_2O 的密度为 $6.2g/cm^3$，试计算反应的抛物线速度常数 k_p。

第 10 章

金属材料的耐蚀性

 本章导读

掌握耐腐蚀金属的合金化原理，明了提高金属耐蚀性的途径；掌握耐蚀合金的分类，不同类型耐蚀合金的耐蚀性特点，了解合金元素成分和含量、合金组织结构与合金耐蚀性的关系；掌握不同类型耐蚀合金应用场景，能够根据不同应用环境条件正确选择适当的耐蚀性金属材料。

10.1 金属耐蚀合金化原理

工业上所用的金属材料中，纯金属并不多，用得较多的是铁、铜、镍、钛、铝、镁等各种金属的合金。通过合金化，使基体金属的成分、组织、结构和耐蚀性能发生改变，可满足各种环境条件对金属材料耐蚀性能的要求，因此合金化是提高金属材料耐蚀性的重要途径之一。

10.1.1 利用合金化提高金属耐蚀性的途径

根据腐蚀电化学原理，金属材料的腐蚀速度与金属的平衡电位，阴、阳极极化率以及系统的欧姆电阻有关。因此，通过合金化手段来提高合金热力学稳定性、阻滞阴极过程、阻滞阳极过程、增加腐蚀体系电阻，都是提高金属材料耐蚀性的有效途径。

10.1.1.1 提高金属的热力学稳定性

在大气和许多腐蚀介质中，大多数金属和合金在热力学上是不稳定的。除了腐蚀介质的特性和环境条件外，金属的热力学不稳定性程度取决于金属的性质。在不耐蚀的金属中加入平衡电位较高的合金元素，形成自由能较低的固溶体，可使合金的腐蚀电位升高，进而提高合金的耐蚀性，如图 10-1（a）所示。但是，这种合金化方法用于提高合金抗腐蚀性能其作用是有限的。一方面，需添加大量的贵金属组元，例如 Cu-Au 合金中需加入 25%～50%（原子分数）的金，经济上太昂贵；另一方面，贵金属元素在固溶体中的溶解度有限，许多合金要获得高含量合金组分的单一固溶体几乎是不可能的。

10.1.1.2 阻滞阴极过程

当金属腐蚀过程受阴极控制时，利用合金化提高合金的阴极极化率，阻滞阴极过程，可降低腐蚀速度，如图 10-1 （b） 所示。这种途径在不产生钝化的活化体系且主要是阴极控制的腐蚀过程中有明显的作用，具体方法如下。

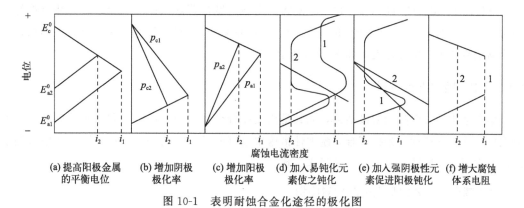

(a) 提高阳极金属 (b) 增加阴极 (c) 增加阳极 (d) 加入易钝化元 (e) 加入强阴极性元 (f) 增大腐蚀
  的平衡电位 极化率   极化率 素使之钝化 素促进阳极钝化 体系电阻

图 10-1 表明耐蚀合金化途径的极化图

（1）减小金属中活性阴极面积

金属或合金在酸性溶液中腐蚀时，阴极析氢过程优先在氢过电位低的阴极相或杂质上进行。如果减少这些阴极相或杂质，就减小了活性阴极面积，阻滞阴极过程的进行，从而提高了合金的耐腐蚀性。例如，锌、铁、铝、镁和许多其他金属及合金，如果减少其阴极相，特别是杂质铜和铁的数量时，可显著地降低这些金属在酸性溶液中的腐蚀速度，如图 10-2 所示。对于电位较低的镁、铝及其合金，当存在阴极性杂质 Fe 时，不但在酸性介质中增加腐蚀速度，甚至在中性水溶液中也会产生同样的效果，如图 10-3 所示。

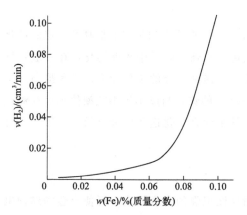

图 10-2 杂质 Fe 对纯 Al 在 2mol/L 的 HCl 溶液中析氢腐蚀速度的影响

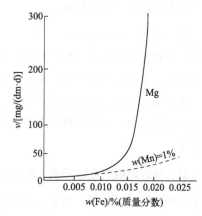

图 10-3 杂质 Fe 对纯 Mg 和 Mg-1％ （质量分数） Mn 合金在 3％NaCl 溶液中腐蚀速度的影响

对于阴极控制的腐蚀过程，采用使组织均匀化的固溶处理，可以提高合金的耐蚀性。反之，退火或时效处理时由于活性阴极相的析出，则会降低其耐腐蚀性能。例如，固溶状态的硬铝比退火状态时有较高的耐蚀性。

（2）加入析氢过电位高的合金元素

合金中加入析氢过电位高的合金元素，可以提高析氢过电位，从而降低合金在酸中的腐蚀速度。但这仅适用于不产生钝化的由析氢过电位控制的析氢腐蚀过程，即金属在非氧化性或弱氧化性的酸中的腐蚀。例如，在工业纯锌中常含有 Fe、Cu 或贵金属杂质，通过加入析氢过电位高的 Cd、Hg 进行合金化，可使锌的腐蚀速度显著降低；在工业镁或含杂质铁的多相镁合金中，加入 0.5%~1.0% 的 Mn，由于 Mn 的氢过电位比 Fe 高，所以可大大降低其在氯化物水溶液中的腐蚀速度，如图 10-3 所示。

10.1.1.3 阻滞阳极过程

用合金化的方法降低阳极活性，尤其是用提高合金钝性的方法阻滞阳极过程的进行，可大大提高合金耐蚀性，是提高合金耐蚀性措施中最有效的方法之一，已在实际生产中得到了广泛的应用。一般通过以下三个途径来实现。

（1）减小合金表面阳极区的相对面积

在腐蚀过程中，如果合金的基体是阴极，而第二相或晶界、少量杂质是阳极，那么减少这些阳极相的数量，则减小阳极区面积，可提高合金耐蚀性，如图 10-1 (c) 所示。例如，Al-Mg 合金中的强化相 Al_2Mg_3 相对于基体是阳极，在海水中腐蚀时首先溶解，使阳极面积减小，腐蚀速度降低。但在实际结构合金中，这种情况很少，绝大多数合金中的第二相是阴极相，因此该方法有一定的局限性。

通过提高合金纯度或适当热处理，使晶粒细化或钝化，减少阳极区面积，可提高耐蚀性。但对具有晶间腐蚀倾向的合金，仅减小晶界阳极区面积，而不消除阳极区，反倒会加重晶间腐蚀。如粗晶粒的高铬不锈钢比细晶粒的晶间腐蚀严重。

（2）加入易钝化的合金元素

工业中常用的合金基体元素如 Fe、Ni、Al 和 Mg 等，在适当的条件下都具有一定的钝化性能，但其钝化性能不够高，特别是铁，只有在氧化性较强的介质中才能钝化，在一般自然环境中不钝化。在合金中加入更易于钝化的合金元素，提高合金的钝化能力，显著提高合金耐蚀性，如图 10-1 (d)。例如，在铁中加入 12%~30% 的铬，制成不锈钢或耐热钢；在镍或钛中加入钼制成合金，其耐蚀性都有显著提高。这是耐蚀合金化途径中最有效、应用最广泛的一种方法。

（3）加入强的阴极性合金元素，促进合金钝化

对于可钝化的腐蚀体系，如果在合金中加入阴极性很强的合金元素，可使合金的腐蚀电位正移，合金进入稳定的钝化区从而耐腐蚀，如图 10-1 (e)。这种方法提高合金耐蚀性是有条件的：首先，腐蚀体系是可钝化的，否则阴极性合金元素的加入只会加速腐蚀；其次，所加阴极性合金元素的活性要与腐蚀体系的钝性相适应，活性不足或过强都会加速腐蚀。

阴极性元素一般可使用各种正电性的金属，如 Pd、Pt、Ru 及其他铂族金属，有时也可用电位不太正的金属，如 Re、Cu、Ni、Mo、W 等，这些阴极性金属元素的用量一般为 0.2%~0.5%。此外，加入的阴极性金属元素电位越正，阴极极化率越小，促使基体金属钝化的作用越有效。这是一种很有发展前途的耐蚀合金化途径，该方法已经在不锈钢和钛合金生产方面有所应用。

10.1.1.4 加入合金元素使表面形成完整的有保护性的腐蚀产物膜

通过在金属或合金中加入其他合金元素，使合金表面形成致密、完整、具有保护性的腐蚀产物膜，可进一步增大腐蚀体系的电阻，有效地阻滞腐蚀过程的进行，如图 10-1（f）所示。例如，在钢中加入 Cu 和 P 等合金元素，能够促进表面腐蚀产物膜转化为结构致密、完整的非晶态羟基氧化铁 $FeO_x \cdot (OH)_{3-2x}$ 保护膜，显著提高耐大气腐蚀的性能。

需要指出的是，本节介绍的这几种途径是提高金属耐蚀性的总指导原则。实际的腐蚀过程十分复杂，提高金属或合金的耐蚀性不能只限于一条途径，同样也没有一种合金能对任何腐蚀性介质都耐蚀。因此，在选用或研制耐蚀合金时，应该充分考虑腐蚀环境和使用条件。

10.1.2 金属耐蚀合金化机理

合金化是提高金属材料耐蚀性的重要途径之一。合金元素对耐蚀性的影响机制可以归纳为两个原理，即"合金本体结构改变原理"与"合金表面形成耐腐蚀结构原理"。了解和掌握这些原理，对进一步研制新的耐蚀合金或更好地选择和使用现有的耐蚀合金有帮助。

10.1.2.1 合金本体结构改变原理

（1）有序固溶体理论——$n/8$ 定律（塔曼定律）

在给定腐蚀介质中，当耐蚀组元（热力学上稳定或易钝化）与不耐蚀组元组成长程有序固溶体，形成了只由耐蚀组元的原子构成的表面层时，使合金在该条件下耐蚀。但这种耐蚀的长程有序化，需要耐蚀组元原子数达到合金中总原子数的 $1/8$、$2/8$、$3/8$、$4/8$，…，$n/8$，即满足"$n/8$ 定律"要求的情况下才会发生，如表 10-1 所示。例如 Cu-Au 合金中当金含量 50%（原子）时在 90℃的浓硝酸中的耐蚀性突然增高。不锈钢系列的研制，也是 $n/8$ 定律最重要的应用案例之一。

表 10-1 几种固溶体的稳定性台阶

合金	保护性组分	稳定性台阶	合金	保护性组分	稳定性台阶
Ag-Au	Au	2/8，4/8	Fe-V	V	4/8
Ag-Pd	Pd	4/8	Mg-Ag	Ag	7/8
Au-Pd	Pd	4/8	Mg-Gd	Cd	2/8
Cu-Au	Au	1/8，2/8	Mn-Ag	Au	6/8
Cu-Pd	Pd	4/8	Zn-Ag	Ag	2/8
Fe-Si	Si	2/8，4/8	Zn-Au	Au	4/8

在应用 $n/8$ 定律时，应使固溶体中固溶的较稳定的组元含量达到 $n/8$ 的原子分数，而不是合金中含量。例如，钢中加入铬，是要保证固溶体中铬的含量达到 11.7%（$n=1$）以上，当钢中含有碳时，铬与碳会形成碳化物（如 $Cr_{23}C_6$），消耗合金基体中的铬，因此不锈钢中的铬含量一般均在 13% 以上，以保证固溶体中有足够的铬含量。

需要指出的是，塔曼定律只有在没有显著的扩散作用的条件下才能产生，否则，当较不稳定的金属元素自内向合金表面扩散时，则稳定性台阶就不存在了。

（2）电子结构理论

此理论是基于过渡族金属在形成固溶体时，原子内部的电子结构发生变化而提出的。例如，Cr 原子的 3d 层缺 5 个电子，Cr 与 Fe 组成固溶体时，每个 Cr 原子从 Fe 原子中夺取 5 个电子，使 5 个 Fe 原子转变为钝态。因而 Cr 加入 Fe 中可使 Fe 的耐蚀性提高。

10.1.2.2 合金表面形成耐腐蚀结构原理

（1）表面富集耐蚀相理论

不论是单相合金还是多相合金，由于存在杂质或不同相的化学稳定性存在差异，在腐蚀过程中，其中一相（或杂质）优先溶解，另一相则富集在合金表面，有可能形成完整、致密的保护膜，降低腐蚀速度。例如，α＋β 黄铜在酸中腐蚀时，α 相中 Zn 的含量比 β 相中的少，β 相因热力学稳定性低优先溶解，因而在腐蚀后的黄铜表面逐渐富集了含 Cu 较多的 α 相。但是，合金表面上富集的较稳定相是否能够提高合金耐蚀性，主要取决于耐蚀相的完整性和阳极钝化能力，具体包括下面两种情况。

① 合金基体为阳极，少量的第二相或杂质为阴极。经腐蚀后，较稳定的第二相在合金表面形成不连续、疏松堆积物层，如图 10-4（a）所示。如果阳极相不能钝化，则这种不连续、疏松堆积物层不但不降低腐蚀速度，反而会使腐蚀加速。例如，碳钢在硫酸中腐蚀时，铁素体被腐蚀，而碳化物或石墨以不连续、疏松的状态堆积在合金表面，加速腐蚀过程。

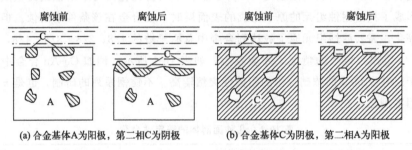

(a) 合金基体 A 为阳极，第二相 C 为阴极   (b) 合金基体 C 为阴极，第二相 A 为阳极

图 10-4　多相合金表面腐蚀结构示意

但若阳极相在该腐蚀条件下能够产生钝化，合金表面不连续、疏松状态堆积的阴极可促进阳极基体的钝化，合金的腐蚀速度明显降低。

② 合金基体为阴极，少量的第二相或杂质为阳极。不稳定的第二相或杂质被腐蚀溶解后，在合金表面形成连续、致密蚀产物膜层，使合金的耐蚀性提高，如图 10-4（b）所示。例如，Al-Mg 合金和 Al-Mg-Si 合金中的 Mg_2Al_3 相和 Mg_2Si 相都是阳极相，因此他们在海水中的耐蚀性比 Al-Cu 合金好。

（2）表面富集耐蚀组分形成完整结晶层理论

该理论是以固溶体组元选择性溶解为基础，常被用来解释固溶体合金的耐蚀性。该理论认为，固溶体合金腐蚀时稳定性较小的组元有较大的阳极溶解倾向，通过在稳定性较强的组元的原子上进行阴极去极化过程而优先溶解，阴极性原子通过表面扩散形成晶核并结晶析出由耐蚀组元原子组成的阴极相，或依靠体积扩散形成比合金原始成分中耐蚀组元更富集的耐蚀合金层，可显著提高合金的耐蚀性。例如 Cu-Au 合金腐蚀时，在合金表面 7～8μm 的厚度内富集了金原子。又如不锈钢腐蚀时，在表面形成的钝化膜中出现了耐蚀组元 Mo 的相对富集。

固溶体合金腐蚀时，当合金表面形成富集耐蚀组元的完整、致密的结晶层时，其耐蚀性就会提高。反之，如果耐蚀元素不能重结晶成完整层，而是形成疏松的海绵状或相当厚的粉末层，作为阴极相，此时不但不能提高耐蚀性，反而加速腐蚀。例如，β-黄铜脱锌腐蚀就是这种情况。

（3）表面富集阴极性合金元素促使阳极钝化理论

用添加阴极性合金元素对钝化合金进行改性处理时，阴极性合金元素的添加量一般很少（约为百分之零点几），就可显著地提高合金的钝性与耐蚀性。例如，经中子辐射的 Ti-0.1% Pd 合金，在沸腾的 5%HCl 中腐蚀 30 分钟后，发现合金表面上的 Pd 含量比合金中平均含量高 75～100 倍。这说明只有在合金表面上富集了一定数量的阴极性合金元素后，才能促成阳极钝化，使腐蚀速度明显降低。

强阴极性合金元素富集于表面，一般不需要生成完整的表面保护膜层即可使阳极钝化。富集在合金表面的阴极性合金元素，其作用机理不是覆盖作用，而是电化学作用。

（4）表面富集贵金属元素理论

对于 Au、Pt、Pd 等贵金属元素在合金表面富集，目前有两种观点：

① 贵金属元素与低电位元素一起以离子形式溶入溶液，但由于贵金属离子的析出电位高于固溶体的腐蚀电位，因此贵金属离子在合金表面第二次电化学析出（电结晶）。

② 合金中电位较低的合金元素选择性溶解，使贵金属元素在表面逐渐富集，形成了一层很薄的富集了贵金属的固溶体，更有可能的是贵金属元素通过表面扩散（因为表面扩散速度远远大于体积扩散速度），贵金属元素的原子以独立相的形式在合金表面电结晶成自身的金属相。

（5）致密腐蚀产物膜的形成理论

当加入的合金化元素能促使合金表面形成结构致密、电阻大的腐蚀产物膜时，则可有效地阻滞腐蚀过程的进行，提高合金的耐蚀性。例如，耐候钢由于加入了 Cu、P、Cr 等合金元素，锈层与金属基体之间生成了 50～100μm 厚的致密的非晶态的尖晶石型氧化物层，该非晶态层致密，耐蚀性能好，阻止基体金属的进一步腐蚀。

10.2 铁和钢的耐蚀性

铁和钢是最常见的工程金属材料，不但具有良好的力学性能和物理性能，易于生产加工，且价格低廉，在国民经济的各个领域被广泛应用。本节主要介绍铁和钢（包括纯铁、部分铸铁、碳钢、低合金钢）的耐蚀性特点。

10.2.1 铁的耐蚀性

铁形成铁离子的平衡电位 $E_{Fe/Fe^{2+}}^{\ominus} = -0.44V$，$E_{Fe/Fe^{3+}}^{\ominus} = -0.36V$。从热力学上看，铁是不稳定的，与铝、钛、锌、铬、镉等平衡电位相邻近的金属相比，铁在大气、天然水、土壤等自然环境中的耐蚀性较差，需采取各种保护措施。其原因主要是：

① 铁及其氧化物上的氢过电位低，在酸性天然水中易发生析氢腐蚀。

② 铁及其氧化物上氧离子化过电位低，容易发生吸氧腐蚀。

③ 铁锈层中 Fe^{3+} 可作为阴极去极化剂，加速铁的腐蚀。

④ 碳钢和铸铁中的石墨和渗碳体 Fe_3C 是高效率的微阴极，加速铁的腐蚀。

⑤ 铁的腐蚀产物的保护性差，可能是最初形成较易溶解的 $Fe(OH)_2$ 所致。

⑥ 易形成氧浓差电池，引起缝隙腐蚀，加剧了土壤中的局部腐蚀。

⑦ 铁在自然条件下的钝化能力差。

铁在各种电解质中的腐蚀随介质而异。在氧化性和非氧化性酸中的腐蚀规律也不相同，见表10-2，这些规律在很大程度上也适用于其他金属。

表 10-2　铁在氧化性和非氧化性酸中腐蚀规律的比较

主要变化因素	非氧化性酸	氧化性酸
酸浓度增大	金属腐蚀速度随之增大	腐蚀速度起初升高，后因钝化而下降
主要阴极去极化过程	氢离子的还原	酸根离子的还原
氧通入的速度增加	腐蚀加速，酸浓度低时尤为明显	氧对腐蚀几乎无影响
活性阴离子浓度增加	影响不大	可能使金属从钝态转向活化态而使腐蚀加剧
合金中阴极杂质增加	腐蚀速度随阴极杂质面积增大而成比例地增大	或影响甚微或促使合金由活化转入钝化而使腐蚀速度降低

金属在酸中腐蚀时，若阴极过程只限于氢离子的去极化过程，这种酸为非氧化性酸；如果主要阴极过程是酸本身或其阴离子作为氧化剂的还原过程，那么这种酸称为氧化性酸。当然，有时很难把某种酸划归为氧化性酸或非氧化性酸，它们可以随浓度而变化。例如，硝酸是典型的氧化性酸，但当其浓度不高时，对铁或一些其他金属的作用与非氧化性酸一样。硫酸通常视为非氧化性酸，但当高浓度时，成为氧化性酸。因此，只有在给定条件下，譬如浓度、温度和金属的腐蚀电位下，来判断是否是氧化性酸。

盐酸是非氧化性酸，但含有活性阴离子 Cl^-，因此铁在盐酸中易受腐蚀，腐蚀速度随着酸的浓度增加呈指数关系上升（见图10-5）。在同样的浓度下，随着温度升高腐蚀速度也按指数规律增加。

如图10-6所示，铁在低浓度硫酸中，随浓度增大，腐蚀速度急剧增加；当硫酸质量分数达到 $47\% \sim 50\%$ 时，腐蚀速度达到峰值；之后腐蚀速度下降，到 $70\% \sim 100\%$ 时几乎不腐蚀；随着 $100\% H_2SO_4$ 中过剩的 SO_3 的出现及含量的增

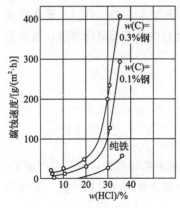

图 10-5　铁的腐蚀速度与盐酸浓度的关系

高，腐蚀速度又重新增大，过剩 SO_3 为 18%～20% 时，出现第二个腐蚀峰；当 SO_3 含量继续增加，腐蚀速度再次下降。

铁在稀氢氟酸中（48%～50% HF）腐蚀速度很快，而在浓溶液中（60%～95% HF）是稳定的。铁在稀硝酸中，随着浓度增加腐蚀速度增大；当硝酸浓度大于 50% 时，铁变为钝化态，如图 10-7 所示。在有机酸中，草酸、蚁酸、醋酸和柠檬酸对铁有较强腐蚀性，但比同浓度的无机酸要弱得多。在常温下，铁和钢在碱中是十分稳定的，但是当 NaOH 质量分数高于 30% 时，氧化膜以铁酸盐形式溶解，保护性下降，随着碱的浓度和温度升高，铁腐蚀加速。在拉应力下，当其数值接近屈服点时，钢在浓碱，甚至稀而热的碱溶液中可发生应力腐蚀断裂即碱脆。铁在氨溶液中是稳定的，但在热而浓的氨溶液中，铁被缓慢地腐蚀。

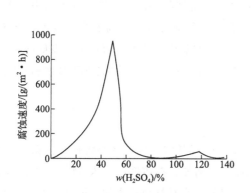

图 10-6 铁在 20℃时溶解速度
与硫酸浓度之间的关系

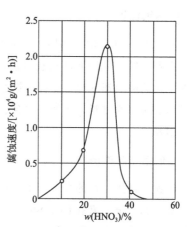

图 10-7 碳钢的腐蚀速度与
硝酸浓度的关系

10.2.2 铸铁的耐蚀性

铸铁是以 Fe、C、Si 为主的多元铁基合金。普通铸铁含碳量 2.5%～4.0%，含硅量 1.0%～3.0%，除此之外还有 0.4%～1.5% Mn、0.01%～0.5% P 和 0.02%～0.2% S。按照碳的存在形态，铸铁分为灰口铸铁、白口铸铁、麻口铸铁。生产实际中常用的是灰口铸铁，根据石墨形状不同又分为：灰铸铁、可锻铸铁、球墨铸铁、蠕墨铸铁。这些普通铸铁在大气、土壤、海水、淡水等中性介质中通常都不耐蚀。为了提高铸铁的耐蚀性，通常在铸铁中加入少量的合金元素，如 Cr、Ni、Cu、Mo、Al 等，形成耐蚀铸铁。

（1）高硅铸铁

高硅铸铁是以 Si 为主要合金元素的 Fe-Si-C 合金，其中，硅含量为 14%～18%，碳含量为 0.5%～1.1%，是商用耐蚀合金中应用最广的合金之一。铸铁中一般至少含有不低于 14.5% 的 Si 才能保证具有良好的耐蚀性，但是 Si 的质量分数高于 18% 时会降低力学性能。高硅铸铁在腐蚀过程中，表面能形成一层以 SiO_2 为主的致密保护膜，因而在醋酸、磷酸、硝酸、硫酸、铬酸以及温度不高的盐酸等众多化学介质中表现出良好的耐蚀性。但高硅铸铁在苛性碱、氢氟酸以及温度较高的盐酸中则不耐蚀。常用的高硅铸铁有 NST Si15、NST Si17 等，其中 NST Si15 使用最广泛。这种铸铁除高温盐酸、氢氟酸外，在其他介质中均可使用。

例如，用于强腐蚀条件下的泵、阀、管道等，也可用于电化学保护工程中的阳极。

（2）高铬铸铁

含 14%～36%铬的铸铁称为高铬铸铁，它属于白口铸铁，组织中含有大量铬的碳化物。高铬铸铁在大气、海水、矿水、硝酸、浓硫酸、碳酸、磷酸、通气盐酸以及大多数有机酸、碱液、盐溶液等介质中有良好的耐蚀性，尤其在一些氧化性酸中，铸铁表面能形成一层薄且致密的氧化膜，耐蚀性显著提高。但是，高铬铸铁在高温浓碱液、熔融碱、稀硫酸中不耐蚀。高铬铸铁除了具有良好的耐蚀性外，还有良好的铸造性、耐热性和耐磨性，而且力学性能比高硅铸铁好，因此常用于泵体、阀体、离心机件以及熔化有色合金的坩埚等。

（3）高镍铸铁

含有 12%～36%镍，并加入少量 Cr、Cu、Mo 的铸铁称为高镍铸铁，其组织为奥氏体加石墨。高镍铸铁在各种无机和有机还原性酸中有很高的耐蚀性。在高温高浓度碱性溶液中，甚至在熔融的碱中都耐蚀。高镍铸铁在海洋大气、海水和中性盐类水溶液中有良好的耐蚀性，因此常用于耐海水材料，例如海水泵、阀和管道等。此外，高镍铸铁抗缝隙腐蚀和孔蚀能力比不锈钢好。

（4）低合金耐蚀铸铁

在铸铁中加入少量的合金元素，在一定程度上改善其耐蚀性，这类铸铁称为低合金耐蚀铸铁。常用的合金元素有 Cu、Sb、Sn、Cr、Ni 等。例如，在铸铁中加入 3%～5%的 Ni，可明显提高在碱溶液中的耐蚀性；加入 2%的 Sn，可提高在酸性介质中的耐蚀性；加入 0.1%～1.0% Cu 及质量分数≤0.3%的 Sn，可提高在大气中的耐蚀性；加入 1.0% Cu、1.5%～2.0% Cr、0.5%～1.2% Mo，可提高在海水中的耐蚀性；加入 0.4%～0.8% Cu、0.1%～0.4% Sb，则适用于在近海污染的海水中使用。

10.2.3 碳钢的耐蚀性

碳钢是含碳量在 0.0218%～2.11%的铁碳合金，一般还含有少量的 Si、Mn、S、P。合金元素 Si 可提高碳钢在自然条件下的耐蚀性及抗高温氧化性，Mn 则降低碳钢的耐蚀性，但在常规含量范围内，Si、Mn 对腐蚀速度没有明显的影响；S 降低碳钢的耐腐蚀性，诱发孔蚀和应力腐蚀断裂；P 加快碳钢在酸中的腐蚀速度，但能改善其在大气、海水环境中的耐蚀性。

碳钢的相组成为铁素体和渗碳体（Fe_3C），因为铁素体的电位要比渗碳体低，在腐蚀微电池中，渗碳体作为阴极，而铁素体作为阳极被腐蚀，渗碳体在钢中的含量和分布对碳钢的腐蚀有很大影响。

碳钢在强腐蚀介质、大气、海水、土壤中都不耐腐蚀，需采取各种保护措施，但碳钢在室温的碱或碱性溶液中是耐蚀的。在浓碱溶液中，特别是在高温下，碳钢不耐蚀。在大气、海水、土壤等中性或极弱酸性溶液介质中，碳钢的腐蚀主要是氧去极化腐蚀，影响腐蚀速度的主要因素是金属表面保护膜的性质和氧到达阴极表面的难易程度。

在非氧化性酸中，碳钢不能产生钝化现象，随着含碳量的增加，腐蚀速度随之增加（图10-8）。在氧化性酸中，随着含碳量的增加，碳钢出现钝化倾向，腐蚀速度明显降低（图10-9）。

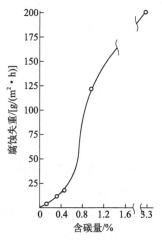

图 10-8 含碳量对碳钢在 20% H_2SO_4 中
（25℃）腐蚀速度的影响

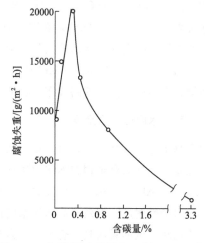

图 10-9 含碳量对碳钢在 30% HNO_3 中
（25℃）腐蚀速度的影响

10.2.4 低合金钢的耐蚀性

低合金钢一般是指在碳钢中加入合金元素总的质量分数不超过 5% 的合金钢。添加的主要合金元素有 Cu、P、Cr、Ni、Si、Mo 等，主要作用是提高表面锈层的致密性、稳定性和附着性。由于添加了合金元素，钢的耐蚀性得到提高。按照应用的耐腐蚀的环境，常用的低合金耐蚀钢主要有：耐大气腐蚀低合金钢，耐海水腐蚀低合金钢，耐硫酸露点腐蚀低合金钢，耐硫化物腐蚀低合金钢，抗氢、抗氮低合金钢等。

（1）耐大气腐蚀低合金钢

耐大气腐蚀低合金钢也称为耐候钢。这类钢的大气腐蚀是在水膜存在下，空气中的氧通过锈层进行电化学反应的过程。添加的合金元素能够在钢表面富集并形成非晶态内锈层，改变锈层的晶体结构并减少缺陷，提高锈层的致密度和附着力，从而有效提高钢的耐大气腐蚀性能，如图 10-10 所示。效果明显的合金元素主要有 Cu、P、Cr、Mo 等。

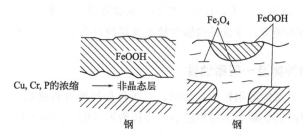

图 10-10 耐大气腐蚀低合金钢（左）和普通钢（右）
在大气环境中锈层的结构示意

Cu 是耐大气腐蚀低合金钢中最有效的元素，一般添加的质量分数为 0.2%～0.5%，Cu 能够在内锈层富集，提高锈层的致密性和附着性。P 能够促使锈层非晶态转变，并促进锈层致密化，通常与 Cu 配合使用，添加的质量分数为 0.06%～0.10%，但添加量过高会导致低温脆性。Cr 通常与 Cu 配合使用，促进钢表面形成尖晶石型非晶态保护膜，Cr 在钢中的质量分数通常为 0.5%～3%。此外，在钢中加入一定量的 Mo、Ni 和 Si，也可改善锈层结构、增强合金稳定性，提高耐候钢的抗大气腐蚀能力。

常用的耐候钢有 16Mn、15MnVCu、12MnPV、12MnPRE 和 10MnPNbRE 等，分别用于大型桥梁、海边电视塔、铁路客车、石油井架和船舶等工程结构中。

（2）耐海水腐蚀低合金钢

由于海水导电率高，且含有大量氯离子，低合金钢在海水中腐蚀时，电阻极化很小，不能产生钝化，因此低合金钢在海水中腐蚀主要是受阴极极化控制，即氧去极化腐蚀。在钢中添加 Cr、Ni、Al、P、Si、Cu 等元素，能够使低合金钢在海水腐蚀过程中表面形成致密、黏附性好的保护性锈层，有效提高耐海水腐蚀性能。对于合金元素在耐海水腐蚀钢中的作用机理，目前比较一致的看法是：合金元素富集在锈层中，减少了锈层的氧化物晶体缺陷，改变了锈层中铁氧化物形态和分布，使锈层的胶体性质发生变化而形成致密及黏附性牢的锈层，阻碍 H_2O、O_2、Cl^- 向钢表面扩散，从而改善了耐蚀性。常用的耐海水腐蚀低合金钢有：Mariner、10CrMoAl、10NiCuAs、08PVRE 和 12Cr2MoAlRE 等。

（3）耐硫酸露点腐蚀低合金钢

耐硫酸露点腐蚀低合金钢的合金元素以 Cu、Si 为主，辅以 Cr、W、Sn 等元素，这些合金元素的作用主要是在钢表面形成致密、黏附性好的腐蚀产物膜，抑制进一步的腐蚀。例如，我国的 09CuWSn 钢（≤0.12C；0.20～0.40Si；0.40～0.65Mn；0.20～0.40Cu；0.10～0.15W；0.20～0.40Sn）和日本的 CRIA 钢（≤0.13C；0.20～0.80Si；≤1.40Mn；0.25～0.35Cu；1.00～1.50Cr）等。

10.3 不锈钢的耐蚀性

不锈钢自 20 世纪初问世以来，因其优良的耐蚀性能、力学性能及工艺性能（冶炼、加工、焊接），在化学、石油、化工、核能、纺织、食品等现代工业中得到了广泛的应用。本节主要介绍不同种类的不锈钢，分析其耐蚀性特点及腐蚀行为。

10.3.1 不锈钢的种类及一般耐蚀性

一般把在空气中耐腐蚀的钢称为不锈钢，而在各种侵蚀性较强的介质中耐腐蚀的钢称为耐酸钢。不锈钢和耐酸钢统称为不锈耐酸钢，简称为不锈钢。其耐蚀性主要依靠它的自钝性，当钝态受到破坏时，不锈钢就会遭受各种形式的腐蚀。

不锈钢的自钝性来源于 Cr 元素的添加，Fe-Cr 合金中 Cr 的质量分数大于 12.5%（$n/8$ 定律）才能构成不锈钢，Cr 含量越高耐蚀性越好。当钢中的含 Cr 量超过 13% 时，就能在大气中钝化；当钢中 Cr 质量分数超过 18% 时，就能在某些侵蚀性较强的介质中钝化。Cr 含量一般不超过 30%，含量过高会生成脆性 σ 相。为了提高不锈钢耐蚀性，通常还添加 Ni、Mo、Si、Mn、Ti、Nb、C、N 等合金元素。

Ni 能提高不锈钢稳定性，另外 Ni 能扩大奥氏体区，获得单一的奥氏体组织。

Mo 元素能够降低致钝电流，显著改善不锈钢的钝化性能，提高不锈钢耐全面腐蚀和局部腐蚀的能力。

Si 能够在钢表面钝化膜中富集，改善钝化性能，显著提高不锈钢耐点蚀、在含氯化物介质中的耐应力腐蚀及耐热浓硝酸腐蚀的能力。

C 和 N 是奥氏体形成元素，但是添加量过高形成碳化物会提高晶间腐蚀的敏感性，氮化物容易产生点蚀。

Ti 和 Nb 是强碳化物形成元素，可在钢中形成 TiC 或 NbC，避免形成 Cr 的碳化物，从而不产生因晶界贫 Cr 引起的晶间腐蚀。

不锈钢种类繁多，通常按化学成分、用途和显微组织进行分类。

按化学成分可分为 Cr 钢、CrNi 钢、CrMo 钢、CrNiMn 钢、CrMnN 钢等。

按用途可分为耐海水腐蚀不锈钢、耐点蚀不锈钢、耐应力腐蚀开裂不锈钢、耐硫酸腐蚀不锈钢、耐硝酸腐蚀不锈钢等。

按显微组织可分为奥氏体不锈钢、铁素体不锈钢、马氏体不锈钢、奥氏体-铁素体双相不锈钢、沉淀硬化不锈钢等。

不锈钢的腐蚀行为不仅与电极电位、腐蚀环境条件有密切的关系，而且还取决于不锈钢的种类。一般来说，不锈钢耐蚀性按马氏体不锈钢、沉淀硬化不锈钢、铁素体不锈钢、奥氏体-铁素体双相不锈钢、奥氏体不锈钢的顺序依次增强。

各类不锈钢主要牌号及用途见表 10-3。

表 10-3　各类不锈钢主要牌号及用途

类型	中国牌号	国外牌号	用途举例
奥氏体不锈钢	0Cr18Ni9（06Cr19Ni10）	304	非焊接耐酸零部件
	1Cr18Ni9（12Cr18Ni19）	302	
	1Cr18Mn8Ni5N（12Cr18Mn9Ni5N）	202	
	0Cr18Ni9Ti（06Cr18Ni10Ti）	321	焊接耐酸容器，管道
	00Cr18Ni10（022Cr19Ni10）	304L	
	0Cr18Ni12Mo3Ti（06Cr17Ni12Mo3Ti）	316Ti	化工容器，管道
	00Cr17Ni14Mo2（022Cr17Ni12Mo2）	316L	
	1Cr18Ni12Mo3Ti		尿素、维尼纶生产设备
	00Cr17Ni14Mo3（022Cr19Ni13Mo3）	317L	
	00Cr25Ni20Nb	310Cb	中浓度硝酸设备
	00Cr14Ni14Si4		浓硝酸设备
	00Cr18Ni14Mo2Cu2（022Cr18Ni14Mo2Cu2）		硫酸和盐酸容器，管道
	0Cr18Ni18Mo2Cu2Ti		
	0Cr23Ni23Mo3Cu3Ti		
	00Cr18Ni18Mo5		耐海水结构材料

类型	中国牌号	国外牌号	用途举例
铁素体不锈钢	00Cr12（022Cr12） 0Cr13（06Cr13）	410S	食品工业容器
	1Cr17（10Cr17） 0Cr17Ti 00Cr17（022Cr18Ti）	430 430Ti 430LX	管道，热交换器
	1Cr17Mo（10Cr17Mo） 00Cr18Mo2（019Cr19Mo2NbTi）	434 444	化工容器，热水器
	1Cr25Ti 1Cr28		浓硝酸设备
马氏体不锈钢	1Cr13（12Cr13） 2Cr13（20Cr13）	410 420	餐具，紧固件，汽轮机叶片
	3Cr13（30Cr13） 4Cr13（40Cr13）		泵轴，阀件，医疗器械
	1Cr17Ni2（17Cr16Ni2）	431	耐蚀高强部件
	9Cr18（102Cr117Mo） 9Cr18MoV（90Cr18MoV）	440C 440B	刃具和高耐磨零件
奥氏体-铁素体双相不锈钢	1Cr21Ni5Ti（12Cr21Ni5Ti） 0Cr21Ni5Ti 00Cr26Ni6Ti		硝酸及尿素设备
	00Cr18Ni5Mo3Si2（022Cr18Ni5Mo3Si2） 00Cr26Ni7Mo2Ti	3RE60	稀硫酸及有机酸设备
	1Cr18Mn10Ni5Mo3N 0Cr17Mn13Mo2N		尿素和维尼纶生产设备
	1Cr18Ni11Si4AlTi（14Cr18Ni11Si4AlTi）		高温浓硝酸设备
沉淀硬化钢	0Cr17Ni4Cu4Nb（05Cr17Ni4Cu4Nb） 0Cr17Ni7Al（07Cr17Ni7Al） 0Cr15Ni7Mo2Al（07Cr15Ni7Mo2Al）	17-4PH 17-7PH 15-7Mo	弹簧，轴及宇航设备零件

注：1. 世界各国采用不同方法表示各种金属材料。按我国国标可从牌号了解其主要成分及其大致含量。美国钢铁协会（AISI）用三位数字表示不锈钢牌号，其中 200 和 300 系列的三位数字表示奥氏体不锈钢，如 AISI304；用 400 系列表示铁素体不锈钢和马氏体不锈钢，前者如 AISI430，后者如 AISI410；而双相不锈钢、沉淀硬化不锈钢以及铁质量分数小于 50% 的高合金通常采用专利名或商标名。美国后来制定有五位数字的统一编号系统（UNS）。耐热钢和耐蚀钢的数字前冠以 S，如 AISI304 标作 UNS S30400；镍和镍基合金冠以 N，如国际镍公司注册商标 Inconel 600 合金标作 UNSN 06600。2."中国牌号"栏中，括号内的牌号为 GB/T 20878—2007 中的新牌号，括号前的牌号为旧牌号，无括号说明的是未纳入 GB/T 20878—2007 中的牌号。

10.3.2 奥氏体不锈钢的耐蚀性

奥氏体不锈钢不仅具有优良耐蚀性能，而且也具有良好的综合力学性能、工艺性能和焊接性能，是不锈钢中最重要、用途最广泛的一类不锈钢，其产量和使用量占不锈钢总量的70％左右，其中18-8型不锈钢占奥氏体不锈钢的70％。奥氏体不锈钢是通过加入稳定奥氏体的合金元素，使之在室温维持奥氏体组织。根据化学成分可分为Cr-Ni和Cr-Mn两个系列，为提高耐蚀性还可加入Ti、Nb、Mo、Si等合金元素。

（1）均匀腐蚀性能

奥氏体不锈钢的耐蚀性源于表面的一层钝化膜，其耐全面腐蚀的性能取决于钢中Cr、Ni、Mo、Si、Pd等合金元素的含量。奥氏体不锈钢在大气（海洋大气）、土壤、浓硫酸、磷酸中是耐蚀的。但奥氏体不锈钢在盐酸中不耐蚀，如果盐酸中含有Fe^{3+}、Cu^{2+}时，耐蚀性能将急剧降低。奥氏体不锈钢在稀的或中等浓度的硝酸（≤65％）耐蚀，但是在浓硝酸中因为发生过钝化溶解而不耐蚀。在这种强氧化介质中，奥氏体不锈钢的腐蚀速度随钢中Si含量的增加而急剧下降。

一般不锈耐酸钢只耐稀硫酸腐蚀，钢中加入Mo、Cu、Si可降低腐蚀速度，因而扩大其应用范围。性能较好的耐硫酸腐蚀用的奥氏体不锈钢有0Cr23Ni28Mo3Cu3Ti钢。对于腐蚀条件非常苛刻的热硫酸，则需采用镍合金。Cr-Ni不锈钢的耐碱蚀性能非常好，而且耐蚀性随Ni含量升高而提高，这是镍耐碱腐蚀之故。

（2）局部腐蚀性能

在许多介质环境中，奥氏体不锈钢常发生点蚀、缝隙腐蚀、应力腐蚀开裂（SCC）、晶间腐蚀等，而且这几种局部腐蚀之间有密切的关系。

点蚀和缝隙腐蚀是奥氏体不锈钢在氯化物环境中常见的局部腐蚀形态，常对管道、容器造成很大的危害，甚至引起穿孔。虽然这两种腐蚀机理不同，但都具有大阴极和小阳极的特点，而且在腐蚀过程中都存在闭塞电池的自催化效应。这两种腐蚀可以通过阴极极化保护、在氯化物溶液中加入缓蚀剂等手段来防止。此外，抑制碳化物析出、减少硫化物杂质、提高不锈钢纯度都有利于减轻点蚀和缝隙腐蚀。添加Cr、Mo、N等合金元素也能有效提高奥氏体不锈钢的耐点蚀能力。

含碳量大于0.03％的奥氏体不锈钢，在450～750℃范围内热处理或焊接过程中，碳化物（主要是$Cr_{23}C_6$）沿晶界析出，形成连续的贫铬区，在弱氧化介质中容易引起晶间腐蚀。实际上，随钢的成分、介质和电位的不同，奥氏体不锈钢的晶间腐蚀机理也不相同。在弱氧化性介质中普遍发生的晶间腐蚀的机理为贫铬理论；低碳（≤0.03％C）或超低碳奥氏体不锈钢在650～850℃受热后，在强氧化性介质中的晶间腐蚀通常是由于沿晶界析出的σ相；超低碳钢18Cr-9Ni钢在1050℃固溶处理后在强氧化性介质中出现的晶间腐蚀则认为是P或Si沿晶界吸附引起的。奥氏体不锈钢中C含量越高，晶间腐蚀越严重，通过添加足够的碳化物形成元素Ti、Nb，可减少或消除$Cr_{23}C_6$碳化物的析出，提高奥氏体不锈钢抗晶间腐蚀的能力。此外，采用改变介质的腐蚀性、电化学保护、避免在敏化温度范围内受热等措施也可以提高抗晶间腐蚀的能力。

奥氏体不锈钢的最大缺点是对SCC非常敏感，在氯化物溶液、含微量氯离子和氧的热水、高温水（135～350℃）、苛性碱、连多硫酸和硫化氢水溶液等介质中，奥氏体不锈钢均可产生SCC。这是由于奥氏体不锈钢是面心立方结构，滑移面主要是（111）面，因此变形时易出现层状位错结构，不易交叉滑移。层状位错在基体与膜界面塞积，位错塞积顶端产生很大的应力集中，致使表面膜破裂。通常，向奥氏体不锈钢中添加 Ni、Si，减少 P、N 可降低 SCC 敏感性。

10.3.3 铁素体不锈钢的耐蚀性

铁素体不锈钢是以 Cr 为主要合金元素（含量在 12%～18%之间）、室温下组织为铁素体的不锈钢。例如 Cr13 型、Cr17 型、Cr25-28 型等类型，通常还加入 Ni、Mo、Cu、Ti、Nb 等合金元素进一步提高耐蚀性。

（1）均匀腐蚀性能的耐蚀性

铁素体不锈钢耐均匀腐蚀能力主要也是靠表面生成的一层钝化膜。这类钢的成分特点是 Cr 含量高，C 含量较低，一般不含 Ni，所以成本较 Ni-Cr 奥氏体不锈钢低。铁素体不锈钢耐蚀性和抗高温氧化性能优于马氏体不锈钢，在硝酸等氧化性介质中有良好的耐蚀性，与同等 Cr 含量的 Ni-Cr 奥氏体不锈钢相当，且随着 Cr 含量的增高，其耐氧化性介质腐蚀的能力也随之增强，在还原性介质中，铁素体不锈钢的耐蚀性不如 Ni-Cr 奥氏体不锈钢。

（2）局部腐蚀性能

铁素体不锈钢耐氯化物应力腐蚀性能比奥氏体不锈钢高得多。在含氯离子水溶液，微量氯离子、溶解氧的高温水介质中或苛性钠水溶液中，铁素体不锈钢具有优异的抗应力腐蚀能力。这是由于铁素体是体心立方结构，（112）、（110）和（123）晶面都容易滑移，易形成网状位错结构，不易形成线状蚀沟，因此难于发生穿晶断裂。由于它容易产生交叉滑移，不致造成粗大滑移台阶，因而应力腐蚀敏感性小。但在某些介质条件下，也会产生起源于点蚀或晶间腐蚀的应力腐蚀开裂。

铁素体不锈钢引起和消除晶间腐蚀敏感性的热处理工艺与奥氏体不同，甚至相反。例如，铁素体不锈钢自 900℃以上高温区快速冷却，有晶间腐蚀倾向；而在 700～800℃退火则可消除。此外，最为有效的办法是降低钢中的碳、氮含量，使 C+N≤0.01%，即可降低铁素体不锈钢的晶间腐蚀倾向。这两类不锈钢产生晶间腐蚀倾向的条件虽不相同，但机理一样，都是由于晶界析出铬的碳、氮化合物，形成晶界贫铬区。

普通铁素体不锈钢抗点蚀、缝隙腐蚀的能力较差。因为 C、N 及杂质元素对耐点蚀性能有害，局部腐蚀最易起源于非金属杂质。仅当 Cr 含量在 25%以上时，抗点蚀、缝隙腐蚀的性能会变好。加入 Mo 元素，可以抑制活性金属的溶解，提高抗点蚀性能。

10.3.4 马氏体不锈钢的耐蚀性

马氏体不锈钢除含有较高的铬（13%～18%）外，还含有较高的碳（0.1%～0.9%），在室温下具有马氏体组织。这类钢随着钢中含碳量增加，其强度、硬度和耐磨性均显著提高，而耐蚀性则下降，主要用来制造力学性能要求高并兼有一定耐蚀性的器械和零件。

马氏体不锈钢比铁素体不锈钢和奥氏体不锈钢的耐蚀性都要差。马氏体不锈钢在大气、海水和氧化性介质中耐蚀性较好，但在诸如硫酸、盐酸、氢氟酸、热磷酸、热硝酸等强酸、熔融碱的介质或缺氧的海水中不耐蚀。

马氏体不锈钢抗局部腐蚀能力较低，如对点蚀、晶间腐蚀和应力腐蚀较敏感，对氢脆敏感性大，因此尽量不要在有可能产生局部腐蚀的环境中使用。另外，热处理状态对马氏体不锈钢的耐蚀性影响较大。例如，在淬火状态时耐蚀性最好，淬火＋回火状态次之，退火状态最差。

10.3.5 奥氏体-铁素体双相不锈钢的耐蚀性

奥氏体-铁素体双相不锈钢的室温组织是奥氏体与铁素体的复相组织，也称为复相钢。双相不锈钢既具有奥氏体不锈钢优良的韧性、焊接性，也具有铁素体不锈钢的高强度和耐氯化物应力腐蚀开裂的性能。按化学成分可分为以铁素体为基的 Cr-Ni 复相不锈钢和以奥氏体为基的 Cr-Mn-N 复相不锈钢两个系列。复相不锈钢的成分特点是镍含量较低，甚至不含镍。

奥氏体-铁素体双相不锈钢虽然 Ni 含量较低，但 Cr 含量较高，而且 Mo、Cu、Si 等含量较高，一般情况下，其耐均匀腐蚀性能不低于 18-8 型和 18-12Mo 型的 Cr-Ni 奥氏体不锈钢。在浓硝酸、稀盐酸、中等浓度的硫酸、磷酸、醋酸等工艺介质中，有些双相不锈钢比 Cr-Ni 奥氏体不锈钢具有更优秀的耐蚀性。

与奥氏体不锈钢相比，双相不锈钢的晶间腐蚀敏感性较小，具有良好的耐晶间腐蚀性能。同时，双相不锈钢可焊性好，不需热处理，焊接接头有良好的耐蚀性，不像奥氏体不锈钢会产生焊接腐蚀。双相不锈钢通常表现出优良的耐应力腐蚀开裂性能，但在高应力水平下，双相不锈钢的耐应力腐蚀开裂性能下降，甚至比奥氏体不锈钢差。奥氏体-铁素体双相不锈钢还具有较高的抗点蚀性能，这可能与 Mo、N 等添加的合金元素的种类、成分有关，而与双相不锈钢的复相组织关系不大。

10.4 铜及铜合金的耐蚀性

铜是人类最早使用的金属，至今也是应用最广泛的金属材料之一。纯铜（紫铜）具有良好的导电性、导热性、耐蚀性和加工性能，工业上被广泛用于制作导电、导热和耐腐蚀部件。为提高铜的力学性能和耐蚀性，在铜中添加 Zn、Sn、Al、Ni、Pb 等元素进行合金化，依此将铜合金分为黄铜（以 Zn 为主要合金元素）、青铜（以 Sn 和 Al 为主要合金元素）和白铜（以 Ni 为主要合金元素），常用于化工、电工、造船以及热交换设备等。

10.4.1 铜的耐蚀性

铜属半贵金属，化学稳定性高，其标准电位约为 $+0.345V$，比标准氢电位高，但比氧电极标准电位低。因此，铜在一般的水溶液中不会产生氢去极化腐蚀，而产生氧去极化腐蚀，多数情况下在溶液中形成 Cu^{2+}。在没有氧化剂存在的水溶液、非氧化性酸、有机酸、碱溶液中，铜是耐蚀的；如果酸性和强碱性溶液中有氧化剂存在，铜腐蚀加速。

纯铜有良好的耐大气腐蚀能力，一方面归功于其高热力学稳定性；另一方面，暴露在大气中时，铜表面先生成紫红色的 Cu_2O 和 CuO，然后逐渐生成 $CuCO_3 \cdot Cu(OH)_2$ 组成的保护性腐蚀产物膜。而在工业大气和海洋大气中，铜表面分别会形成 $CuSO_4 \cdot 3Cu(OH)_2$ 和 $CuCl_2 \cdot 3Cu(OH)_2$ 保护膜，阻止基体被进一步腐蚀。铜耐海水腐蚀，腐蚀率约 $50\mu m/a$。此外，铜离子有毒，使海生物不易黏附在铜表面，避免了海生物腐蚀。因此常用来制造在海水中工作的设备和零件。铜会在潮湿且含有 SO_2、H_2S 和 Cl_2 的气体介质中被强烈腐蚀，或者在氨、铵盐、氯化物等溶液中被腐蚀。

10.4.2　铜合金的耐蚀性

（1）黄铜的耐蚀性

黄铜是指以锌为主要合金元素的铜合金，可分为简单黄铜和特殊黄铜。简单黄铜是 Cu-Zn 二元合金，根据锌含量和组织状态不同，可分为 α 黄铜（Zn<36%）、α+β 两相黄铜（Zn 含量在 36%～46.5% 之间）和 β 黄铜（Zn 含量在 47%～50% 之间）。

黄铜在大气中腐蚀很慢，在纯水中腐蚀速度也不大（$2.5\sim25\mu m/a$），在海水中腐蚀稍快（$7.5\sim100\mu m/a$）。在含 Cl^-、I^-、Br^-、F^-、O_2、CO_2、H_2S、SO_2、NH_3 的水溶液中，黄铜的腐蚀速度显著增加；在矿水尤其是 $Fe_2(SO_4)_3$ 的水中极易腐蚀；在硝酸和盐酸中产生严重腐蚀，在硫酸中腐蚀较慢；在 NaOH 溶液中则耐蚀。黄铜的耐冲击腐蚀性能比纯铜高，常用于制造冷凝器管。在 Cu-Zn 的基础上加入 Sn、Al、Mn、Fe、Ni、Si、Pb 等合金元素冶炼出特殊黄铜，其耐蚀性比普通黄铜好。如锡黄铜可显著降低脱锌腐蚀并提高耐海水腐蚀性能；铝黄铜可提高耐磨性，显著降低在流动海水中的腐蚀。海军黄铜中含有 0.5%～1.0%Mn，可提高强度，并有很好的耐蚀性。

除上述的一般性腐蚀和高速介质中的冲击腐蚀外，黄铜还有两种特殊的腐蚀破坏形式，即脱锌腐蚀和应力腐蚀断裂。

黄铜的脱锌腐蚀是黄铜的主要破坏形式，一般认为是成分选择性腐蚀，即电位较低的锌优先腐蚀溶解，而留下电位较高的铜。黄铜脱锌腐蚀的形态与黄铜的成分、腐蚀介质等条件有关，脱锌腐蚀主要发生在海水中，尤其是热海水，有时也发生在淡水和大气环境中。在中性溶液供氧不足的情况下以及酸性溶液中也容易发生黄铜脱锌。黄铜中添加 Sn、P、As、Sb 等合金元素，可以控制黄铜脱锌腐蚀。

黄铜的应力腐蚀断裂常称为"季脆"或"氨脆"。锌含量高于 20% 的黄铜在有拉应力的条件下，在大气、海水、高温高压水、蒸汽及一切含 NH_3（或 NH_4^+）的环境中都有可能发生 SCC。黄铜的 SCC 形态分为沿晶型和穿晶型。在成膜溶液中，主要产生沿晶型断裂，在不成膜溶液中，主要产生穿晶型断裂。黄铜的应力腐蚀开裂机制通常认为是：在成膜溶液中，黄铜表面形成一层韧性较差的氧化亚铜膜，在应力、应变作用下，氧化亚铜膜发生脆性破裂，进而在晶界处成膜，这层膜脆裂后使裂纹扩展到基体金属，并因滑移而中止，使裂纹尖端暴露在腐蚀溶液中，随后又产生晶间渗透、成膜、脆裂、裂纹扩展，此过程反复进行，最终形成阶梯状间断性断口。在不成膜溶液中，应力使黄铜表面的露头位错优先溶解，导致裂纹沿位错密度最高的途径扩展并引起断裂。在锌含量较低的 Cu-Zn 合金中，位错主要是胞状形态，晶界是最大位错密度区，故产生沿晶型断裂，在锌含量较高的 Cu-Zn 合金中，位错主要是平面状形态，堆垛层错是最大位错密度区，故产生穿晶型断裂。由于锌原子在应力作用下在位错处偏聚，增加位错处的活性，所以随着锌含量的增加，裂纹扩展速度随之增加。在黄铜中加入 Si、As、Ce、P 等合金元素，退火消除残余应力，是降低黄铜应力腐蚀开裂敏感性的有效方法。

（2）青铜的耐蚀性

传统的青铜是指 Cu-Sn 合金，现在把黄铜和白铜之外的铜合金都统称为青铜，根据主添加元素命名为锡青铜、铝青铜、硅青铜等。青铜的强度与耐蚀性能都比黄铜好，但是在某些环境中，耐蚀性能比白铜差。

① 锡青铜的主要合金元素是锡，添加量通常有 5％、8％、10％三种。在大气中，锡青铜表面形成一层致密的二氧化锡膜，使耐蚀性提高，而且随着锡含量的增加，二氧化锡膜越致密、越厚，耐蚀性也越好。因此锡青铜在大气、海水、淡水、蒸汽、稀硫酸、有机酸及碱性溶液中有良好的耐蚀性，而且不产生脱锡腐蚀，也不产生 SCC。但在氨水、亚硫酸钠、酸性矿泉水、盐酸等介质中不耐蚀。锡青铜力学性能、耐磨性、铸造性能、耐蚀性均比铜好，主要用于制造泵、齿轮、轴承、旋塞等要求耐磨损和耐腐蚀的零件。

② 铝青铜中主要合金元素是铝，添加量通常为 9％～10％，有时还加入 Fe、Mn、Ni 等元素。铝青铜的强度和耐蚀性均比锡青铜高，其高耐蚀性主要是在表面形成一层致密且附着性好的铜和铝的混合氧化物保护膜，而且在遭受破坏时有"自愈合"能力。铝青铜在大气、300℃以下的高温蒸汽、海水、稀硫酸和稀盐酸中的耐蚀性很好，但在硝酸中不耐蚀，在碱中由于氧化膜溶解而加剧腐蚀。铝含量较高的铝青铜有 SCC 倾向。

③ 硅青铜主要合金元素为硅，添加量通常为 1％～2％（低硅）或 2.5％～3％（高硅）。低硅青铜极易冷加工变形，耐蚀性与纯铜相似。高硅青铜强度高，耐蚀性比铜好。硅青铜的最大优点是铸造和焊接性能好，常用来制造储槽及其他压力下工作的化工设备。

（3）白铜的耐蚀性

白铜是以镍（质量分数不超过 30％）为主要合金元素的铜合金，添加 Zn、Mn、Al 等合金元素后可形成锌白铜、锰白铜和铝白铜等。

白铜在海水、有机酸、各种盐溶液等腐蚀介质中均具有良好的耐蚀性，抗冲击腐蚀能力强，对碱的耐蚀性也很好，添加少量 Fe 后可改善耐空蚀和耐 SCC 性能。含 20％或 30％镍的白铜是制造海水冷凝管的优良材料。

10.5 镍及镍合金的耐蚀性

镍及镍合金在很多介质中，甚至在强腐蚀介质中都具有很高的耐蚀性，加之其良好的力学性能与物理性能，是一种很好的耐蚀材料。但是由于镍资源少、成本高，应用受到限制。

10.5.1 镍的耐蚀性

镍的标准电位为 $-0.25V$，在电位序中比氢负。镍在大气暴露时表面会形成一层化学稳定性高的钝化膜，在淡水、海水等介质中也有良好的耐蚀性能，但在含硫化物（SO_2）的大气中不耐蚀。在中性和非氧化性酸、有机酸、有机溶剂等介质中，镍有良好的耐蚀性能；而在氧化性酸和含有氧化剂的溶液中，镍的腐蚀速度显著增大。镍的氧化物不溶于碱，因此镍在碱性溶液和热浓碱液中具有优异的耐蚀性能，在熔融的碱中也耐蚀。但在高温（300～500℃）、高压和高浓度（75％～89％）的苛性碱中，在拉应力条件下，镍会产生沿晶腐蚀断裂。

10.5.2 镍基合金中主要合金元素对耐蚀性的影响

为进一步提高镍的耐蚀性，添加 Cu、Cr、Mo、Fe、Mn、Si 等合金元素进行合金化。其中 Cu 能提高镍在还原性介质中的耐蚀性，在高速流动的充气海水中有均匀的钝性；Cr 能提高镍在氧化性介质中的耐蚀性，并提高高温下的抗氧化能力；Mo 和 W 可提高镍在酸中，尤其是在还原性酸中的耐蚀能力；Cr 和 Mo 的同时加入，可同时改善在氧化性介质和还原性介质中的耐蚀性；Mn 可改善镍在含硫高温气体中的耐蚀性；Si 的加入可抗浓硫酸腐蚀并提高合金强度；Fe 可强化基体、改善加工性；镍中同时加入 Cr、Mo、W、Fe 等合金元素，不但耐海洋大气腐蚀，还可避免在海水中发生点蚀和缝隙腐蚀。

10.5.3 镍合金的耐蚀性

（1）Ni-Cu 合金

镍和铜可以形成连续固溶体。合金中 Ni＜50％（原子分数）时，其耐蚀性接近于铜；反之，其耐蚀性接近于镍。最典型的 Ni-Cu 合金是 Monel 合金，其成分为：27％～29％ Cu、2％～3％ Fe、1.2％～1.8％ Mn，其余为 Ni。Monel 合金兼具镍的钝化性和铜的贵金属性，比纯镍更耐还原性介质的腐蚀，比纯铜更耐氧化性介质的腐蚀。Monel 合金一般对卤族元素、中性水溶液、海水、多种有机化合物、一定温度和浓度的苛性碱溶液，以及中等温度的稀盐酸、硫酸、磷酸等都耐蚀。特别是在各种浓度和温度的氢氟酸中非常耐蚀，其耐蚀性能仅次于 Pt 和 Ag。Ni-Cu 合金的优良耐蚀性被认为是腐蚀开始时，在表面形成富集耐蚀组元原子结构的缘故。Ni-Cu 合金适合制造承载的耐蚀部件、与海水接触的零件、矿山水泵等。

（2）Ni-Cr 合金

Ni-Cr 合金在一般腐蚀介质中耐腐蚀性能与不锈钢相近，但是在热碱液与碱性硫化物等介质中，其耐蚀性和抗高温氧化性能比不锈钢好。Inconel 合金是这类合金的代表，其耐蚀性特点是既耐还原性介质腐蚀，又在氧化性介质中有高稳定性，而且远高于纯镍和 Ni-Cu 合金。它是能耐热浓 $MgCl_2$ 腐蚀的少数几种材料之一，不但腐蚀速度低，而且无应力腐蚀倾向。Inconel 合金在高温下具有很高的力学性能和抗氧化性能，通常用作燃气轮机的叶片等高温部件。

（3）Ni-Mo 合金

Ni-Mo 合金是高耐蚀的镍基合金并具有很好的力学性能。Ni-Mo 合金的最突出特点是具有优异的耐盐酸腐蚀性能。它在硫酸、磷酸、氢氟酸、溴酸、甲酸、醋酸及有机酸等非氧化性酸中均有良好的耐蚀性。但是它不耐硝酸腐蚀，而且当酸中有氧或氧化剂存在时，耐蚀性显著下降。0Ni60Mo20Fe20（Hastelloy A）、0Ni65Mo28Fe5V（Hastelloy B）是两种典型的 Ni-Mo 合金，为了保证耐蚀性，合金中 Mo 的含量通常大于 16％。

10.6 铝及铝合金的耐蚀性

铝及铝合金具有比强度高、塑性好、导电导热性能优异的特点，并且具有优良的加工性能和耐蚀性能，在航空、航天工业，兵工工业，以及建筑、电气、化学等民用工业领域都有广泛应用。

10.6.1 纯铝的耐蚀性

铝的标准电位是 $-1.67V$，在常用的金属材料中电位是最低的，热力学上很不稳定。但是铝具有良好的钝化性能，在大气、水、中性和弱酸性溶液中通常处于钝态，这是由于表面很快会生成一层薄而致密、黏附性好、具有自愈合能力的 Al_2O_3 膜，其钝态稳定性仅次于钛。但是 Al_2O_3 膜是两性的，既溶于非氧化性强酸，又溶于碱。

因此，铝对酸一般不耐蚀，特别是盐酸。但在氧化性浓酸中会生成一层钝化膜，使耐蚀性能提高。铝不耐碱腐蚀，碱能与铝表面的氧化膜发生反应生成偏铝酸钠与水，氧化膜溶解后，碱与铝进一步反应形成偏铝酸钠，并释放出氢气。但铝在氨水、硅酸钠溶液中耐蚀性能较好。

铝在水中耐蚀性能良好，但是在含有 Cl^-、F^- 的溶液中，容易使氧化膜破坏而引起点蚀。此外，铝与电位正的金属（如 Pt、Cu、Fe、Ni 等）接触时，会发生电偶腐蚀。同样当铝中含有电位正的金属杂质时，耐蚀性显著下降。

10.6.2 铝合金的耐蚀性

纯铝的强度较低，通常在纯铝中添加 Cu、Mg、Zn、Mn、Si 以及稀土元素等，获得一系列铝合金，通过固溶或在铝的基体内析出其他相，来提高铝的力学、物理性能。铝合金一般分为铸造铝合金和变形铝合金两种。

铸造铝合金按成分分为：Al-Si 合金，典型牌号 ZAlSi7Mg，强度和耐蚀性中等，广泛应用于生产各类负载铸件；Al-Cu 合金，典型牌号 ZAlCu5Mn，较高的热强性，但耐蚀性差，适用于制造高温部件；Al-Mg 合金，典型牌号 ZAlMg10，强度和耐蚀性好，但是铸造性和耐热性差，应用于造船、食品和化学工业；Al-Zn 合金，典型牌号 ZAlZn11Si7，适于制造尺寸稳定性低的铸件。

变形铝合金包括：防锈铝合金，包括 Al-Mn 和 Al-Mg，具有优异耐蚀性和良好塑性能加工成各种型材；硬铝，主要是 Al-Cu-Mg-Mn，属时效强化性合金，具有一定强度，耐热性好，主要用于制造铆钉、螺栓等紧固件；超硬铝，主要是 Al-Zn-Mg-Cu，强度和断裂韧性强于铝，但疲劳性能差，对应力集中敏感；锻铝，主要是 Al-Mg-Si 和 Al-Mg-Si-Cu，热塑性好，主要用于生产锻件。

一般来说，纯铝的耐蚀性强于铝合金，靠合金化的方法提升耐蚀性的可能性很小。铝合金的耐蚀性能与合金元素的电极电位有关。若基体为阴极，第二相为阳极，铝合金一般有较高耐蚀性；反之，则铝合金的耐蚀性变差。例如，与纯铝相比，含 Cu 的固溶体以及 $CuAl_2$ 为阴极，因此虽然 Cu 的力学强化效果显著，但是对耐蚀性的影响也最大；Mg 的固溶体和 Mg_5Al_8 相比纯 Al 为阳极，$MnAl_6$ 电位与纯 Al 接近，因此 Mg 和 Mn 对铝的耐蚀性是无害的，耐蚀铝合金主要用 Mg 和 Mn 来合金化，如 Al-Mn、Al-Mg、Al-Mn-Mg、Al-Mg-Si、Al-Mg-Li-Zr-Be。

铝合金为易钝化金属材料，因而对局部腐蚀较为敏感，常见的局部腐蚀形态有点蚀、晶间腐蚀、SCC 和剥蚀等。

（1）点蚀

点蚀是铝及铝合金最常见的局部腐蚀，在大气、淡水、海水、弱酸性溶液及中性水溶液中都会发生，其特征为铝合金表面形成一些不规则的蚀坑。点蚀产生的起因是氧化膜局部破坏（或存在缺陷）而形成的微腐蚀电池，引起铝合金点蚀的水质需要具备以下三个条件：①水中必须含有能抑制全面腐蚀的离子，如 SO_4^{2-}、SiO_3^{2-}、PO_4^{3-} 等；②水中必须含有能局部破坏钝化膜的离子，如 Cl^-；③水中必须含有能促进阴极反应的氧化剂。为防止铝及铝合金的点蚀，应尽可能控制环境中的氧化剂，去除溶解氧、氧化性离子和 Cl^-，尽量去除水中容易引起铝发生点蚀的 Cu^{2+}；从材料方面尽量选取纯铝或耐点蚀性能较好的 Al-Mn 和 Al-Mg 合金，对不耐点蚀 Al-Cu 合金应采用上述材料进行包覆处理。

（2）晶间腐蚀

Al-Cu、Al-Cu-Mg 和 Al-Zn-Mg 合金以及镁含量大于 3% 的 Al-Mg 合金，常因热处理不当产生晶间腐蚀敏感性。例如，Al-Cu 和 Al-Cu-Mg 合金热处理时，在晶界连续析出 $CuAl_2$ 相，沿晶界产生贫铜区，$CuAl_2$ 相与晶界贫铜区构成腐蚀电池，贫铜区为阳极，导致晶间腐蚀。Al-Zn-Mg 合金和镁含量大于 3% 的 Al-Mg 合金在热处理时，电位较负的 $MgZn_2$ 相或 Mg_5Cl_3 相晶界连续析出，析出物作为阳极发生溶解，导致晶间腐蚀。

具有晶间腐蚀倾向的铝合金在工业大气、海洋大气和海水中都可能发生晶间腐蚀。一般通过适当热处理消除晶界上有害的析出相，或采用包覆或喷镀牺牲阳极的方法来防止。

（3）应力腐蚀开裂

纯铝和低强度铝合金一般无应力腐蚀倾向。易产生应力腐蚀敏感的主要是高强铝合金，如 Al-Cu、Al-Cu-Mg、镁含量大于 5% 的 Al-Mg 合金以及含过剩硅的 Al-Si 合金，而且强度愈高，SCC 敏感倾向越大，特别是 Al-Zn-Mg 和 Al-Mg-Cu 应力腐蚀敏感性最大。铝合金的 SCC 特征属于沿晶断裂，说明铝合金的 SCC 与晶间腐蚀有关。对晶间腐蚀敏感的铝合金对应力腐蚀断裂也是敏感的。在容易发生晶间腐蚀的环境，如海洋大气和海水中，再加上应力的作用就容易发生 SCC。

消除铝合金 SCC 的措施主要有适当的热处理，消除残余应力；加入微量的 Mn、Cr、Zr、V、Mo 等合金元素；采用包镀涂层等。

（4）剥蚀

剥蚀是变形铝合金的一种特殊腐蚀形态，其特征是材料表面像云母片一样分层地剥离下来。剥蚀在 Al-Cu-Mg 合金中最为常见，在 Al-Mg、Al-Mg-Si、Al-Zn-Mg 等体系中也有发生。

剥蚀多见于挤压材，因为挤压材表面发生再结晶的一层不受腐蚀，而在此层之下的金属易发生腐蚀，因而使表层剥落。

采用牺牲阳极保护、涂覆涂层，以及适当的热处理能够一定程度上防止剥蚀的发生。

10.7 镁及镁合金的耐蚀性

镁及其合金是工业中密度最小的一种合金，因其优异的比强度和比刚度，成为飞机、导弹、卫星等航空、航天领域及汽车、现代通信领域广泛应用的结构材料之一。

10.7.1 镁的耐蚀性

镁的标准电位非常负，为 $-2.3V$，因此镁在多数介质中耐蚀性差。由于镁易钝化，在某些介质中有较好的耐蚀性。

在干燥大气中，镁表面会生成一层暗色的氧化膜，性脆，远不如铝表面的氧化膜致密坚实，故保护性较差。在潮湿大气中，镁的腐蚀主要是氢去极化腐蚀，腐蚀速度增加。镁在大多数酸中不稳定，但在铬酸、氢氟酸中处于钝态，耐蚀性较好。在碱性溶液中，镁表面生成一层难溶的 $Mg(OH)_2$ 保护膜，因而耐蚀性很好。镁在中性盐溶液中，甚至水中会发生析氢腐蚀，pH 降低显著加速腐蚀速度。Cl^- 等活性阴离子加快镁的腐蚀，所以纯镁不耐海水腐蚀。

由于镁的平衡电位非常负，当镁中含有杂质元素或与其他金属接触时，腐蚀速度有显著的增大倾向。因此，当镁中含有极少量的氢过电位低的金属，如 Fe、Ni、Co、Cu，其耐蚀性显著降低。

10.7.2 镁合金的耐蚀性

纯镁的力学性能低，通常添加 Al、Mn、Zn、Zr、稀土等合金元素进行合金化，其中 Mg-Al、Mg-Zn 和 Mg-Mn 合金在工程中应用最广泛。杂质对镁合金耐蚀性影响很大，镁合金的耐蚀性通常比纯镁差。镁合金在酸性、中性和碱性溶液中都不耐蚀，即使在纯水中也会遭到腐蚀。但是镁合金在 pH>11 的碱性溶液中能够发生钝化，具有一定耐蚀性。

镁合金可分为铸造镁合金（ZM）和变形镁合金（BM）两类。铸造镁合金包括高温下使用的 Mg-Zr-稀土和常温下使用的 Mg-Al-Zn、Mg-Zn-Zr 合金等。铸造镁合金经氧化处理后耐蚀性尚好，铸件应进行阳极化处理，表面涂层保护，避免电偶腐蚀，如必须接触时，应绝缘。变形镁合金包括 Mg-Mn、Mg-Al、Mg-Zn-Zr 和 Mg-Li 合金。变形镁合金在大气、水中的应力腐蚀断裂敏感性较大，当水中通氧时会加速 SCC 敏感性，一些阴离子也会加速镁合金的 SCC。镁合金的 SCC 与合金成分有关，Mg-Al-Zn 合金具有 SCC 倾向，且随铝含量的增加而增大，而 Mg-Zn 合金对 SCC 不敏感。通过退火处理、选用 SCC 不敏感镁合金、阳极性金属包覆、合金表面阳极氧化处理等手段可以防止镁合金发生 SCC。

10.8 钛及钛合金的耐蚀性

钛及其合金因重量轻、比强度高、热稳定性好,在强腐蚀介质中化学稳定性很高,并具有很强的自钝化能力,被广泛应用于航空航天、导弹、火箭及核反应堆等尖端领域,以及用作医用人体植入材料、珠宝、手机。近年来在化工、石油、海水淡化等民用工业中也得到广泛应用。

10.8.1 钛的耐蚀性

钛是热力学上很活泼的金属,其平衡电位为 $-1.63V$,接近铝的平衡电位。但是在很多介质中钛极耐腐蚀,原因是钛具有很强的钝化能力,而且钝化膜具有非常好的自修复能力。钛的耐蚀性主要取决于钛在使用条件下能否钝化。在能钝化的条件下,钛很耐蚀;在不能钝化的条件下,钛很活泼,甚至可发生强烈的化学反应。钛的钝化有三个特点:①致钝电位低,非常容易钝化,在稍具氧化性的氧化剂中就可钝化;②稳定钝化电位区间宽,钝态极稳定,不宜过钝化,如钛对高温高浓度硝酸也耐蚀(发烟硝酸除外);③存在 Cl^- 时其钝态也不受破坏。

钛不仅可在含氧的溶液中保持稳定钝态,而且能够在含有任何浓度 Cl^- 的含氧溶液中保持钝态。钛及其合金在中性或弱酸性的氯化物溶液中有很高的稳定性。钛在氯化物溶液或海水中耐点蚀,这些耐蚀性都超过了不锈钢和铜合金。钛在某些氧化剂作用下也是稳定的,如对沸腾的铬酸、浓度低于 65% 的硝酸(100℃),以及 40% 的硫酸和 60% 的硝酸的混酸(35℃)。但是,高温下钛在硝酸中的稳定性不如不锈钢及铝。在稀盐酸、氟氢酸、硫酸和磷酸等非氧化性酸中钛不耐蚀,但其溶解速度比铁缓慢得多。随着浓度的增加,特别是温度的升高,钛溶解速度显著加快。在氟氢酸和硝酸的混合物中钛溶解得很快。

钛在绝大多数碱液中耐蚀。钛在室温下各种浓度的氢氧化钡、氢氧化钙、氢氧化镁、氢氧化钠和氢氧化钾溶液中完全耐蚀,但不能用于沸腾的氢氧化钠和氢氧化钾溶液中。

除了甲酸、草酸和相当浓度的柠檬酸之外,钛在所有的有机酸中都不被腐蚀。钛在大多数无机盐中都很耐腐蚀。但是钛在干氯气中能发生剧烈反应生成 $TiCl_4$,并有着火危险,但在湿氯中具有很好的耐蚀性。一般认为,钛钝化所需最低含水量为 $0.01\%\sim0.05\%$。

钛是化学工业中很有应用前景的耐蚀材料,但是过高的价格是制约规模化应用的因素,钛在高温下很不稳定,能剧烈地与氧、硫、卤族元素、碳甚至氮和氨化合。

10.8.2 钛合金的耐蚀性

为提高工业纯钛在还原性介质中的耐蚀性及提高抗缝隙等局部腐蚀能力,通常对钛进行合金化。研究表明,Pd、Ru、Pt 对钛表现出了极好的阴极合金化效果,但这些合金元素均为贵金属。此外,用 Nb、Ta、Mo 合金化,对钛的阳极极化特性有直接影响,也可显著提高钛的耐蚀性,但是用这些元素合金化,只有当含量很高时,才能达到降低腐蚀速度的目的,而用 Pd(Pt)合金化时只需千分之几的浓度就能获得良好的效果。

（1）Ti-Pd 合金

钯质量分数一般为 0.15%～0.20%。Ti-Pd 合金在高温高浓度氧化物溶液中非常耐蚀，不产生缝隙腐蚀，也不容易产生氢脆。Ti-Pd 合金既耐氧化性酸腐蚀，也耐中等还原性酸的腐蚀，但不耐强还原酸腐蚀。钯是析氢过电位低的贵金属元素，少量钯（质量分数为 0.1%～0.5%）加入钛中能促进阳极极化。Ti-Pd 合金在酸溶液中钯是以 Ti_2Pd 相溶解，然后钯离子再析出沉积在合金表面上而耐蚀。Ti-Pd 合金在沸腾的质量分数为 5% 的硫酸溶液中约比工业纯钛的耐蚀性提高 500 倍，在沸腾的质量分数为 5% 的盐酸溶液中提高 1500 倍。

（2）Ti-Ta、Ti-Nb 及 Ti-Nb-Ta 合金

钽无论在氧化性还是在还原性酸中都是稳定的，并能与钛形成均匀的固溶体，是钛的有效合金化元素。为了使 Ti-Ta 合金在热的盐酸和硫酸中耐蚀，合金中钽的质量分数不能小于 20%。铌是另一种有效的合金化元素，为使 Ti-Nb 合金在热盐酸中耐蚀，合金中铌质量分数不得小于 40%。在 Ti-Nb 合金中加少量的 Pt（质量分数为 0.2%）可显著地提高合金的耐蚀性。另外 Ti-Ta-Nb 三元合金中，Ta 质量分数为 15%，Nb 为 25% 时，或者 Ta＋Nb 为 20% 时可显著地提高 Ti 耐蚀性。当 Ta＋Nb 大于 30% 时，效果更加显著。

（3）Ti-Mo、Ti-Mo-Nb-Zr 合金

钼在含 Cl^- 的溶液中具有很高的钝化能力，与钛的差别是钼的钝化膜在非氧化性酸（盐酸、硫酸）中的稳定性比在氧化性酸（硝酸）中高。因此，Ti-Mo 合金中的 Mo 含量越高，它们在非氧化性介质中越稳定。Ti-Mo-Nb-Zr 系合金在强腐蚀性介质中有相当好的耐蚀性，同时还具有很好的工艺性能。一般随着合金化程度的提高，耐蚀性也显著提高。

工业纯钛和钛合金虽然是一种耐蚀性良好的金属，但在一定的条件下仍有不同形态的腐蚀发生。钛及其合金主要局部腐蚀形态有缝隙腐蚀、氢脆、SCC 和焊缝腐蚀。

钛在高温下氯化物溶液中产生缝隙腐蚀，在含有少量 NH_3 的 NH_4Cl 和 NaCl 溶液中，含有氧化剂的盐酸溶液中以及有氯的有机介质中都发现过钛制设备的严重缝隙腐蚀。

焊缝腐蚀是钛及钛合金一种重要的腐蚀形式。研究表明，杂质 Fe 和 Cr 在焊区分布的变化是焊区腐蚀的主要原因。在氯化氢气体、高温柠檬酸溶液和含氟硼酸根的镀铬溶液中，均发现钛的焊缝腐蚀。

钛及其合金在氢气气氛、阴极极化或电化学腐蚀过程中，当吸氢到一定程度时会导致氢脆。钛的氢化物引起的氢脆是常见的，且其敏感性随温度的降低而增加，当试样有缺口时，敏感性也增加。另外它与形变速率有密切的关系，还和氢化物的形状与分布有关，一般片状氢化物的氢脆敏感性较大。

SCC 是钛及钛合金的另一种重要的破坏形式。工业纯钛在水溶液中一般不发生 SCC，而钛在 20% 的红烟硝酸和含溴的甲醇溶液中可发生 SCC。钛合金产生 SCC 的情况较多，特别是 Ti-Al 合金最敏感。它们在热盐、甲醇氯化物溶液、红烟硝酸、N_2O_4，甚至在氯化钠水溶液中都发生过 SCC，其应力腐蚀断裂机理有阳极溶解和氢致开裂两种。

10.9 非晶态合金概述及耐蚀性

10.9.1 非晶态合金概述

非晶态合金的结构特点是原子在三维空间呈拓扑无序状排列，不存在长程周期性，但在几个原子间距的范围内，原子的排列仍存在一定的规律，即非晶态合金的原子结构为"短程有序，长程无序"。

根据自由能计算，金属与合金的固态稳定结构为晶体结构，当金属从液态冷却进入固态时，原子将按照使体系自由能最低的方式重排，发生结晶过程。如果冷却速度足够快，体系的结构弛豫来不及发生，固体就保留了液态时的非晶态结构。制备非晶态合金的方法有很多种，大体可分为四类。

① 表面沉积法。表面沉积法包括真空蒸镀法、溅射法、化学气相沉积法、电镀与化学镀等。

② 表面无序化。表面无序化是利用电子束、离子束、激光束照射以及离子注入等方式对材料表面进行能量注入，可以使表面层非晶化。

③ 快速冷却法。快速冷却法是应用最广泛的一类非晶态合金制备方法。其中外圆式快冷法制备非晶态合金带材，是国内外工业化制备非晶态合金的主要手段。

④ 机械合金化。机械合金化是一种干碾磨过程，用球磨机或碾磨机对不同的金属或合金粉末进行碾磨加工，在此过程中组元之间相互扩散形成新的合金粉末。

由于非晶态合金与晶体合金有不同的原子结构及化学组成，因而具有许多独特的物理和化学性质。尤其具有很高的强度、硬度和耐磨性，同时具有很好的韧性，有些非晶态合金还具有超塑性。由于非晶态是亚稳状态，在一定温度区域对温度敏感，具有较高的电阻率和较低的电阻温度系数。同时非晶态合金还可能具有超导性、优良的电磁性能和耐蚀性、良好的催化性能和储氧性能及抗辐射性能等。由于非晶态合金的特殊性能，因此在非晶软磁元件、非晶永磁合金、应变传感器和磁性传感器、机械振子、高硬度刀具磨具、钎焊材料、催化剂等方面获得了应用。

10.9.2 非晶态合金的耐蚀性

（1）非晶态合金的耐蚀性特点

非晶态合金虽然从热力学上看是亚稳定的，但是化学稳定性比相同或相近成分的晶态合金高得多，特别是 Fe-Cr-类金属系列非晶态合金具有很高的耐蚀性，如图 10-11 所示。非晶态合金具有高耐蚀性的原因如下。

① 钝化膜致密。与晶态合金一样，非晶态合金表面的钝化膜也是其耐蚀性能高的原因之一，而耐蚀性能的好坏，则与钝化膜的成分、结构、性质有关。在含铬的非晶态合金中，钝化元素 Cr 在钝化膜中高度富集，显著提高了钝化膜的耐蚀性。

对无稳定钝化膜的非晶态合金，其活性溶解速度远高于晶态金属，而这种活性溶解则会

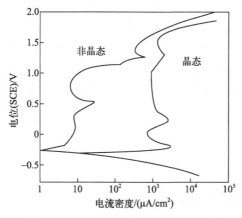

图 10-11　非晶态和晶态 Fe-10Cr-13P-7C 合金的阳极极化曲线（1mol/L H_2SO_4）

使 Cr^{3+} 在钝化膜内富集，活性溶解越快，钝化作用也越快，Cr^{3+} 在钝化膜内富集的程度就越高，形成均匀、致密的钝化膜，导致耐蚀性能提高。因此，活性溶解是钝化膜形成的必要条件之一。非晶态合金表面的钝化膜和工业纯钛表面的钝化膜一样，同样具有自修复能力。

②　非晶态合金表面的均匀性。非晶态合金的均匀性体现在两方面：一是化学均匀性，在快速冷却过程中，原子来不及发生长程迁移，保持了其在液态下均匀混合的状态，无化学偏析，不同区域之间不易产生电位差效应；二是结构均匀性，快速冷却产生均一的单相非晶态结构，无第二相析出，也不存在晶态合金中常见的晶界、位错和堆垛层错等缺陷。由此可见，非晶态合金表面化学成分、结构的高度均匀性，几乎不存在化学、电化学腐蚀的活性点，这也是非晶态合金具有较高耐蚀性能的原因之一。

③　合金添加元素。非金属元素、金属-类金属型非晶态合金中添加 B、Si、C、P 等元素，通过对钝化的动力学和钝化膜成分的影响，可提高合金的耐蚀性，以上元素对非晶态合金耐蚀性能的提高作用依次增大；金属元素、金属-类金属型非晶态合金中添加 Cr、Mo、Ti 等金属元素，可显著提高合金的耐蚀性。其中 Cr 的作用最大（含量大于 5％时），Mo 在含量小于 5％时可显著提高合金的耐蚀性；Pt、Pd、Rh、Ru 等贵金属添加元素，虽然在金属-类金属型非晶态合金表面钝化膜中含量较少，但腐蚀过程中它们在膜/基体界面上富集，降低阳极活性，使金属-类金属型非晶态合金的耐蚀性能提高。

（2）非晶态合金的均匀腐蚀

金属-类金属型非晶态合金的耐蚀性能，主要取决于钝化元素的作用，而非晶态的组织结构作用次之。例如，在稀硫酸中，非晶态的 $Fe_{70}Si_{30}$ 合金比晶态的 $Fe_{70}Si_{30}$ 合金的腐蚀速度低一个数量级，如果使晶态合金中的硅含量提高 10％，则因硅的钝化作用可使腐蚀速度降低到原来的 1/50。晶化处理可使金属-类金属型非晶态合金的耐蚀性急剧恶化。在室温 3.5％NaCl 和 10％HCl 溶液中，晶态合金 $Ni_{68}B_{21}Si_{11}$ 的腐蚀速度分别是非晶态合金 $Ni_{68}B_{21}Si_{11}$ 的 6 倍和 12 倍。与一些金属-类金属型非晶态合金相比，金属-金属非晶态合金不是非常耐腐蚀，其耐蚀性低于合金中具有最高钝化能力（或耐蚀性能）的晶态纯金属的耐蚀性。

（3）非晶态合金的局部腐蚀

非晶态合金具有优良的耐蚀性能，一般情况下不会产生点蚀、缝隙腐蚀等局部腐蚀，对于特殊条件下（如阳极极化）产生的点蚀和缝隙腐蚀，其发展速度通常也较晶态合金慢。在质量分数 10％的氯化三铁溶液中，由于活性阴离子 Cl^- 的作用，晶态的 Cr18-Ni8 不锈钢的腐蚀速度较快，并产生了点蚀，但非晶态的 $Fe_{72}Cr_8P_{13}C_7$ 合金几乎未遭受腐蚀。非晶态合金在酸中阴极极化或在充氢的情况下，断裂应力下降，产生氢脆，尤其是金属-类金属型非晶态合金更为明显，这也是非晶态合金作为结构材料使用受到限制的主要原因之一。

思考题与习题

1. 利用合金化方式提高金属耐蚀性的途径有哪些？
2. 简述耐蚀合金化机理。
3. 简述铁的耐蚀性特点。
4. 比较耐大气腐蚀低合金钢和耐海水腐蚀低合金钢的合金元素差异，分析这些合金元素是如何提高耐蚀性的。
5. 不锈钢中有哪些合金化元素？分别发挥什么作用？为什么奥氏体不锈钢耐蚀性强于铁素体不锈钢？
6. 黄铜的主要腐蚀形态是什么？举例说明其腐蚀机理与原因。
7. 列举铝合金的局部腐蚀形态。
8. 简述镁合金的应力腐蚀开裂机理及影响因素。
9. 简述钛合金的耐蚀性特点。
10. 非晶态合金的耐蚀性特点有哪些？

第 11 章

金属腐蚀学实验

实验 1 重量法和容量法研究酸腐蚀及缓蚀效率

一、实验目的

碳钢在酸溶液中发生析氢腐蚀时，在酸溶液中添加某些缓蚀剂可以减缓碳钢的腐蚀速度。当腐蚀发生一定时间后，可通过测定碳钢试样单位面积上的重量损失来求得腐蚀速度，还可测定碳钢试样表面的析氢速度来求得腐蚀速度。

实验采用重量法和容量法研究碳钢在 2mol/L H_2SO_4 和 2mol/L H_2SO_4＋0.5％乌洛托品（六亚甲基四胺）溶液中的腐蚀速度，并测定乌洛托品的缓蚀效率。实验要求如下：

① 掌握用重量法和容量法测定金属腐蚀速度的原理和基本方法；

② 用重量法和容量法测定碳钢在稀酸中的腐蚀速度；

③ 加深理解缓蚀剂的缓蚀机理；

④ 加深对金属在酸溶液中腐蚀过程的认识。

二、试样和介质

① 试样：45#钢，棒状试样，ϕ10mm×50mm。

② 介质：2mol/L H_2SO_4；2mol/L H_2SO_4＋0.5％乌洛托品。

三、仪器装置

① 重量法：用电子天平称量试样。

② 容量法：用析氢装置（如图 11-1）收集并测量氢气体积。

四、实验步骤

① 用砂纸打磨试样，用游标卡尺测量试样尺寸，计算试样表面积，用清水清洗试样并吹干。

② 用电子天平称量试样。

③ 按图 11-1 安装好析氢装置，分别往抽滤瓶中注入 2mol/L H_2SO_4 溶液和 2mol/L H_2SO_4＋0.5％乌洛托品溶液。

④ 将试样用尼龙丝吊挂在瓶塞下，装入瓶中，同时计时和测量量筒内水柱量（注意：要塞紧瓶塞，不能漏气），并观察试样表面并记录实验现象。

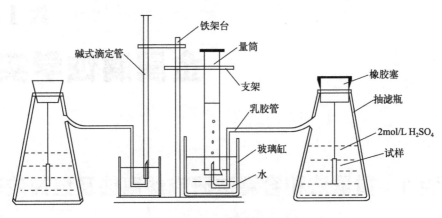

图 11-1　析氢装置实验示意

⑤ 经过一定时间腐蚀后（注意计时），测量量筒内氢气体积，记录室内温度、水温和大气压力。

⑥ 取出试样，用细毛刷刷洗试样并吹干（注意：测量量筒内氢气体积后取出试样，并刷洗干净）。

⑦ 用电子天平称量试样。

⑧ 实验完毕后，将溶液倒入废酸桶内，拆卸析氢装置，清洗所有容器并整理。

五、数据记录和整理

（1）原始数据的记录

绘制表格：包含大气压、室温、实验水温、试样尺寸大小、试样腐蚀前后的重量变化、收集气体时水柱高度变化、腐蚀起始时间、实验过程中的现象等（如试样表面颜色有无变化、腐蚀溶液气味、试样表面气泡逸出情况等）。

（2）将所测的数据处理结果填入表 11-1 中。

表 11-1　$45^{\#}$ 钢在 2mol/L H_2SO_4 和 2mol/L H_2SO_4＋0.5％乌洛托品溶液中的腐蚀情况

测试方法		试样面积/cm^2	腐蚀时间/h	腐蚀量/g	腐蚀速度/[g/($m^2 \cdot$ h)]	缓蚀效率/％
重量法	无缓蚀剂					
	有缓蚀剂					
容量法	无缓蚀剂					
	有缓蚀剂					
备注						

按下式计算缓蚀效率 Z：

$$Z = \frac{v_0 - v_1}{v_0} \times 100\%$$ （11-1）

式中，v_0 为未加缓蚀剂时钢的腐蚀速度；v_1 为加有缓蚀剂时钢的腐蚀速度。

当 $v_0 = v_1$ 时，$Z = 0$，缓蚀剂完全无效；当 $v_1 = 0$ 时，$Z = 100\%$，缓蚀剂完全有效。因此，缓蚀效率 $0 \leqslant Z \leqslant 100$。

六、结果评定与讨论题

① 分别计算用失重法和容量法所得 $45^\#$ 碳钢的腐蚀速度及缓蚀剂的缓蚀效率（要有计算过程）；比较这两种方法所得结果，说明原因。

② 分别评定 $45^\#$ 钢在不含和含有缓蚀剂的酸溶液中的耐蚀性等级。

③ 碳钢在稀硫酸溶液中腐蚀时还可以用哪些缓蚀剂，其作用机理是什么？

实验 2　极化电阻法测定金属的腐蚀速度

一、实验目的

线性极化法也称极化电阻法，是基于金属腐蚀过程的电化学本质而建立起来的一种快速测定腐蚀速度的电化学方法。实验采用腐蚀测量仪测定铜或钢在 3% NaCl 溶液中的极化电阻 R_p 来研究金属腐蚀速度。实验要求：

① 掌握极化电阻法测量金属腐蚀速度的基本原理。

② 掌握腐蚀测量仪的使用方法。

③ 自制电极并测量铜或钢在 3% NaCl 溶液中的腐蚀速度。

二、试样和介质

① 实验材料：采用纯铜或钢焊接自制的工作电极、参比电极和辅助电极，表面积为 1cm²，自制电极（试样）侧面和背面都用环氧树脂封闭。试样形状如图 11-2。

② 实验介质：3% NaCl 溶液。

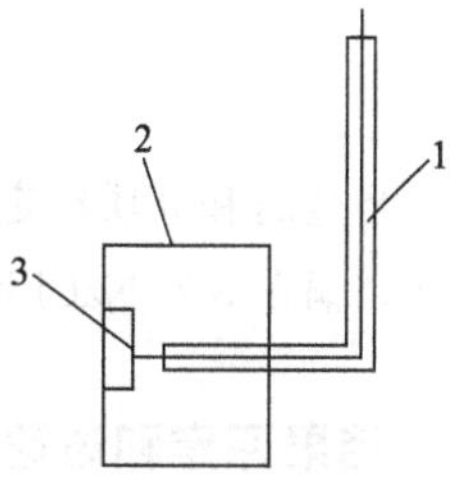

图 11-2　电极结构
1—铜导线；2—环氧树脂；
3—试样（电极）

三、仪器装置

用腐蚀测量仪（或用电化学工作站、恒电位仪等）测量。

四、实验步骤

① 用细砂纸打磨试样，清洗干净并吹干，把试样安装到接线板上。

② 往烧杯里注入 3% NaCl 溶液，将试样立即浸入溶液中。

③ 对腐蚀测量仪进行准备、接线、预热、给定 ΔE 以及极化方向，测量读数 ΔI。每一组试样进行五次测量。

④ 实验完毕后，将溶液倒入废液桶内，清洗试样和烧杯并整理实验台面。

五、数据记录和整理

将测量的 ΔI 值及计算的 R_p 及相应的 i_{corr} 值填入表 11-2 中。

表 11-2 极化电阻法的测定

项目	1	2	3	4	5	平均值
$\Delta I/mA$						
R_p/Ω						
$i_{corr}/(mA/cm^2)$						

根据腐蚀电化学理论，在腐蚀电位（约 $\pm 10mV$）附近测得电位值和电流值，并且其电位和电流的对数呈近似于线性的关系。根据线性极化原理，金属腐蚀电流密度 i_{corr} 由式（11-2）计算：

$$i_{corr} = \frac{b_a b_c}{2.3(b_a + b_c)} \cdot \frac{1}{R_p} \tag{11-2}$$

$$R_p = \frac{\Delta E}{\Delta I} \tag{11-3}$$

式中，ΔE 为极化电位，mV；ΔI 为极化电流，mA；R_p 为极化电阻，Ω；b_a 为阳极极化曲线塔菲尔斜率；b_c 为阴极极化曲线塔菲尔斜率。

若令 $B = \dfrac{b_a b_c}{2.3(b_a + b_c)}$，则有：

$$i_c = \frac{B}{R_p} \tag{11-4}$$

当金属和介质给定时，B 是常数。从式（11-4）可以看出，腐蚀速度 i_c 与极化电阻 R_p 成反比，铜在 3% NaCl 溶液中时，$B = 5.5mV$。

六、结果评定和讨论题

① 根据测量读数 ΔI，分别计算 R_p 值、i_{corr} 值及它们的平均值。

② 根据均匀腐蚀程度中电流密度表征法和深度法，通过 i_{corr} 的平均值计算 v_w 及 v_d，并评定其耐蚀等级。

③ 极化电阻法测腐蚀速度与塔菲尔直线外推法相比有哪些优点？

④ 用极化电阻法测腐蚀速度有什么局限性？

实验 3 电阻法测腐蚀速度

一、实验目的

根据金属试样在腐蚀前后截面积的变化而引起电阻的变化，可以测量金属的腐蚀速度。

电阻腐蚀探针是利用一根金属细丝在腐蚀介质中腐蚀前后电阻的变化来测量腐蚀速度。实验要求掌握电阻腐蚀探针技术的基本原理，并测量金属的腐蚀速度。

二、实验设计任务

① 用钢丝及导线，焊接自制腐蚀探针。

② 用封闭电阻箱、指针式检流计、自制探针等组成平衡电桥。

三、试样与介质

① 试样：用 $\phi(0.2\sim0.5)\text{mm}\times200\text{mm}$ 钢丝对折连接在探针器上成为探针头部。

② 介质：$0.5\text{mol/L } H_2SO_4 + 0.5\%$ 乌洛托品。

四、实验装置

电阻腐蚀探针由两个部分组成：一是探针，二是测量部分。探针如图 11-3 所示。用三根较粗的塑料单股铜线组成导电体和支持架，再连接（焊或夹紧）两根同样材料和同样尺寸的金属丝。一根丝作为腐蚀试样（图 11-3 中 R_x），另一根丝作为比较试样（图 11-3 中 $R_{补}$），其上涂防护层（如清漆）。它们之间的连接如同单臂电桥的两个臂。再用三个接头引出导线与测量仪器连接。

测量部分就是图 11-4 中水线以上的部分，它由电源 E（$1.5V\sim6V$）、检流计 G 和两个电阻箱 R_1、R_2 组成。两个电阻箱作为电桥的另外两个桥臂，与探针组成一个完整的单臂电桥，为了测量简便，R_2 固定不变（可在 $1000\sim10000\Omega$ 中选取一中间值），R_1 是可变电阻。

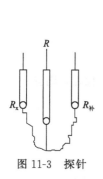

图 11-3　探针

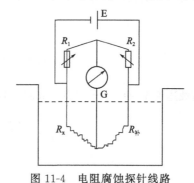

图 11-4　电阻腐蚀探针线路

五、实验步骤

① 电阻探针的制备：取一段 $\phi(0.2\sim0.5)\text{mm}\times200\text{mm}$ 钢丝，用金相砂纸打磨，测量直径，对折后分别焊在探针支架上，组成探针，小心用溶剂擦洗，三个夹紧处和比较试样处涂层清漆，晾干即成。

② 往烧杯中注入腐蚀介质，插入探针。接通电源，按测试仪所指接好线，开动搅拌机。

③ 迅速调节 R_1，使 G 指针为零，读取 R_1 起始值，以后每 10 分钟测一次 R_1 值，至 1.5 小时。

④ 实验完毕后，将废液倒至废液桶，清洗容器和探针，整理实验台。

六、数据记录和整理

根据图 11-4，从电桥的原理出发。

$$\frac{R_x}{R_补} = \frac{R_1}{R_2}$$

$$R_x = R_补 \times \frac{R_1}{R_2}$$

如果腐蚀之前 R_x 定为 $R_{x'}$，则

$$R_{x'} = R_{1'} \times \frac{R_补}{R_{2'}}$$

如果腐蚀之后 R_x 定为 $R_{x''}$，则

$$R_{x''} = R_补 \times \frac{R_{1''}}{R_{2''}}$$

因为 $R_补$ 不受腐蚀，电阻不变，又 R_2 为固定不变，$R_{2'} = R_{2''}$，所以

$$\frac{R_{x'}}{R_{x''}} = \frac{R_{1'}}{R_{1''}}$$

$$\frac{R_{x'}}{R_{x''}} = \frac{r_t^2}{r_0^2} \tag{11-5}$$

式中，r_t 为腐蚀后金属丝截面半径，mm；r_0 为腐蚀前金属丝截面半径，mm。
因而有：

$$r_t = r_0 \times \sqrt{\frac{R_{1'}}{R_{1''}}} \tag{11-6}$$

每年的腐蚀速度 $V_L = (r_t - r_0)/t \times 365 \times 24$，将式（11-6）代入，则有

$$V_L = r_0 \left(\sqrt{\frac{R_1'}{R_1''}} - 1 \right) \times 8760/t$$

据此得：

$$K_e = 8760 \times r_0 \times \left(\sqrt{\frac{R_1'}{R_1''}} - 1 \right) / t \, (\text{mm/a}) \tag{11-7}$$

式中，t 为腐蚀时间，h。

即实验中只要测量 R_t 变化便可以计算腐蚀速度。但要强调的是，这种方法只适合均匀腐蚀的情况。

由于 R_x 和 $R_补$ 是同种材料制成的，它们的温度系数是相同的。显然，温度所引起的误差抵消了，当然温度不同，腐蚀的速度是不同的。

将实验结果填入表 11-3 中。

表 11-3　实验测定的电阻变化

时间/min	10	20	30	40	50	60	70	80	90
R''									
R'									
R									
平均腐蚀速度									
耐蚀性等级									
备注									

七、结果评定与讨论题

① 绘出 R_1'-t、V_L-t 图，并作说明。

② 计算平均腐蚀速度和最后瞬间腐蚀速度，并评定各耐腐蚀性等级。

③ 电阻法测腐蚀速度比较适合哪些腐蚀体系？

实验 4　简单腐蚀模型实验

一、实验目的

利用腐蚀电池模型研究氧还原腐蚀的一些重要参数如搅拌、充气、pH 等对腐蚀速度的影响，确定 Cu-Zn 腐蚀电池模型在中性、酸性溶液中腐蚀速度的控制因素。实验要求：

① 掌握 Cu-Zn 腐蚀电池的电化学腐蚀原理；

② 加深对析氢腐蚀和耗氧腐蚀的理解；

③ 加深对电化学腐蚀过程控制影响因素的理解。

二、试样与介质

① 试片：用纯铜和纯锌制造，形状尺寸如图 11-5。

② 试样：用细砂纸仔细打磨并用酒精两次清洗、迅速吹干。

③ 溶液：3% NaCl、1mol/L HCl、pH 试纸。

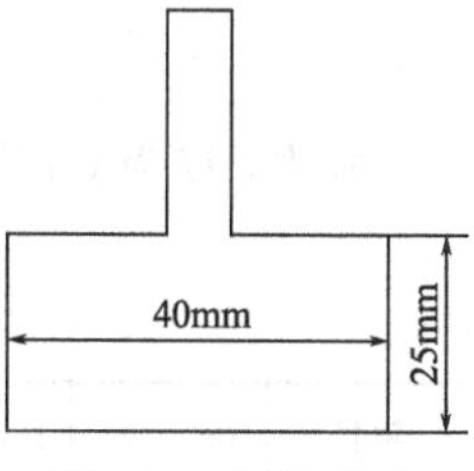

图 11-5　试样尺寸

三、仪器装置

实验装置线路如图 11-6，采用数字电压表测量欧姆电阻（5～10Ω）上的电压降，确定阳极和阴极之间的电流。

四、实验步骤

打磨、清洗试样，按图 11-6 连接好线路。

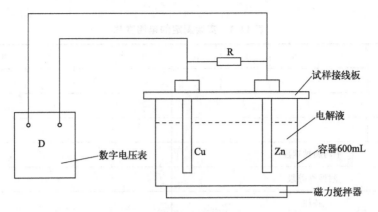

图 11-6 腐蚀电池模型原理示意

① 时间的影响：测量试片表面积，将试片接到线路板上，连好线路；往容器中注入 3% NaCl 溶液；将接了试片的接线板放入容器中，并开始计时，直接测量电解液中电池两电极的端电压，在前 20 秒内每 5 秒测量一次，后面每 20 秒测量一次，共测试 5 分钟。

② 充气的影响：将阴、阳极同时浸入溶液中，分别靠近阳极充气 1 分钟和靠近阴极充气 1 分钟，记录电压值。

③ 确定控制因素：开动搅拌机，搅拌 3 分钟后，先测量 $S_C : S_A = 1 : 1$ 的电压值，然后将阴极提出溶液 3/4，3 分钟后测量电压值，最后将阳极提出 3/4，3 分钟后测量电压值。

④ 加酸的影响：往溶液中加数毫升 1mol/L HCl，使溶液 pH 变到 2～3。

a. 搅拌 3 分钟后测量溶液 pH。

b. 重复步骤③。

五、数据记录和整理

将所测数据和计算的电流密度记入表 11-4 和表 11-5 中。由式（11-8）计算阳极腐蚀电流密度 i_{Zn}（mA/cm^2）：

$$i_{Zn} = \frac{U}{RS} \tag{11-8}$$

式中，U 为 Cu-Zn 电池端电压，mV；R 为短路电阻，Ω；S 为试片面积，cm^2。

表 11-4　腐蚀电流密度与时间的关系

项目	0s	5s	10s	15s	20s	40s	60s	80s	100s	120s	140s	160s	180s	200s	220s	240s	260s	280s	300s
电压/mV																			
电流密度/（mA/cm^2）																			

表 11-5 各参数对腐蚀电池腐蚀速度的影响

影响因素		端电压 U/ mV	电流密度 $i_{Zn}/$ (mA/cm^2)	备注
不搅拌				
搅拌				
充气	阴极			
	阳极			
面积比 (搅拌)	$S_C : S_A = 1 : 1$			
	$S_C : S_A = 1 : 4$			
	$S_C : S_A = 4 : 1$			
加酸 (pH＝2) (搅拌)	$S_C : S_A = 1 : 1$			
	$S_C : S_A = 1 : 4$			
	$S_C : S_A = 4 : 1$			

六、结果评定与讨论

① 绘制腐蚀电流密度-时间曲线，并分析说明原因。

② 分别写出 Cu-Zn 电池在中性、酸性溶液中的电极反应和总反应。

③ 比较分析表 11-5 中实验数据，讨论搅拌、充气和 pH 对 Cu-Zn 电池腐蚀速度的影响。

④ 比较分析将阴极和阳极分别提出溶液 3/4 时腐蚀电流的变化，据此判断 Cu-Zn 电池的主要控制因素。

实验 5　金属局部腐蚀实验

一、实验目的和方法

点腐蚀（简称"点蚀"）是局部腐蚀的一种，其危害性很大，因为它往往是在设备或部件的一个或几个局部位置发生严重腐蚀，而周围大部分区域则腐蚀很轻甚至不腐蚀，这样的腐蚀小孔将会导致设备穿孔。在这种情况下，简单地以试样失重或平均厚度减小是不能评定点蚀的。实验采用浸泡法腐蚀 1Cr18Ni9Ti 不锈钢，定量地测定腐蚀小孔的深度，其行之有效的表示方法仍是研究点蚀的重要手段。

某些锻压或轧制的铝合金或钢材在一定的腐蚀条件下容易发生剥蚀（皮下腐蚀），如喷气发动机的铝合金叶片如果选材或热处理不当，就会发生严重剥蚀。实验采用浸泡法腐蚀 LY12 铝合金试样，并按金相磨样方法打磨后，在光学显微镜下放大 400～1000 倍进行观察，以检查晶间腐蚀。实验要求：

① 掌握不锈钢点蚀、铝合金晶间腐蚀的浸蚀方法及评定方法。

② 加深对局部腐蚀危害性的认识，掌握其腐蚀机理、影响因素及控制措施。

二、实验设计任务

① 用金工机械常用百分表及实验室器材，自行组装孔蚀测深仪（或用数显腐蚀凹坑深度检测仪直接测量）。

② 材料 LY12 敏化处理，推荐方法：盐浴，505～510℃，保温 40 分钟，空冷。

三、试样与介质

（1）点蚀

① 试样用 1Cr18Ni9Ti 制造，尺寸为 20mm×30mm×（3～4）mm（或 ϕ25mm×5mm）。

② 腐蚀介质：10% $FeCl_3$＋0.05mol/L HCl 溶液。

（2）晶间腐蚀

① 试样用 LY12 材料制造，经过淬火＋人工时效（敏化）热处理，尺寸为 30mm×25mm×5mm。

② 腐蚀介质：

NaCl	30g
HCl（相对密度 1.19）	10mL
H_2O（蒸馏水或去离子水）	1L
用量	≥500mL /dm^2

四、实验步骤

（1）不锈钢点蚀

① 浸蚀：打磨和清洗试样，往烧杯中注入腐蚀介质，将试样浸入溶液中，经过 24 小时后取出试样并仔细刷洗和吹干。

注意：从溶液中取出试样时，先仔细观察试样表面状态，刷洗后再观察试样表面状态；另外，注意观察腐蚀溶液在试样腐蚀前后的变化并做记录。

② 统计腐蚀点数目：先测量试样尺寸，计算表面积，再统计试样表面的腐蚀点数目（边缘上的腐蚀点不计）。

③ 测量腐蚀点深度：将试样放在测深仪针下面，先在孔边沿上测一个数值，再在孔内测一数值，两数值之差即孔深，测试所有腐蚀孔（试样边缘除外）深度。

（2）铝合金晶间腐蚀

① 当试样带有包铝层时，除去包铝层：10% NaOH 50～70℃ 10～20min，水洗，打磨试样，水洗，吹干，必须除尽包铝层。

② 将试样用塑料线垂直悬挂并完全浸入腐蚀溶液中：（35±1）℃，24h。

③ 经过腐蚀后的试样，取出后水洗，在 30% HNO_3 溶液中浸泡 5～10s，水洗，吹干。

④ 先用金相显微镜放大 100～250 倍观察试样表面。

⑤ 按金相磨片的方法制备显微观测试片。

注意：磨片端面应事先切去约5mm，以消除端头腐蚀对观测的影响。

将制备的磨片，不经过任何浸蚀，在金相显微镜下放大400～450倍，进行观察，若有晶间腐蚀倾向，即可看到清晰的晶粒边界。

⑥ 用相应具有刻度的显微镜头可以测量晶间腐蚀的深度，并拍摄照片。

五、结果评定和讨论题

① 点蚀

a. 测试至少3组（5个/组）不同孔径大小的腐蚀孔的孔深，用图表比较并说明原因。

b. 将实验测试结果填入表11-6中。

表 11-6　不锈钢点蚀的记录及评定

项目	现象及数据
腐蚀溶液颜色的变化	
试样表面面积 / dm^2	
腐蚀点数目 / 个	
单位面积腐蚀点数目/(个/dm^2)	
腐蚀点平均深度/mm	
腐蚀点最大深度/mm	
备注	

c. 腐蚀溶液在腐蚀前后有何变化？试样在腐蚀前后及酸洗前后表面状态如何？试解释之？

d. 根据不锈钢发生点蚀的产生条件，请设计一种适用于本实验的腐蚀介质。

② 简述点蚀萌生和发展的机理及点蚀的控制措施。

③ 绘出有晶间腐蚀的金相示意图，并简述铝合金产生晶间腐蚀的机理、影响因素和控制措施。

④ 简要分析热处理对点蚀和晶间腐蚀的影响。

实验 6　接触腐蚀实验

一、实验目的

在腐蚀介质中，金属与电位更高（或更正）的另一种金属或非金属导体（如石墨、碳纤维复合材料等）电连接而引起的加速腐蚀称为电偶腐蚀。对于因两种腐蚀电位不同的金属接触引起的加速腐蚀现象也称双金属腐蚀或异金属腐蚀。由于两种金属直接接触会导致电偶腐蚀，因此也将电偶腐蚀称为接触腐蚀。电偶电流可用零阻电流计测定。

实验采用ZRA-2型电偶腐蚀计研究不同金属与铁组成偶对时在中性溶液中的腐蚀情况。实验要求：①掌握ZRA-2型电偶腐蚀计的使用方法。②掌握接触腐蚀的基本原理、影响因素及控制措施。

二、试样与介质

① 试样分别用 45$^{\#}$ 钢、纯铜、纯锌制造，形状与尺寸同实验 4 的图 11-5 所示。

② 腐蚀介质：3% NaCl 溶液。

三、实验仪器

ZRA-2 型电偶腐蚀计。

四、实验步骤

① 将电极插头插入（电极输入）插孔（1），按实验附录一中的方法连接三电极系统。根据测量所需，电极 Ⅰ、Ⅱ 可互换。

② 置量程（3）于 2V，按下 "E_k" 键，数字显示即为参比电极相对于电极 Ⅰ 的自然腐蚀电位。

③ 按下 "E_g" 键，电偶对（电极 Ⅰ、Ⅱ）自动短路偶接，此时数字显示值为参比电极相对于电偶对的混合电位，即电偶电位。注意电位符号。

④ 按下 "I_g"，调整（量程）至合适的电流量程范围，数字显示值为电偶对中流过的零电阻电流，即电偶电流。

五、数据记录与整理

将所测实验数据记录于表 11-7 中。

表 11-7　测定不同电偶对的腐蚀情况

测试项	铜-钢（Cu-Fe）	锌-钢（Zn-Fe）
铜自然腐蚀电位/mV		
钢自然腐蚀电位/mV		
锌自然腐蚀电位/mV		
电池开路电动势/mV		
电偶混合电位/mV		
平均电偶电流/mA		
备注		

六、结果评定与讨论

① 比较铜、锌与钢作为电偶对发生接触腐蚀时钢的极性有何不同，请说明原因。

② 用多电极电池理论结合腐蚀极化图解释铜-钢、锌-钢在接触腐蚀中钢的腐蚀情况。

③ 简述电偶腐蚀的影响因素及控制措施。

实验 7　C 环试样应力腐蚀实验

一、实验目的

C 环试样应力腐蚀实验是恒应变应力腐蚀实验的方法之一，它适用于测量铝合金厚板、挤压件及锻件的高向（短横向）上的应力腐蚀敏感性，材料在高向上至少要有 20mm。常见的管材、棒材和型材如图 11-7 所示。

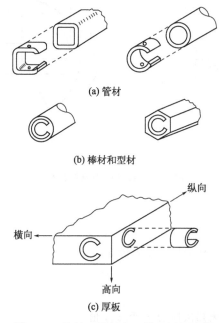

(a) 管材

(b) 棒材和型材

(c) 厚板

图 11-7　管材、棒材和型材、厚板取样

二、实验综合性任务

① 了解和掌握 C 环试样尺寸和精度要求。

② 确定加载力 F，记录试样裂纹出现时间。

三、试样和介质

试样取样方向见图 11-7，要使 C 环试样确实代表实际的高向，试样尺寸和精度如图 11-8 所示，C 形尺寸由材料厚度决定，如表 11-8 所示。

表 11-8　C 形尺寸与材料厚度关系

外径 D_0/mm	壁厚 d/mm	宽度/mm
32	1.5	20
20	1.5	20
18	1.5	20

试样进行机械加工时，应防止试样过热和塑性变形，以免改变它的组织结构。试样表面不应有划伤。

介质：3.5% NaCl，pH＝6.4～7.2；溶液与试样面积比应不少于 30mL/cm²。

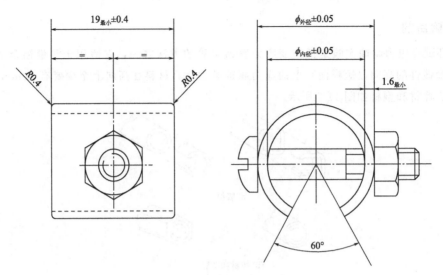

图 11-8　C 环应力腐蚀试样

四、实验仪器及设备

周期浸润腐蚀试验机、游标卡尺、放大镜等。

五、实验步骤

在应力腐蚀之前，先要测知试样的 σ_b 和 $\sigma_{0.2}$ 值。

① 除油：用汽油和酒精清洗试样表面的油污。

② 测量：用加力孔两侧测量 C 环的外径，取两次测量的平均值，并沿 C 环中心线至少在两个位置上测量 C 环的壁厚，取其平均值，测量精度均达到 0.02mm。

③ 试样加应力：加力用的螺帽应采用和试样相同的同系合金制作，以防止产生接触腐蚀，加力时旋紧螺帽，使试样受力，直到直径的减少达到所需值，直径的减少用游标卡尺测量。所需直径的减少值（Δ）由下列式子求出：

$$OD＝OD_F－\Delta \tag{11-9}$$

$$\Delta＝\frac{\sigma \pi D^2}{4EdZ} \tag{11-10}$$

式中，Δ 为变形量，mm；σ 为所需应力值，即百分之几十的屈服强度，kg/mm²；OD 为受力前试样的外径，mm；OD_F 为加所需的应力后试样的外径，mm；D 为平均直径，mm；d 为试样壁厚，mm；E 为弹性模数，kg/mm²；Z 为校正系数，在本实验中为 0.945。

在实验中，F 应力值分别取 60%、70%、75%、80%、85%、90%、95% 的 $\sigma_{0.2}$ 七组数据。

④ 试样绝缘与清洗：为了防止接触腐蚀和缝隙腐蚀，应将螺栓、螺帽和它们相邻近的小部分试样表面，用氯丁橡胶或其他合适的涂料涂覆，所用的涂料应不污染腐蚀溶液，它本身也不应被腐蚀溶液浸蚀和变质。

⑤ 周期浸润：用塑料夹具将试样固定在交替轮上，要防止接触腐蚀。

循环周期：必须使试样每小时被实验溶液浸泡 10 分钟，接着在空气中暴露 50 分钟，如此循环反复。实验环境温度为（35±1）℃，相对温度为 40~70℃。每工作日必须补充由于水分蒸发而损耗的水分，以保持溶液浓度。每两星期应更换一次溶液。

⑥ 每断一个试样，立即取出，水洗，可用 30% HNO_3 浸泡，并用水冲洗待检查。

⑦ 实验结束后，按说明书清洗试验机。

六、实验结果的评定

每种材料或热处理规范，一般不少于 5 个平行试样，试样实验后趁湿时用目视 5~20 倍放大镜检查。实验结果通常由发现裂纹或断裂时间（小时）评定。将实验结果记录在表 11-9 中。

表 11-9　C 环应力腐蚀实验记录

试样	外径/mm	壁厚/mm	平均直径/mm	实验应力/(kg/mm²)	弹性模量/(kg/mm²)	Δ/mm	开始时间月/日/时/分	裂纹时间月/日/时/分	断裂时间月/日/时/分	共计时数/h	热处理规范
1											
2											
备注											

七、讨论题

① 画出 σ（应力）-t_f（断裂时间）图，从图中找出 σ_c。

② 热处理规范对铝合金 SCC 有何影响？

③ 用实验采用的方法可以定量出金属材料应力腐蚀的数据吗？

④ 请简述金属材料应力腐蚀的主要机理模型和应力腐蚀破坏的主要控制措施。

实验 8　高温氧化实验

一、实验目的

高温氧化实验是在气体成分、压力等固定的高温条件下，测定金属材料抗氧化性能的金属腐蚀实验。碳钢高温氧化是其质量损失的原因之一。碳钢本身的抗氧化性能很差，热加工过程的温度较高，不可避免地产生氧化造成质量损失。钢材加热时间越长氧化越严重，生成的氧化皮量越多，在实际生产中往往是影响钢材烧损的一个重要原因。本实验着重分析研究碳钢在高温环境下（≥800℃）温度和时间对其氧化规律的影响。

二、实验内容及要求

高温氧化实验有称量法、容量法、压力计法和电阻法等。实验主要内容及要求有：

称量法又分为连续称量法和间断称量法。连续称量法采用可连续称量或连续指示质量变化的装置记录质量与时间的变化。这些装置由称量系统和高温炉两大部分组成，常用的称量系统有电子热天平、石英弹簧、钼丝弹簧和真空钨丝扭力微天平等。间断称量法是将称量后的试样放入马弗炉高温区氧化，以一定的时间间隔取出冷却后称量。由于氧化膜与基体金属具有不同的体膨胀系数，采用间断称量法时，易引起氧化膜的开裂和剥落。工业氧化试验一般采用间断称量法。实验要求：

① 用间隔称量法研究碳钢在高温环境下（≥800℃）的温度和时间对其氧化规律的影响。

a. 测定样品在不同高温氧化条件下的增重与时间（1 h、2 h、3 h、4 h、5 h、6 h）的关系。

b. 测定样品在高温氧化条件下的增重与温度（800℃、900℃、1000℃）的关系。

② 要求学生独立完成实验。

③ 采用增重分析的方法，绘制其增重氧化曲线并比较分析。

④ 结合实验数据的特点，采用列方程组的形式，通过实验数据计算，求解出其氧化增重的回归方程，确定碳钢的氧化增重与时间、温度关系曲线服从哪种动力学曲线规律。

⑤ 对测试出的金属腐蚀速率进行分析，对测试中遇到的问题提出解决方法。

三、实验材料及主要仪器设备

① 试样：采用 ϕ16mm×16mm 的 45# 钢块或 ϕ18mm×16mm 的 T10 钢块，经 160#、320#、600# 砂纸逐级打磨，除去表面的氧化膜和油渍，清洗吹干后称重。

② 主要仪器设备：马弗炉、电子天平等。

四、实验步骤

采用间断称重法在空气中进行实验。具体步骤为：

① 将 45# 钢、T10 钢试样打磨清洗吹干后称重、测量尺寸；

② 电炉加热，温度分别控制为 800℃、900℃、1000℃ 3 个温度点；

③ 电炉加热温度达到温度点时保温；

④ 将试样放入炉中进行加热，每隔 1 h 取出 1 个试样，在空气中冷却约 30min，然后称重并记录数据。

五、数据记录及整理

将实验测试结果填入表 11-10 中。

表 11-10　碳钢高温氧化的实验测试结果

氧化温度 /℃	增重/g						
	0h	1h	2h	3h	4h	5h	6h
800							
900							
1000							

六、结果评定与讨论

① 在生产中可采用哪些保护措施来降低碳钢的高温氧化烧损？

② 碳钢高温氧化烧损量与温度和时间的关系遵循什么规律？请说明原因。

③ 请简述金属氧化机理的电化学模型和影响金属高温氧化行为的因素。

实验 9　化学镀镍层中性盐雾实验

一、实验目的

① 掌握底材为阴极的装饰性和保护性覆盖层的中性盐雾实验方法。

② 掌握一般盐雾实验方法及评定标准。

二、实验综合性任务

① 钢基试片化学镀镍需选用高磷、低磷、光亮镍三种不同配方。

② 按工艺要求，化学镀镍层应大于 $5\mu m$，连续喷雾 3h。

三、试样与介质

① 试样：钢铁试片经化学镀镍。

② 介质：5％ NaCl 溶液、pH＝6.5～7.2。

四、仪器设备

盐雾实验箱，设备应满足 GB/T 10125—2021《人造气氛腐蚀试验　盐雾试验》中有关规定。

五、实验

将准备好的试片按照 GB/T 10125—2021 各项规定进行试验。

六、实验结果评定

实验结束后按照 GB/T 10125—2021 中的各项规定进行实验结果的评价，并分析影响耐蚀性的原因。对照腐蚀实验后的电镀试样的评级，比较两者对实验结果评价的差异。

实验附录　ZRA-2 型电偶腐蚀计使用说明书

ZRA-2 型电偶腐蚀计是一种可用于实验室/工业/野外型电偶腐蚀和零电阻电流测量仪，具有体积小、重量轻、测量精度高等优点。该设备可用于测量异金属接触的电偶腐蚀行为、阴极保护系统的有效性、金属耐蚀性评定、腐蚀失效分析等领域。

一、前面板元件结构功能说明

ZRA-2 型电偶腐蚀计前面板元件结构如图 1 所示。

① 电极输入：电偶测量时请按表 1 连接测量电极。

② 量程选择：用于测量时切换电流量程或电位测量选择。

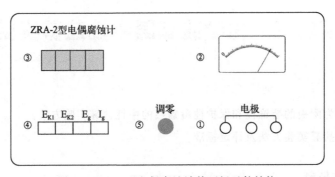

图 1　ZRA-2 型电偶腐蚀计前面板元件结构

表 1　测量电极接线说明

接线柱序号	电极输入线	电偶测量时接
Ⅰ	黄色	工作电极（Ⅰ）
Ⅱ	绿色	工作电极（Ⅱ）
Ⅱ	红色	参比电极（Ⅱ）

③ 数字显示屏：三位半数字表，最大显示值为 1999。电流（I_g）测量时："—"为阴极性电流，无符号（即"+"）为阳极电流。电位测量时，显示值为参比电极相对于工作电极Ⅰ（E_{k1}）和工作电极Ⅱ（E_{k2}）的电位，或相对于电偶对的电位（E_g）。其符号与电化学中常用的"工作电极相对于参比电极"的电位符号相反。测量值超出显示范围（溢出）时，数字全暗，改换量程即可重新显示。

④ 工作选择：E_{k1}——电偶对短接前，按下 E_{k1} 键，检测工作电极Ⅰ相对于参比电极的自然腐蚀电位。注意：显示电位符号与电化学常用的相反。

E_{k2}——电偶短接前，按下 E_{k2} 键，检测工作电极Ⅱ相对于参比电极的自然腐蚀电位。注意：显示电位符号与电化学常用的相反。

E_g——电偶腐蚀测量前，按下 E_g 键，检测工作电极Ⅰ与Ⅱ短接时相对于参比电极的电偶电位。也可以测量牺牲阳极保护法时的阴极保护电位等。

注意：显示电位与电化学常用的相反。

I_g——电偶腐蚀测量前，按下 I_g 键，检测工作电极Ⅰ与Ⅱ之间流过电偶电流；也可以测量牺牲阳极保护法时的输出电流等。

⑤调零：仪器的电流调零电位器。

二、后面板元件结构功能说明

ZRA-2 型电偶腐蚀计后面板元件结构如图 2 所示。

⑥ 电源插孔：交流 220V 输入。

⑦ 电源开关："开"为仪器接通～220V，处于工作状态；

"关"为处于准备状态。

⑧ 支流输出：即模拟信号输出，电位或电流测量时可分别外接记录仪。

⑨ 0.2A 电源保险丝。

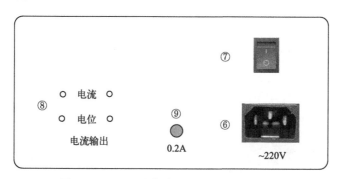

图 2　ZRA-2 型电偶腐蚀计后面板元件结构

三、使用方法

（一）调零

接通电源⑥，打开电源开关⑦，仪器预热 10 分钟。电极暂不连接"电极输入"①的接线柱。电源量程②置于 $20\mu A$ 处，按下 I_g，此时仪器应该显示 0.000，如有偏差，调整仪器前面板的"调零"⑤的电位器。

（二）测量

用电极输入引线使工作电极和参比电极分别与仪器接线柱连接。其中黄线接工作电极Ⅰ，绿线接工作电极Ⅱ，红线接工作电极Ⅲ。

a. 按下 E_{k1} 键，量程选择②调到"2V"档，数字表③显示的是工作电极Ⅲ（红夹头）相对于参比电极的自然腐蚀电位（但符号相反）。

b.按下 E_{k2} 键，量程选择②调到"2V"档，数字表③显示的是工作电极Ⅰ（黄夹头）相对于参比电极的自然腐蚀电位（但符号相反）。

c.按下 E_g 键，量程选择②置于"2V"档，此时数字表③显示的是工作电极Ⅰ和工作电极Ⅱ偶接后构成的电偶对相对于参比电极的电偶电位（但符号相反），也称为混合电位。

d.按下 I_g 键，量程选择键②置于适当的电流量程处，此时电流表③显示的是电偶对中工作电极Ⅰ和工作电极Ⅱ之间渡过的电偶电流；为了防止电流过载，应先调到最大电流档（200mA）测试，然后逐渐依次减小电流量程，直至合适的电流量程。

（三）记录

电位或电流测量时，可通过数字表③直接读，也可以通过后面板之键⑧外接记录仪。电位输出端直接记录电极电位信号 E_{k1}、E_{k2} 或 E_g，输出范围为 $0\sim\pm1.999\mathrm{V}$；电流输出端记载的是电偶电流信号，但在仪器内已通过电阻转换为电压信号输出，各档的输出范围均为 $0\sim1.999\mathrm{V}$。

参考文献

[1] 刘永辉. 金属腐蚀学原理[M]. 北京：航空工业出版社，1993.

[2] 刘道新. 材料的腐蚀与防护[M]. 西安：西北工业大学出版社，2006.

[3] 魏宝明. 金属腐蚀理论及应用[M]. 北京：化学工业出版社，1984.

[4] 孙秋霞. 材料腐蚀与防护[M]. 北京：冶金工业出版社，2002.

[5] 马秀敏，郑萌，徐玮辰，等. 腐蚀成本及控制策略研究[J]. 海洋科学，2021，45(02)：161-168.

[6] 侯保荣，路东柱. 我国腐蚀成本及其防控策略[J]. 中国科学院院刊，2018，33(06)：601-609.

[7] 马秀敏，朱桂雨，路东柱，等. 我国腐蚀管理体系研究[J]. 中国工程科学，2022，24(01)：190-197.

[8] 杨德钧，沈卓身. 金属腐蚀学[M]. 北京：冶金工业出版社，1999.

[9] 阿基莫夫. 金属的腐蚀与保护学基础[M]. 曹楚南，译. 北京：高等教育出版社，1959.

[10] 曹楚南. 腐蚀电化学原理[M]. 北京：化学工业出版社，2008.

[11] Zhao Y, Qi W L, Zhang T, et al. Bridge for thermodynamics and kinetics of electrochemical corrosion：cathodic process with a complex equilibrium and deposition competition[J]. Corrosion Science，2022，208：110613.

[12] Gao S, Jin P, Brown B, et al. Corrosion behavior of mild steel in sour environments at elevated temperatures[J]. Corrosion，2017，73：915-926.

[13] 陈鸿海. 金属腐蚀学[M]. 北京：北京理工大学出版社，1996.

[14] 梁成浩. 金属腐蚀学导论[M]. 北京：机械工业出版社，1999.

[15] 朱日彰. 金属腐蚀学[M]. 北京：冶金工业出版社，1989.

[16] 黄永昌. 金属腐蚀与防护原理[M]. 上海：上海交通大学出版社，1989.

[17] 查全性. 电极过程动力学导论[M]. 北京：科学出版社，2001.

[18] 田昭武. 电化学研究方法[M]. 北京：科学出版社，1984.

[19] 李荻. 电化学原理[M]. 北京：北京航空航天大学出版社，1999.

[20] Фрумкин А Н. 电极过程动力学[M]. 朱荣昭，译. 北京：科学出版社，1957.

[21] Bockris J O′M, Dražic D M. 电化学科学[M]. 夏熙，译. 北京：人民教育出版社，1980.

[22] 宋诗哲. 腐蚀电化学方法[M]. 北京：化学工业出版社，1988.

[23] Bard A J, Taulkner L R. 电化学方法：原理与应用[M]. 谷林英等，译. 北京：化学工业出版社，1986.

[24] 胡茂圃. 腐蚀电化学[M]. 北京：冶金工业出版社，1991.

[25] Pourbaix M. Lectures on electrochemical corrosion[M]. New York-London：Plenum Press，1973.

[26] 中国腐蚀与防护学会. 腐蚀与防护习题集[M]. 北京：中国腐蚀与防护学会，1995.

[27] 尤里克 H H，瑞维亚 R W. 腐蚀与腐蚀控制[M]. 翁永基，译. 北京：石油工业出版社，1994.

[28] 李玉谦，杜琦铭，成慧梅. 合金元素对油船用低合金钢腐蚀行为的影响[J]. 钢铁研究学报，2017(6)：506-512.

[29] 刘宏义，李汝桐，蔡文达，等. 合金元素及模拟热处理对 2205 双相不锈钢之孔蚀性质影响[J]. 电化学，1999，5(2)：130.

[30] 张娟，唐宁，尚用甲，等. 合金元素对黄铜耐腐蚀性能的影响和作用机理[J]. 腐蚀与防护，2012，

33(7)：605-609.

［31］ Marcus P. On some fundamental factors in the effect of alloying elements on passivation of alloys ［J］. Corrosion Science, 1994，36(12)：2155-2158.

［32］ Kim J S, Peelen W H A, Hemmes K, et al. Effect of alloying elements on the contact resistance and the passivation behaviour of stainless steels［J］. Corrosion Science, 2002，44(4)：635-655.

［33］ Zhang Y S, Zhu X M, Zhong S H. Effect of alloying elements on the electrochemical polarization behavior and passive film of Fe-Mn base alloys in various aqueous solutions［J］. Corrosion Science, 2004，46(4)：853-876.

［34］ Scully J R, Inman S B, Gerard A Y, et al. Controlling the corrosion resistance of multi-principal element alloys［J］. Scripta Materialia, 2020，188：96-101.

［35］ Gerard A Y, Han J, McDonnell S J, et al. Aqueous passivation of multi-principal element alloy Ni38Fe20Cr22Mn10Co10：unexpected high Cr enrichment within the passive film［J］. Acta Materialia, 2020，198：121-133.

［36］ 刘敬福. 材料腐蚀及控制工程［M］. 北京：北京大学出版社，2010.

［37］ 李晓刚. 材料腐蚀与防护［M］. 长沙：中南大学出版社，2009.

［38］ 胡津，唐莎巍. 材料腐蚀与防护［M］. 哈尔滨：哈尔滨工业大学出版社，2021.

［39］ 李晓刚. 材料腐蚀与防护概论［M］. 北京：机械工业出版社，2017.

［40］ Tian W, Du N, Li S, et al. Metastable pitting corrosion of 304 stainless steel in 3.5％ NaCl solution［J］. CorrosionScience, 2014，85：372-379.

［41］ Tian W, Li S, Du N, et al. Effects of applied potential on stable pitting of 304 stainless steel［J］. Corrosion Science, 2015，93：242-255.

［42］ Tian W, Chen F, Li Z, et al. Corrosion product concentration in a single three-dimensional pit and the associated pitting dynamics［J］. Corrosion Science, 2020，173：108775.

［43］ Tian W, Li S, Chen X, et al. Intergranular corrosion of spark plasma sintering assembled bimodalgrain sized AA7075 aluminum alloys［J］. Corrosion Science, 2016，107：211-224.

［44］ Kousis C, Keil P, Hamilton M M, et al. The kinetics and mechanism of filiform corrosion affecting organic coated Mg alloy surfaces［J］. Corrosion Science, 2022，206：110477.

［45］ Latva M, Kaunisto T, Pelto-Huikko A, et al. Durability of the non-dezincification resistant CuZn40Pb2 brass in Scandinavian waters［J］. Engineering Failure Analysis, 2017，74：133-141.

［46］ Exbrayat L, Rameau B, Uebel M, et al. New approach using fluorescent nanosensors for filiform corrosion inhibition［J］. Materials Letters, 2022，318：132240.

［47］ Zhou Y, Mahmood S, Lars Engelberg D. Brass dezincification with a bipolar electrochemistry technique［J］. Surfaces and Interfaces, 2021，22：100865.

［48］ Wu C, Wang Z, Zhang Z, et al. Influence of crevice width on sulfate-reducing bacteria (SRB)-induced corrosion of stainless steel 316L［J］. Corrosion Communications, 2021，4：33-44.

［49］ Shojaei E, Mirjalili M, Moayed M H. The influence of the crevice induced IR drop on polarization measurement of localized corrosion behavior of 316L stainless steel［J］. Corrosion Science, 2019，156：96-105.

［50］ 褚武扬. 断裂与环境断裂［M］. 北京：科学出版社，2000.

［51］ 肖纪美. 应力作用下的金属腐蚀［M］. 北京：化学工业出版社，1990.

[52] 黄克智，肖纪美. 材料的损伤断裂机理和宏微观力学理论[M]. 北京：清华大学出版社，1999.

[53] 周仲荣，Leo Vincent. 微动磨损[M]. 北京：科学出版社，2002.

[54] Suresh S. 材料的疲劳[M]. 王中光，译. 2版. 北京：国防工业出版社，1999.

[55] 中国腐蚀与防护学会. 金属腐蚀手册[M]. 上海：上海科学技术出版社，1987.

[56] 冶金工业部钢铁研究总院. 金属和金属覆盖层腐蚀试验方法标准汇编[M]. 北京：中国标准出版社，1998.

[57] 吴荫顺. 腐蚀试验方法与防腐蚀检测技术[M]. 北京：化学工业出版社，1996.

[58] Hoeppner D W，Chandrasekaran V，Elliott C B. Fretting fatigue[M]. West Conshohocken：ASTM International，2000.

[59] Rao A，Vasu V，Govindaraju M，et al. Stress corrosion cracking behaviour of $7\times\times\times$ aluminum alloys：a literature review[J]. Transactions of Nonferrous Metals Society of China，2016，26(6)：1447-1471.

[60] Galvele J R. Recent developments in the surface-mobility stress corrosion cracking mechanism[J]. Electrochemica Acta，2000，45：3537-3541.

[61] Liu D X，He J W. Shot peening and solid lubricating on fretting fatigue of Ti6Al4V[J]. Rare Metals，1999，18(3)：229-234.

[62] 刘道新，何家文. 微动疲劳影响因素及钛合金微动疲劳行为[J]. 航空学报，2001(05)：454-457.

[63] 刘道新，金石. 带镀层300M超高强度钢应力腐蚀行为与机理研究[J]. 西安交通大学学报，1998，32(6)：49-54，66.

[64] 刘道新，唐宾，陈华. 钛合金表面离子束增强沉积 MoS_2 基膜层及其性能研究[J]. 中国有色金属学报，2001，11(3)：454-460.

[65] Beavers J，Bubenik T A. Trends in oil and gas corrosion research and technologies[M]. Boston：Woodhead Publishing，2017.

[66] 何业东，齐慧滨. 材料腐蚀与防护概论[M]. 北京：机械工业出版社，2005.

[67] 李卫平，刘慧丛，陈海宁，等. 材料腐蚀原理与防护技术[M]. 北京：北京航空航天大学出版社，2020.

[68] 曾荣昌，韩恩厚，等. 材料的腐蚀与防护[M]. 北京：化学工业出版社，2006.

[69] 李金桂，赵闺彦. 腐蚀和腐蚀控制手册[M]. 北京：国防工业出版社，1988.

[70] 黄淑菊. 金属腐蚀与防护[M]. 西安：西安交通大学出版社，1988.

[71] 松岛岩. 低合金耐蚀钢：开发、发展及研究[M]. 靳裕康，译. 北京：冶金工业出版社，2004.

[72] 中国腐蚀与防护学会及防腐蚀工程专业委员会，全国第三届埋地管线防腐蚀工程技术交流会论文集[C]. 北京：中国腐蚀与防护学会，1999.

[73] 皮薄迪 A W. 管线腐蚀控制[M]. 吴建华，译. 北京：化学工业出版社，2004.

[74] 朱日彰，何业东，齐慧滨. 高温腐蚀及耐高温腐蚀材料[M]. 上海：上海科学技术出版社，1995.

[75] 翟金坤. 金属高温腐蚀[M]. 北京：北京航空航天大学出版社，1994.

[76] 李美栓. 金属的高温腐蚀[M]. 北京：冶金工业出版社，2001.

[77] 李铁藩. 金属高温氧化和热腐蚀[M]. 北京：化学工业出版社，2003.

[78] 张允书. 热腐蚀的盐熔机理及其局限性[J]. 中国腐蚀与防护学报，1992，12(1)：1-10.

[79] Lai G Y. High temperature corrosion of engineering alloys[M]. United States：ASM International，1990.

[80] Birks N, Meier G H, Pettit F S. Introduction to the high-temperature oxidation of metals[M]. 2nd ed. Cambridge: Cambridge University Press, 2006.

[81] Perez N. Electrochemistry and corrosion science[M]. 2nd ed. Switzerlnd: Springer International Publishing, 2016.

[82] D. J. Young. High Temperature Oxidation and Corrosion of Metals[M]. 2nd ed. Amsterdam: Elsevier, 2016.

[83] Evans H E. Stress effects in high temperature oxidation of metals[J]. International Materials Reviews, 1995, 40(1): 1-40.

[84] Pillai R, Chyrkin A, Quadakkers W J. Modeling in high temperature corrosion: a review and outlook[J]. Oxidation of Metals, 2021, 96: 385-436.

[85] 韩斌, 刘振宇, 杨奕, 等. 轧制过程表面氧化层控制技术的研发应用[J]. 轧钢, 2016, 33(3): 49-55.

[86] 李志峰. 热轧钢材氧化铁皮演变机理与免酸洗技术开发[D]. 沈阳: 东北大学, 2018.

[87] Wright I G, Dooley R B. A review of the oxidation behavior of structural alloys in steam[J]. International Materials Reviews, 2010, 55(3): 129-167.

[88] Yuan J T, Wang W, Zhu S L, et al. Comparison between the oxidation of iron in oxygen and in steam at 650-750℃[J]. Corrosion Science, 2013, 75: 309-317.

[89] 袁军涛, 吴细毛, 王文, 等. 晶粒尺寸对耐热钢在高温水蒸气中的氧化行为的影响[J]. 中国腐蚀与防护学报, 2013, 33(4): 257-264.

[90] Yuan J T, Wang W, Zhang H H, et al. Investigation into the failure mechanism of chromia scale thermally grown on an austenitic stainless steel in pure steam[J], Corrosion Science, 2016, 109: 36-42.

[91] 王保成. 材料腐蚀与防护[M]. 北京: 北京大学出版社, 2012.

[92] 黄建中, 左禹. 材料的耐蚀性和腐蚀数据[M]. 北京: 化学工业出版社, 2003.

[93] 迟培云. 材料腐蚀学[M]. 哈尔滨: 哈尔滨工业大学出版社, 2020.

[94] 戴维·塔尔伯特. 腐蚀科学与技术[M]. 李赫等, 译. 2版. 北京: 机械工业出版社, 2019.

[95] 崔维汉. 中国防腐蚀工程师实用技术大全[M]. 太原: 山西科学技术出版社, 2006.

[96] 田永奎. 金属腐蚀与防护[M]. 北京: 机械工业出版社, 1995.

[97] 肖纪美. 腐蚀总论: 材料的腐蚀及其控制方法[M]. 北京: 化学工业出版社, 1994.

[98] 左禹, 熊金平. 工程材料及其耐蚀性[M]. 北京: 中国石化出版社, 2008.